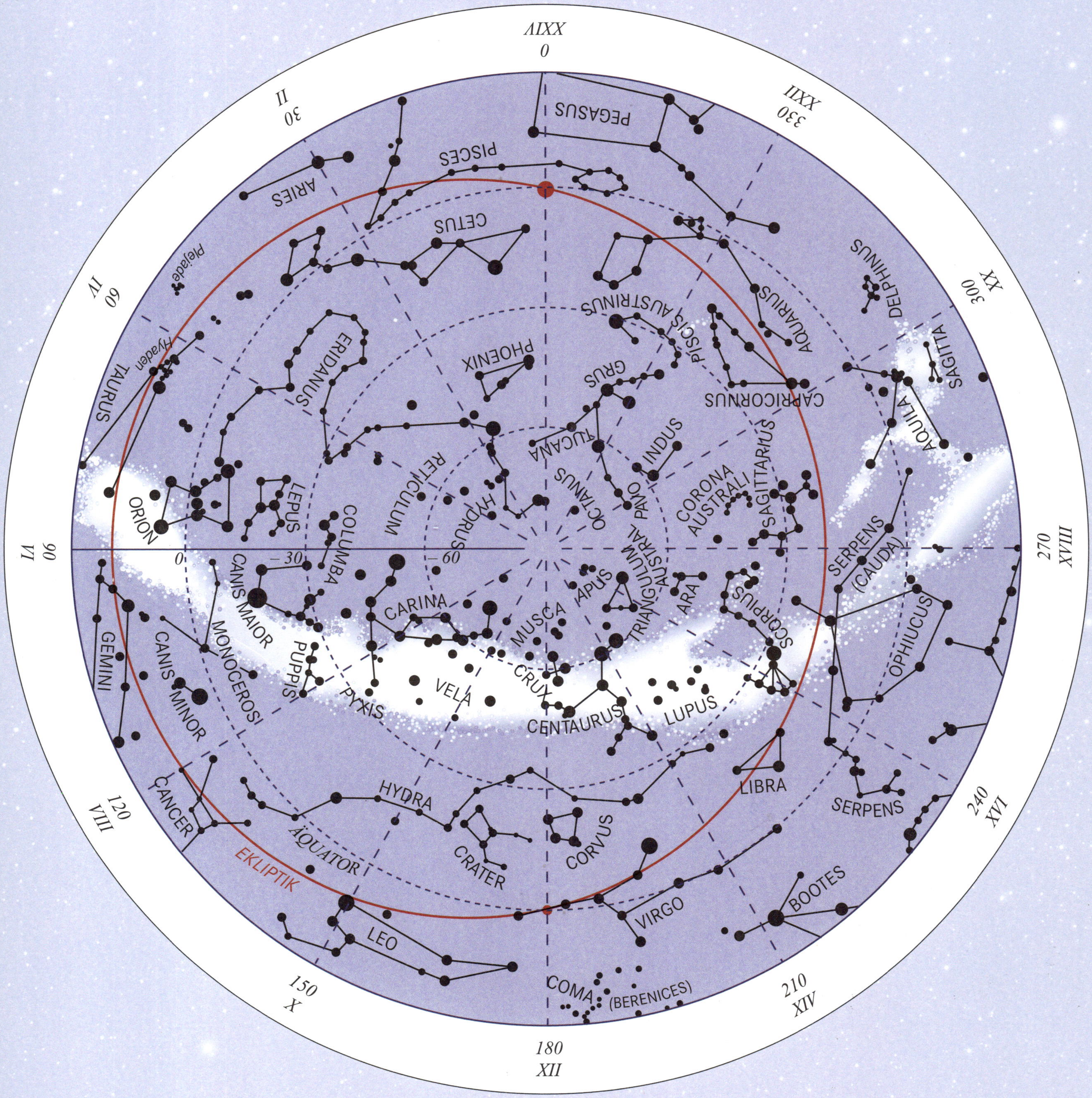

XXIV
0

II
30

IV
60

VI
90

VIII
120

X
150

XII
180

XIV
210

XVI
240

XVIII
270

XX
300

XXII
330

PEGASUS

PISCES

ARIES

CETUS

Pleiade

Hyaden

TAURUS

ORION

ERIDANUS

LEPUS

COLUMBA

CANIS MAIOR

MONOCEROS

CANIS MINOR

GEMINI

CANCER

PUPPIS

PYXIS

CARINA

VELA

HYDRA

CRATER

CORVUS

LEO

COMA (BERENICES)

VIRGO

BOOTES

LIBRA

SERPENS

OPHIUCUS

SERPENS (CAUDA)

SCORPIUS

LUPUS

CENTAURUS

CRUX

MUSCA

ARA

TRIANGULUM AUSTRAL

APUS

PAVO

CORONA AUSTRALI

SAGITTARIUS

CAPRICORNUS

AQUARIUS

PISCIS AUSTRINUS

GRUS

PHOENIX

RETICULUM

HYDRUS

OCTANUS

TUCANA

INDUS

DELPHINUS

SAGITTA

AQUILA

EKLIPTIK

ÄQUATOR

−30

−60

0

−30

−60

Meyers
Sternbildatlas

Meyers

Sternbildatlas

Das Universum der Sterne

Autor

Dr. Ulrich Kilian, Physiker, gründete 1998 das Redaktionsbüro
science & more; auch tätig als Referent und Wissenschaftsjournalist
zu naturwissenschaftlichen Themen und als Lehrbeauftragter für
Mathematik.

Bibliografische Information der Deutschen Nationalbibliothek

Die Deutsche Nationalbibliothek verzeichnet diese Publikation in der
Deutschen Nationalbibliografie; detaillierte bibliografische Daten
sind im Internet über http://dnb.d-nb.de abrufbar.

© Meyers 2013
Bibliographisches Institut GmbH
Dudenstraße 6, 68167 Mannheim

Printed in Germany

ISBN 978-3-411-07136-4

Projektleitung: Ulrike Emrich
Redaktion: science & more, Frickingen
Kartografische Bearbeitung: Bibliographisches Institut GmbH
Mannheim; Kartographie Peh & Schefcik, Eppelheim
Herstellung: Judith Diemer
Umschlagabbildung: NASA/ESA and the Hubble Heritage Team
(STScI/AURA) – GEOSPACE/NASA/NOAA, 2006
Umschlaggestaltung: glas-ag, Seeheim-Jugenheim
Satz und Layoutgestaltung: Heiko Linnemann M. A., futurweiss
kommunikationen, Wiesbaden; Sigrid Hecker, Mannheim
Druck und Bindung: Stürtz GmbH, Alfred-Nobel-Straße 33
97080 Würzburg

www.meyers.de

Das Bild zeigt die Überreste einer gewaltigen Sternenexplosion in der Großen Magellanschen Wolke. Nach Erkenntnissen der Kosmologie gehört die Wolke zu einem Galaxienhaufen, in dem sich auch unsere Galaxis befindet.

Inhalt

Die Sternbilder sind nach ihren lateinischen Namen alphabetisch angeordnet. In Klammern steht die in der Astronomie gebräuchliche Abkürzung (ohne Punkt). Die aufgeführten Einzelsterne sind detailliert beschrieben und in den Wissenswertkästen werden astronomische Themen erläutert.

Faszinierendes Universum

Eine kleine Geschichte der Astronomie

Sterne, Galaxien, Urknall, Dunkle Materie, Schwarze Löcher, Supernovae – das sind einige Schlagworte der modernen Astronomie. Vor allem in den letzten paar Jahrhunderten, als die Teleskope immer besser und die Wissenschaftler immer unvoreingenommener wurden, lieferte die Astronomie eine Fülle beeindruckender Erkenntnisse, die unser Bild vom Universum revolutionierten.

Die große Stufenpyramide »Castillo« im Zentrum der Maya-Tempelanlagen von Chichén Itzá in Mexiko war eventuell ein Symbol für die Jahreslänge: Jede der vier Treppen hatte im Original vermutlich 91 Treppenstufen; rechnet man die oberste Plattform mit, ergibt sich die Zahl 365. Zweimal im Jahr, zu den Tag- und Nachtgleichen, fällt bei Sonnenuntergang ein schlangenförmiger Schatten auf die Seitenfläche der nördlichen Treppe – ob dieser Effekt allerdings von den Maya beabsichtigt war, lässt sich nicht nachweisen.

Die älteste Wissenschaft der Welt

Doch die Astronomie ist bedeutend älter, sie gilt als die älteste Wissenschaft, deren Wurzeln bis zum Anfang der aufgezeichneten Geschichte zurückreichen. Bereits in Zentralafrika haben die Menschen vor Urzeiten gelernt, dass der Blick zum Mond eine verlässliche Wettervorhersage liefert. Durch fleißige Beobachtung haben sie erkannt, dass die Orientierung der Mondsichel zum Horizont – sie ändert sich im Laufe eines Jahres – mit den örtlichen Regenmustern zusammenfällt. Astronomie hatte also eine ganz praktische Bedeutung, die sich verändernden Positionen von Sonne, Mond und Sternen definierten einen Kalender, mit dem sich etwa die Jahreszeiten verfolgen ließen – für Menschen, die Landwirtschaft betreiben, keine unerhebliche Hilfestellung. Heute schauen wir schnell auf die Uhr, wenn wir das Datum vergessen haben, doch damals mussten die Menschen im »Buch der Natur« nachschauen, um zu wissen, an welchem Zeitpunkt im Jahresverlauf sie sich gerade befanden. Die Einteilung der Zeit nach den Bewegungen am Himmel ist ein Erbe, das sich ganz selbstverständlich bis heute gehalten hat und auch der modernen Zeitmessung, die inzwischen winzige Bruchteile von Sekunden messen kann, zugrunde liegt: Ein Jahr ist ein kompletter Jahreszeitenzyklus, die Länge eines Monats entspricht dem Ablauf der Mondphasen, und ein Tag ist die Zeit, die die Sonne für einen Himmelsdurchlauf benötigt. Und dass eine Woche in vielen Kulturen sieben Tage hat (obwohl fünf, sechs oder sogar elf Tage genauso gut möglich wären), liegt daran, dass im Altertum sieben bewegliche Himmelskörper für das bloße Auge sichtbar waren: die Sonne und der Mond sowie die fünf Planeten Mars, Merkur, Jupiter, Venus und Saturn. Konsequenterweise wurden die Wochentage dann auch nach diesen Himmelskörpern bzw. den Göttern, die über sie wachten, benannt.

Auch die Einteilung des Tages in 24 Abschnitte ist keine Erfindung der Neuzeit, sondern lässt sich etwa 4 000 Jahre weit bis in das alte Ägypten zurückverfolgen. Allerdings variierte die ägyptische »Stundenlänge«, denn damals wurde die Taghelle in 12 Abschnitte eingeteilt, doch

wie lange es tagsüber hell ist, hängt ja von der Jahreszeit ab. Im Winter war also eine ägyptische »Stunde« kürzer, im Sommer länger. Auch die Nacht wurde in zwölf Teile gegliedert. Die Uhrzeit lasen die Ägypter dann an ihren Sternenuhren ab: Da sie das Datum kannten und über die Positionen bestimmter Sterne Buch führten, wussten sie immer, wie spät es ist.

Auftritt der Griechen

Die Älteren unter unseren Vorfahren studierten also den Himmel, um daraus das Wetter vorherzusagen und die Zeit zu bestimmen. Auch zu Navigationszwecken dienten die Gestirne. Tagaus, tagein beobachtete man die Sonne, wie sie auf- und unterging, beobachtete die Sterne, die nach Sonnenuntergang aufzogen, und das fest und unbewegt auf der Erde stehend. Wie im Theater, vorne auf der Bühne tut sich was, aber die Zuschauer sitzen (hoffentlich gebannt und hoch konzentriert und wenig hustend) auf ihren Stühlen. Da verwundert es nicht, dass vor allem die griechischen Philosophen ein Weltbild entwarfen, das die Erde im Zentrum des Universums sah, um die sich alles andere dreht. Als erster Grieche, der eine Antwort auf die Frage »Woraus besteht das Universum?« suchte, ja überhaupt als der Begründer von Philosophie und Wissenschaft, gilt Thales von Milet (etwa 624–546 v. Chr.) – Schülern vor allem durch seinen geometrischen Lehrsatz bekannt (ein Dreieck, von dem eine Seite ein Durchmesser des Umkreises ist, ist ein rechtwinkliges Dreieck). Thales hatte eine recht simpel anmutende »Weltformel«: Das Universum bestehe im Wesent-

Die Anlage von Stonehenge in Südengland zählt zu den bedeutendsten und eindrucksvollsten Zeugnissen der Astronomiegeschichte. Die Erbauung erstreckte sich über einen Zeitraum von 2 000 Jahren, die auffälligen Megalithen wurden zwischen 2500 und 2000 v. Chr. errichtet. Warum unsere Vorfahren die massigen, bis zu 50 Tonnen schweren Blöcke zusammentrugen, ist bei weitem nicht vollständig bekannt. Ziemlich wahrscheinlich ist, dass Stonehenge unter anderem als Sonnenobservatorium genutzt wurde. Am Tag der Sommersonnenwende, einem heiligen Tag in vielen Kulturen, ging die Sonne genau über einem bestimmten Stein auf und schickte ihre Strahlen in gerader Linie ins Innere des Bauwerks. Die Ausrichtung der gesamten Anlage kann kein Zufall sein, zumal ihre Errichtung einen gewaltigen Aufwand erforderte. Doch ihre Bedeutung ging sicher darüber hinaus, Stonehenge war auch ein Ort kultischer Sonnenverehrung.

Die antike Vorstellung, Planeten bewegten sich auf Kreisbahnen, wurde von Mars auf eine harte Probe gestellt. Um seine Schleifenbahn zu verstehen, mussten sich die Griechen komplizierte Erklärungen ausdenken. Im heliozentrischen Weltbild ist die Sache hingegen recht einfach: Immer dann, wenn die Erde den Mars beim Umrunden der Sonne »überholt«, scheint sich der rote Planet rückwärts zu bewegen.

Aristoteles ist einer der einflussreichsten Philosophen der Geschichte. Für ihn war nur eine ruhende Erde im Zentrum des Universums denkbar. 2 000 Jahre lang prägten seine Vorstellungen das Denken.

lichen aus Wasser. Sein Schüler Anaximander (etwa 610–546 v. Chr.) mochte es schon etwas komplizierter und durchdachter. Er setzte die bei ihm zylinderförmige Erde (wobei wir auf einer der Grundflächen stehen) ins Zentrum der Himmelskugel – Anaximander führte also als Erster das Sphärenmodell in die Kosmologie ein. Die Zylinderform der Erde wich bald der Kugelform, bereits Pythagoras (etwa 570–510 v. Chr.) lehrte einen runden Globus. Allein aus philosophisch-ästhetischen Gründen musste es so sein, denn die Kugel galt den Pythagoreern als die geometrisch perfekte Form, und etwas anderes kam für die Erde und auch die anderen Himmelskörper nicht infrage. Über ein Jahrhundert später schob Aristoteles (384–322 v. Chr.) einen handfesten Beweis nach: Er beobachtete, dass der Erdschatten auf unserem Trabanten während einer Mondfinsternis stets rund war – also war es die Erde auch.

Auf Kugeln wollte keiner der nachfolgenden griechischen Philosophen mehr verzichten, über Jahrhunderte hinweg bestimmte die Kugelform alle Weltmodelle. Platon und Aristoteles – zusammen mit Sokrates die bedeutendsten Denker der Antike – betrachteten den Himmel als das Vollkommene: kugelförmig, begrenzt und in regelmäßiger Umdrehung um die Erde, das Zentrum des Universums. Alle himmlischen Objekte sollten sich auf perfekten Kreisbahnen und individuellen Schalen bewegen, uns am nächsten der Mond, die Sonne und die Planeten, direkt im Anschluss an die Saturnbahn aber bereits die Sterne auf ihrer Schale. Eine Leere zwischen Planeten und Sternen einzuführen, kam Aristoteles nicht in den Sinn – Leere wurde abgelehnt. Alles schien also vernünftig geordnet, doch es gab ein Problem. Erde, Mond und Sonne schienen sich brav an die Kreisbahnvorgabe zu halten, die Planeten hatten jedoch ein Eigenleben, das so weit ging, dass die »Rebellen« zuweilen in ihrer Bewegung anhielten und sogar die Richtung umkehrten – Astronomen sprechen von einer retrograden Bewegung. Der Mars beispielsweise hieß bei den Ägyptern »seked-ef em chetchet«: »einer, der rückwärts reist«. Aus heutiger Sicht sind die Planetenschleifen kein Mysterium, sondern einfach eine Konsequenz der Tatsache, dass sich die Erde, von der aus die Planeten beobachtet werden, eben auch um die Sonne bewegt. Im geozentrischen Weltbild hingegen bereiteten die merkwürdigen Planetenbahnen Kopfzerbrechen, waren sie doch schein-

bar nicht mit dem aristotelischen Ideal der vollkommenen Kreisbahn vereinbar. Einige Astronomen und Mathematiker widmeten sich dem Problem und entwickelten eine Lösung, die im Weltmodell des Ptolemäus kulminierte.

Das geozentrische Weltmodell

Ptolemäus war der letzte große Astronom der Antike, vermutlich sogar ihr größter. Natürlich stand er auf den Schultern seiner Vorgänger, doch ihre Erkenntnisse, ihre Teiltheorien und die von ihnen zusammengetragenen Einzelaspekte schmolz er in einer Theorie, in einem Weltbild zusammen, das die Frage nach dem Wesen des Universums endgültig zu beantworten schien. So endgültig, dass Ptolemäus' großes Meisterwerk, der 13 Bände umfassende »Almagest«, über 1 500 Jahre hinweg das Standardwerk der Astronomie war. Zwei Anliegen des Ptolemäus stehen im Zentrum seines Werks: Zum einen möchte er konkrete Anleitungen für die Berechnung der Bahnen von Sonne, Mond und Planeten am Fixsternhimmel geben, zum anderen möchte er die nicht zu ignorierenden Schleifenbahnen der Planeten auf Kreisbewegungen zurückführen, denn am vollkommenen Kreis führte auch für Ptolemäus kein Weg vorbei. Auch an der Stellung der Erde im Zentrum des Universums rüttelte der Astronom nicht, selbstverständlich übernahm er die Lehre des Aristoteles.

Um die Planetenbewegungen in den Griff zu bekommen, griff Ptolemäus mehrere Ideen seiner antiken »Kollegen« auf. Zum einen baute er in sein Weltmodell die Theorie von Hipparchos für die unterschiedliche Länge der Jahreszeiten ein. Dieser hatte dafür die Erklärung gefunden, dass die Sonne zusätzlich zur täglichen Drehung des gesamten Himmels einmal pro Jahr durch die Sternbilder des Tierkreises läuft. Dabei ändert sie scheinbar ihre

Geschwindigkeit und ihre Entfernung zur Erde. Im sonnennächsten Punkt, dem Perihel, gleitet sie am schnellsten, im sonnenfernsten Punkt, dem Aphel, am langsamsten. Diese Geschwindigkeits- und Entfernungsunterschiede konnte Hipparchos durch eine kreisförmige Sonnenbahn beschreiben, deren Mittelpunkt jedoch nicht mit der Erde zusammenfällt. Obwohl sich die Sonne gleichförmig bewegt, dauert dadurch ihre Frühlings- und Sommerreise (die erdferne Teilstrecke durch den Aphel) von der Erde aus betrachtet länger als ihre Herbst- und Winterreise (die erdnahe Teilstrecke durch den Perihel).

Mit Hipparchos' Exzentermodell ließen sich die Jahreszeiten erklären (auch diese Erklärung überdauerte anderthalb Jahrtausende), aber noch nicht die Schleifenbahnen. Ptolemäus fügte deshalb einen weiteren Baustein in sein Weltmodell ein, den ihm Apollonius lieferte.

In seiner »Schule von Athen« versammelt der italienische Renaissancemaler Raffael die maßgeblichen Wissenschaftler der Antike. Platon und Aristoteles beherrschen die Mitte – die beiden prägten die Kosmologie bis weit über das Ende des Mittelalters hinaus.

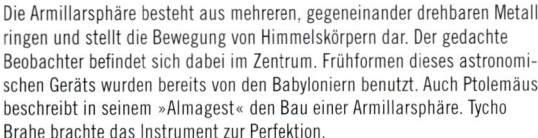

Die Armillarsphäre besteht aus mehreren, gegeneinander drehbaren Metallringen und stellt die Bewegung von Himmelskörpern dar. Der gedachte Beobachter befindet sich dabei im Zentrum. Frühformen dieses astronomischen Geräts wurden bereits von den Babyloniern benutzt. Auch Ptolemäus beschreibt in seinem »Almagest« den Bau einer Armillarsphäre. Tycho Brahe brachte das Instrument zur Perfektion.

Dieser hatte angenommen, dass die Planeten auf kleinen Epizykeln kreisen, die sich ihrerseits auf dem sogenannten Deferenten um das Zentrum bewegen. Die Kombination beider Bewegungen – ein rotierender kleiner Kreis, der auf einem großen Kreis rotiert – erzeugt die Schleifenbewegung der Planeten.

Das reicht jedoch noch immer nicht für eine genaue Beschreibung der Planetenbahnen, Ptolemäus musste

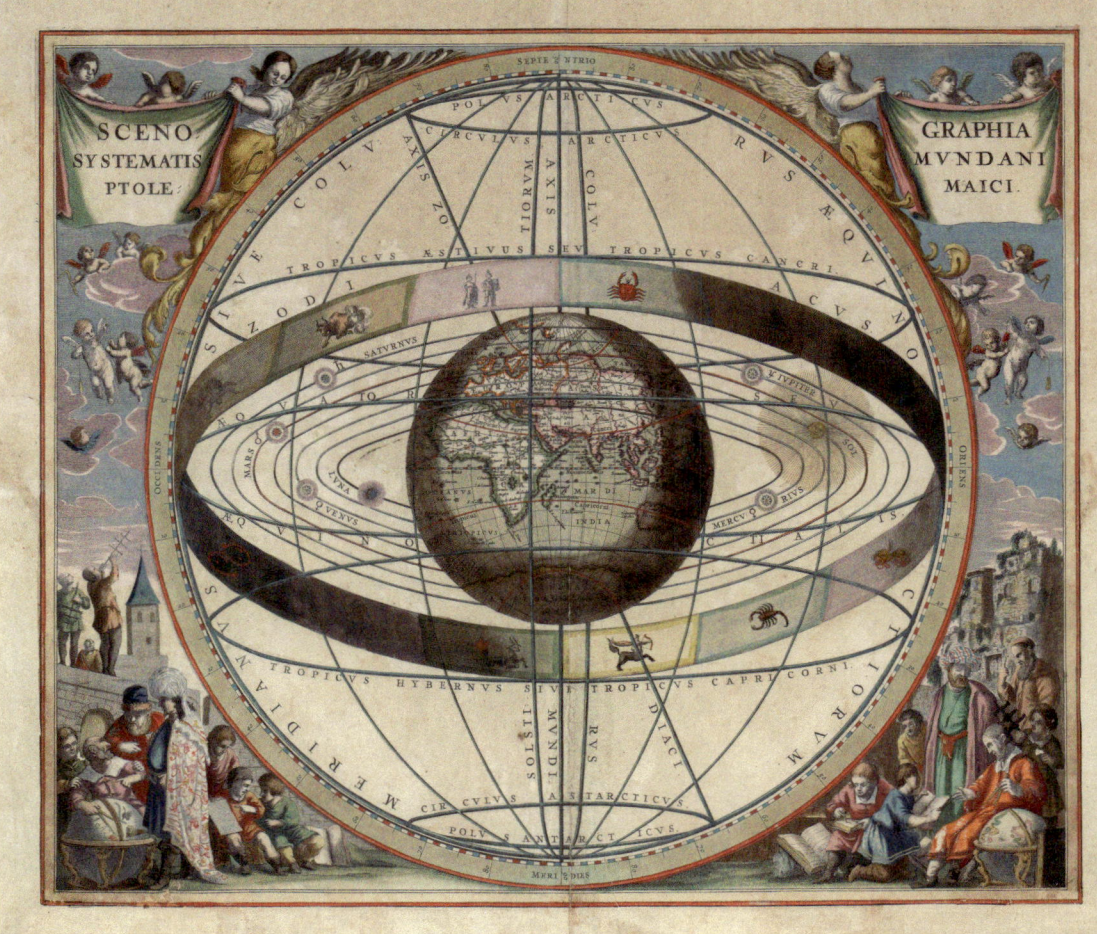

eine weitere Korrektur einbauen. Er musste die gleichmäßige Bahngeschwindigkeit des Epizykelmittelpunkts um die Erde durch eine gleichmäßige Drehgeschwindigkeit um einen weiteren Punkt, den Äquanten, ersetzen. Durch geschickte Wahl des Äquanten, der weder mit der Erde noch mit dem Mittelpunkt des Deferenten übereinstimmte, waren nun Theorie und Beobachtung im Einklang, gleichzeitig waren die Kreisbewegungen gerettet. Dass ellipsenförmige Planetenbahnen eine einfachere Erklärung bieten, lag noch außerhalb des antiken Horizonts. Das musste bis Kepler warten.

Doch verstößt nicht der Äquant gegen das antike Ideal, dass sämtliche Kreisbahnen gefälligst die Erde als Mittelpunkt haben sollten. Um dieses Ideal aufrecht hal-

Im Weltbild des Ptolemäus, hier dargestellt im reich bebilderten »Harmonia Macrocosmica« (1660/61) des deutschen Astronomen Andreas Cellarius, steht die Erde ruhend im Zentrum. Um sie dreht sich der gesamte Himmel jeden Tag einmal. Jeder Himmelskörper besetzt eine eigene Schale, den äußersten Ring bildet der Tierkreis.

ten zu können, bettete Ptolemäus sein Modell in ein Kugelschalenmodell ein, in dessen Zentrum tatsächlich die Erde steht. Jeder Planet bekommt eine Schale zugewiesen, die wie bei einer Zwiebel direkt an die Nachbarschalen grenzt (Leere darf es ja nicht geben). Direkt um die Erde liegt die Mondschicht, dann kommen Merkur und Venus. Ihnen schließen sich die Sphären von Sonne, Mars, Jupiter, Saturn und zuletzt den Fixsternen an. Die Dicke jeder Zwiebelschicht wählte Ptolemäus nun gerade so, dass die Epizykelbahn des jeweiligen Planeten genau hineinpasst. Der erdfernste Punkt einer Planetenbahn liegt also auf dem Außenrand seiner Schale, der erdnächste auf dem Innenrand. Das klingt alles kompliziert und ist es auch, doch Ptolemäus konnte die Planetenbewegungen mit bislang nicht gekannter Genauigkeit vorhersagen. Eine wesentliche Anforderung an ein wissenschaftliches Modell war damit erfüllt, mochte es auch auf falschen Annahmen beruhen. Die Erklärungsgüte – jetzt können wir den Kosmos berechnen! – war so groß, dass Ptolemäus' Weltbild viele Jahrhunderte lang keine Konkurrenz zu befürchten hatte.

Wissenswert Die Ausnahme

Alle antiken Denker hingen einem geozentrischen Weltmodell an ... Wirklich alle? Nein, bereits im 5. Jahrhundert v. Chr. stellte der Pythagoreer Philolaos von Kroton die These auf, die Erde drehe sich um die Sonne und nicht umgekehrt. Herakleides Pontikos schloss sich ein Jahrhundert später der Vorstellung von Philolaos an und entwickelte sie weiter, doch der markanteste antike Vertreter eines heliozentrischen Weltbilds war Aristarchos von Samos (ca. 310–230 v. Chr.), dem auch die erste wissenschaftliche Bestimmung der Entfernungen zu Mond und Sonne gelang. Mit einfachen geometrischen Mitteln erkannte er, dass Sonne und Mond am Himmel lediglich gleich groß aussahen, in Wahrheit die Sonne aber viel weiter entfernt ist als der Mond und deshalb auch viel größer sein muss, auch deutlich größer als die Erde (Aristarch errechnete einen Faktor 10, heute wissen wir, dass die Sonne hundertmal so groß ist wie die Erde). Und sollte nicht der größte Himmelskörper im Zentrum stehen? Das war Aristarchs weitsichtige

Hypothese, von der Archimedes in seiner »Sandrechnung« berichtet: Sonne und Fixsterne ruhen im Universum, während die Erde sich auf einem Kreis bewegt. Dass sich seine Ansicht nicht durchsetzte, lag nicht nur daran, dass sie offensichtlich dem gesunden Menschenverstand widersprach. Weitere gewichtige Gründe waren für die Geozentriker die Abwesenheit eines Gegenwinds, den man doch spüren müsse, falls die Erde sich bewegt, sowie der allem Anschein nach unveränderliche Fixsternhimmel. Wenn die Erde gewaltige Entfernungen um die Sonne zurücklegt und sich somit der Blickwinkel auf die Sterne ständig verschiebt, sollten sich die Sterne relativ zueinander verschieben. Das tun sie tatsächlich, was allerdings mit bloßem Auge nicht erkennbar ist und erst im 19. Jahrhundert entdeckt wurde. Dass diese Parallaxe – so der Fachbegriff – scheinbar fehlte, erklärte Aristarch mit der enorm großen Entfernung der Sterne von der Erde. Auch das ein Gedanke mit beeindruckender Weitsicht.

Sonne und Erde tauschen ihren Platz

Bis ins 16. Jahrhundert hinein blieb Ptolemäus' Weltbild unangetastet. Nur einzelne Denker äußerten verhaltene Kritik am geozentrischen Modell, etwa an dem konfusen Wirrwarr von Epizyklen, Deferenten, Exzentern usw.

Alfons X. (1221–1284), König von Kastilien und Förderer der Astronomie, wird der Ausspruch zugeschrieben: »Wäre ich bei der Schöpfung dabei gewesen, so hätte ich einige nützliche Hinweise gegeben« – nämlich zu etwas Einfacherem zu greifen. Doch keiner wagte es, die Erde

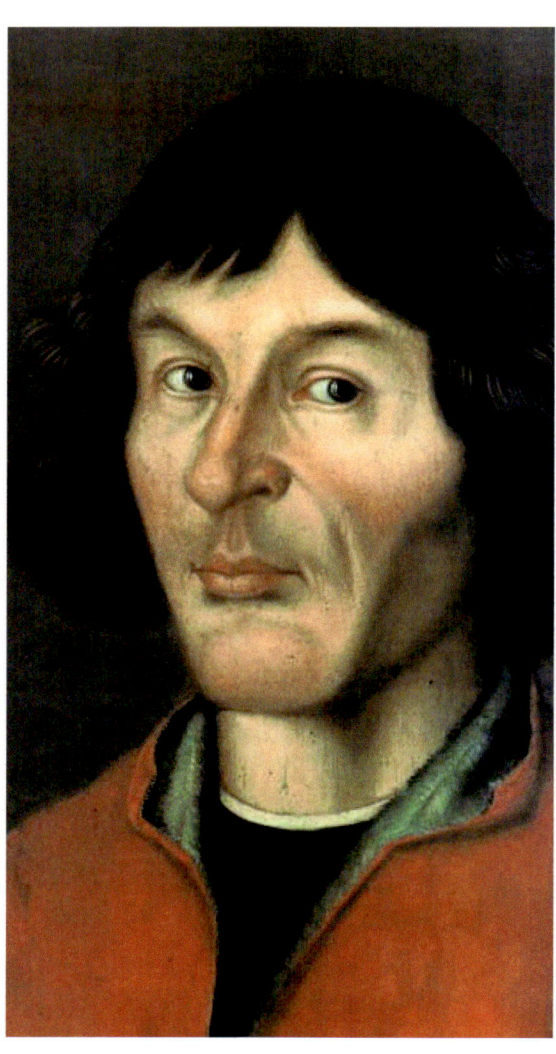

Nikolaus Kopernikus wurde 1473 in Thorn geboren. Nach dem frühen Tod des Vaters wurde seine Ausbildung von seinem Onkel, dem Bischof des Ermlandes, überwacht. In Krakau beschäftigte er sich mit humanistischen, mathematischen und astronomischen Studien, während seiner Jahre in Italien mit Medizin und Rechtswissenschaften; 1503 wurde er in Ferrara in Jura promoviert. Nach Frauenburg zurückgekehrt, wurde er Sekretär und Leibarzt des Onkels, 1510 übernahm er die Verwaltungsaufgaben eines Domherrn. Seine astronomische Forschung, die ihn berühmt machte, betrieb er stets nur als »Hobby«.

vom Thron zu stoßen und durch die Sonne zu ersetzen. Erst Nikolaus Kopernikus (1473–1543), Jurist und Arzt in kirchlichen Diensten mit genügend Zeit für seine Leidenschaft Astronomie, leitete die Wende ein. In seinem Werk »De Revolutionibus Orbium Coelestium«, publiziert in Kopernikus' Todesjahr, degradierte er die Erde zum Planeten und setze stattdessen die Sonne in die Mitte des Himmels. Seine Kerngedanken hatte Kopernikus bereits 1514 in einem dünnen zwanzigseitigen »Commentariolus« zusammengefasst, der jedoch nur von wenigen gelesen und kaum beachtet wurde. In sieben knappen Grundsätzen arbeitete er die Charakteristika des heliozentrischen Weltbildes heraus. Er stieß nicht nur die Erde aus ihrer zentralen Stellung, sondern erklärte auch die Schleifenbahnen einiger Planeten als zwangsläufige Folge unserer Beobachtungsposition auf einer bewegten Erde und die tägliche Bewegung der Sterne als Folge der Tatsache, dass sich die Erde einmal in 24 Stunden um ihre eigene Achse dreht. Alles astronomische Volltreffer und der Beginn einer der größten Umwälzungen in der Astronomie. Kopernikus' Motivation, diesen Schritt zu gehen, lag nicht in einer Lust zur Revolution begründet. Auch konnte er Ptolemäus keine Rechenfehler oder ungenauen Vorhersagen nachweisen. Kopernikus' Bemühungen waren vielmehr von dem Wunsch geleitet, wieder zu dem eigentlichen Ideal der Antike zurückzukehren, den gleichmäßig durchlaufenen Kreisbahnen. Kopernikus war von seinem Modell überzeugt, weil es eine ein-

fache geometrische Anordnung des Universums lieferte, die nicht nur ästhetisch ansprechend war, sondern mit der man rechnen konnte. Kopernikus entdeckte unter anderem, dass er die Umlaufzeit jedes Planeten um die Sonne und dessen Entfernung zur Sonne in Einheiten des Abstands Sonne-Erde ausdrücken konnte. Ganz ohne »Tricks« kam jedoch auch Kopernikus nicht aus, denn um die im Winter schnellere Bewegung der Sonne durch den Tierkreis zu beschreiben, musste er auch in sein Modell Exzenter, Deferenten und Epizyklen einführen. Zwar war sein Universum immer noch einfacher als das von Ptolemäus, so richtig einfach aber auch nicht.

Um 1515 begann Kopernikus, seine Kernthesen zu einem Buch auszubauen. Bis buchstäblich zur letzten Minute seines Lebens arbeitete er an den Texten, prüfte sie immer wieder, versuchte, die Mängel auf ein Minimum zu reduzieren. Er wusste, dass sein Modell radikal mit der herkömmlichen Meinung brach, und wollte deshalb potenziellen Kritikern so wenig Ansatzpunkte wie möglich liefern. Ohne den Vorarlberger Georg Joachim Rheticus, der 1539 von den erstaunlichen Erkenntnissen des Kopernikus erfuhr und sich daraufhin nach Frauenburg, wo Kopernikus Domherr war, aufmachte, wäre »De Revolutionibus« nie erschienen. Erst Rheticus konnte Kopernikus überreden, sein Hauptwerk in Druck zu geben. Das revolutionäre neue Weltbild hatte nun den Weg in die Öffentlichkeit gefunden, entfaltete aber keine große Wirkung. Kopernikus' Werk war kompliziert (um nicht zu sagen: unlesbar) geschrieben und sein Inhalt für die meisten Zeitgenossen immer noch unannehmbar. Die Behauptung, Tag und Nacht entstünden durch die Drehung der Erde um ihre eigene Achse, stieß auf massive Ablehnung. Außerdem war das heliozentrische Weltbild dem geozentrischen darin unterlegen, künftige Planetenpositionen vorherzusagen. Letztlich hatte Ptolemäus viel mehr Stellschrauben, an denen er drehen konnte, um sein Modell »hinzufummeln«. In der Anwendung war es daher stärker. Einfachheit hin oder her – der Erfolg heiligt die Mittel. So kam es, dass »De Revolutionibus« in

einigen wenigen Bücherregalen verstaubte. Schon die erste Auflage von 1000 Exemplaren wurde nie ausverkauft. Zum Vergleich: Philipp Melanchthons sechs Jahre nach »De Revolutionibus« erschienene »Grundlehren der Physik«, mit denen der Kirchenreformator Kopernikus' Lehre zu widerlegen suchte, wurde neunmal nachgedruckt, bevor »De Revolutionibus« zum ersten Mal neu herauskam.

So musste die Durchsetzung des heliozentrischen Weltbilds auf die nächste Astronomengeneration warten. Eine Generation, der vor allem eines zu verdanken ist: bessere Beobachtungsdaten. Der Pionier schlechthin in dieser Beziehung war der Däne Tycho Brahe (1546–1601). Zwar verfügte er über kein Teleskop – das wurde erst nach ihm erfunden –, aber über eine phänomenale Beobachtungsgabe. Niemand vor ihm und auch lange nach ihm hat so viele und so genaue astronomische Daten zusammenge-

In Tycho Brahes Weltbild steht immer noch die Erde im Zentrum, um sie kreisen Sonne, Mond und Sterne. Die Planeten hingegen kreisen um die Sonne. Andreas Cellarius hat in seiner Darstellung von 1661 bereits die von Galilei 1610 entdeckten Jupitermonde eingezeichnet, Tycho Brahe kannte sie allerdings noch nicht.

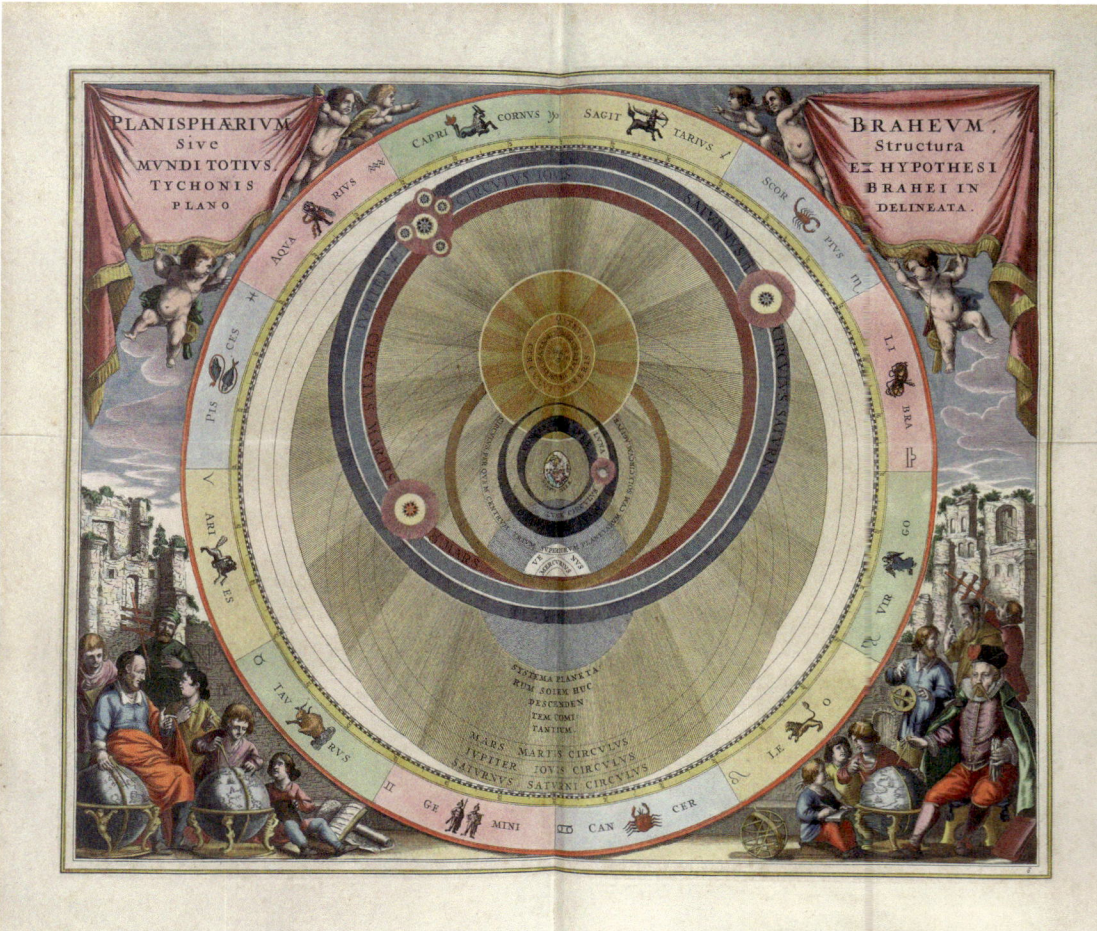

Die Supernova SN 1572 wurde von Tycho Brahe entdeckt, der auch den Ausdruck »Nova« prägte, weil ein neuer Stern in der Tat ein Novum war. Bis dahin hielt man das Universum für ewig und unwandelbar. Heute ist Brahes Supernova für das Auge nicht mehr sichtbar, aber für Röntgenobservatorien deutlich zu erkennen. Die Wolke aus sehr heißem Gas erstreckt sich über 15 Lichtjahre.

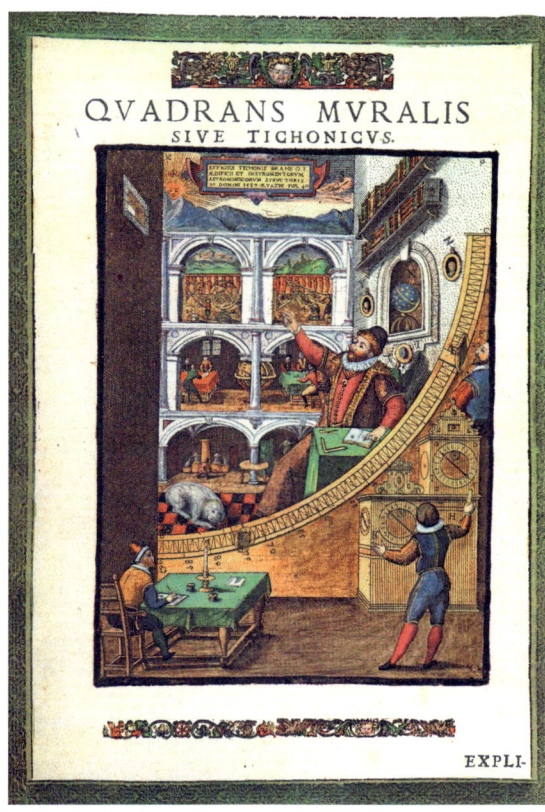

EXPLI-

Dieser Kupferstich zeigt Tycho Brahes Mauerquadranten, der fest an einer Mauer installiert und genau nach Süden ausgerichtet war. Mithilfe des Instruments konnte er genaue Höhenwinkel und Positionen von Gestirnen messen. Die Assistenten lesen die Zeit ab und notieren sie; außerdem zeigt der Kupferstich Tychos Instrumente in Uraniborg, seine Alchemistenküche sowie seinen schlafenden Hund.

tragen – mit bloßem Auge! Eigentlich war die Astronomie nur ein Hobby des jungen Brahe, da die wohlhabende Familie auf eine standesgemäße Ausbildung drängte. Während des Studiums an mehreren deutschen Universitäten widmete er sich jedoch zunehmend der Himmelsbeobachtung sowie der Alchemie und der Astrologie – zu Brahes Zeiten gab es da noch keine Berührungsängste. Seine steile Karriere begann, als er am Abend des 11. November 1572 einen Stern erblickte, den er zuvor nie gesehen hatte, eine »Nova Stella«. Der Däne wagte die kühne These – da er trotz heftiger Bemühens keine Eigenbewegung des Objekts messen konnte –, dass der Stern zu den Fixsternen gehören müsse. Ein schwerer Schlag gegen Aristoteles und seine im 16. Jahrhundert immer noch verbreitete Ansicht, die Fixsterne seien ewig und unveränderlich. Brahe hatte einen explodierenden Stern beobachtet, eine Supernova. Der neue Stern, der zudem in den folgenden Jahren wieder verblasste, brachte das Gefüge der Wissenschaft durcheinander: Seit Jahrtausenden wurde gelehrt, das Universum kenne keine Veränderungen, und nun konnte jeder zuschauen, wie sich doch etwas veränderte. Die Standorte der Sterne waren augenscheinlich nicht konstant und ewig.

Brahes Ruf verbreitete sich, und Friedrich II., König von Dänemark, ermöglichte es ihm, sich auf der Insel Ven eine Sternwarte, die prächtige Uraniborg, zu bauen. Nach Friedrichs Tod ging er nach Prag an den Hof Kaiser Rudolphs II. Insgesamt 35 Jahre lang beobachtete Brahe den Himmel und widmete sich den Planeten sowie der Erstellung eines Sternenkatalogs. Die bedeutendste Beobachtungsreihe stellte er zum Mars auf, den er mit einigen Unterbrechungen von 1582 bis 1600 verfolgte – in dieser Zeit umkreiste der rote Planet neunmal die Sonne. Was die Planeten betraf, war Brahe bereit, sich den kopernikanischen Ideen anzuschließen, da ihm dessen Erklärung der rückläufigen Planetenbewegungen einleuchtete. Andererseits wollte Brahe unbedingt am geozentrischen Standpunkt festhalten, nicht nur wegen der Autorität der Bibel, sondern vor allem wegen des Mangels an Sternparallaxen. Deshalb bevorzugte Brahe ein Zwittermodell: die Planeten kreisen um die Sonne, die Sonne umkreist jedoch die Erde. Es wurde nicht sonderlich ernst genommen. Seine Beobachtungsdaten hingegen schon, vor allem von Brahes vermutlich größter »Entdeckung«: seinem Assistenten Johannes Kepler. Brahes präzise Be-

obachtungen ermöglichten dem jungen Astronomen die Ableitung der Planetengesetze. Ihm sollte das gelingen, was Brahe verwehrt geblieben war: eine befriedigende Erklärung der Planetenbewegungen.

Geburtsstunde der Astrophysik

Wie schon Kopernikus, so ging auch Kepler – zunächst – davon aus, dass sich die Planeten auf Kreisbahnen bewegen. Kepler war tief religiös und glaubte, das Verständnis des Universums und seiner harmonischen Geometrie würde ihn näher zu Gott bringen. Nach Brahes Tod verfügte er über dessen heilige Notizbücher, und er hoffte, innerhalb von wenigen Tagen die Probleme, die sich beim Auffinden der richtigen, sprich: mit den Daten übereinstimmenden, Umlaufbahnen ergeben hatten, zu lösen. Vor allem die Beobachtungsdaten für den Mars widersetzten sich beharrlich dem Bemühen, eine Kreisbahn für sie zu finden. Kepler gelang es zwar, Teillösungen zu finden, doch er suchte nach einer einzigen Kreisbahn für den Mars, ptolemäische »Tricksereien« wollte er nicht akzeptieren. Doch wie intensiv er auch rechnete, seine Bahndaten wichen um bis zu 8 Bogenminuten von Brahes Beobachtungen ab. Keine sonderlich große Abweichung; manch anderer wäre vielleicht versucht gewesen, sie als Ungenauigkeit der Messreihen von Brahe zu interpretieren, doch Kepler vertraute dessen peniblen Messungen. 8 Bogenminuten waren nicht zu tolerieren. Nach quälenden und langwierigen Berechnungen auf Hunderten von Seiten erkannte Kepler schließlich den Kardinalfehler: Die Planeten bewegen sich auf Ellipsenbahnen und nicht auf vollkommenen Kreisen, außerdem verändern sie ihre Geschwindigkeit, und schließlich befindet sich die Sonne nicht genau im Mittelpunkt der Umlaufbahnen. Als ihm diese drei Lichter aufgegangen waren (heute bezeichnen wir sie als die drei keplerschen Gesetze), soll er gerufen haben: »O Allmächtiger, ich

In seinem 1596 veröffentlichten Buch »Mysterium Cosmographicum« versuchte Kepler, die Bahnen der damals bekannten fünf Planeten (Merkur, Venus, Mars, Jupiter, Saturn) mit der Oberfläche der fünf platonischen Körper in Beziehung zu setzen.

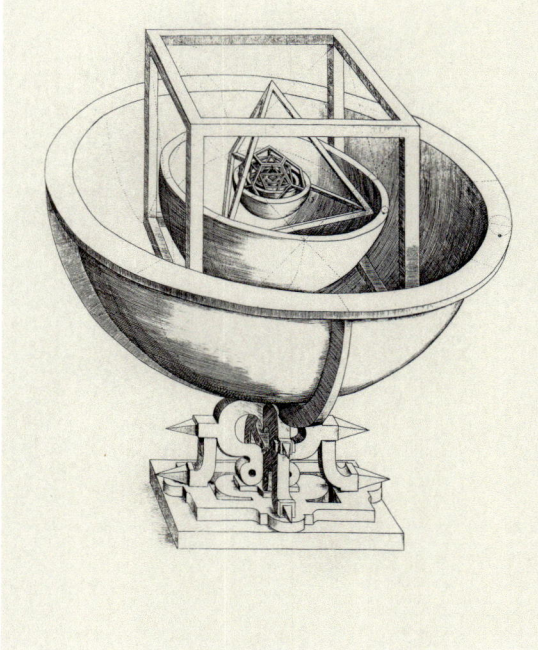

Im Oktober 1600 siedelte Johannes Kepler nach Prag über und wurde bereits ein Jahr später – nach dem überraschenden Tod Tycho Brahes – zum Kaiserlichen Mathematiker bestellt. Kepler gelang es, zum ersten Mal in der Astronomiegeschichte eine einheitliche Theorie für alle Planetenbewegungen zu entwickeln. Für Kepler war eine astronomische Hypothese keine mathematische Spielerei, sondern sie musste mit der physikalischen Realität übereinstimmen. In diesem Sinne war er der erste Astrophysiker. Kepler gehörte zu den angesehensten Wissenschaftlern seiner Zeit, führte aber ein bescheidenes Leben ohne Glanz und Ablenkung, nur auf seine Arbeit konzentriert.

denke Deine Gedanken Dir nach.« Er veröffentlichte seine Ergebnisse 1609 in seinem Hauptwerk »Astronomia Nova«, das nicht nur die Erfolge der intensiven jahrelangen Arbeit darstellt, sondern auch alle Irrwege. Nicht von ungefähr bat er den Leser um Verständnis: »Wenn Du gelangweilt bist von dieser mühsamen Art der Berechnung, dann habe Mitleid mit mir, der diese zumindest siebzigmal wiederholen musste, mit großem Verlust an Zeit.«

Nachdem der Zauberbann der Kreisbahnen gebrochen war, konnte Kepler mit seinen Ellipsenbahnen viel genauere Vorhersagen der Planetenpositionen machen als das ptolemäische Modell. Seine drei Gesetze waren die ersten Naturgesetze im modernen Sinn und wiesen Newton den Weg zur Aufstellung des Gravitationsgesetzes. Kepler begriff das Universum als dynamisches System, angetrieben von Kräften, die physikalischen Gesetzmäßigkeiten folgten. Astronomie und Physik – in diesem Sinne war Kepler der erste Astrophysiker. Das geozentrische Weltbild konnte jedoch auch er nicht vom Thron stoßen, noch immer hatten Aristoteles und die antike Naturphilosophie die »Herrschaft über die Köpfe«. Die entscheidenden Argumente lieferte erst Galileo Galilei. Zum einen widerlegte er die aristotelische Sichtweise, dass die Erde sich nicht bewegen könne, weil ja sonst alles herunterfiele, durch Experimente mit rollenden Kugeln, die solange weiterrollen, bis eine Kraft sie aufhält. Körper sind träge, deshalb bewegen sich Wolken, Vögel und fallende Objekte mit der Erde und bleiben nicht zurück, deshalb fällt auch im Zug ein Ball nach unten. Und zum anderen erschütterte Galilei durch neue Beobachtungen den antiken Glauben, das All sei unveränderlich. Dafür stand ihm ein neues Instrument zur Verfügung: ein Teleskop.

1610 richtete er erstmals ein Fernrohr gen Himmel und entdeckte die vier Jupitermonde Io, Europa, Ganymed und Kallisto, die deshalb auch als Galileische Mon-

1610 entdeckte Galileo Galilei die vier Jupitermonde, die später nach ihm benannt wurden. Zum ersten Mal waren Himmelskörper beobachtet worden, die sich eindeutig nicht um die Erde drehen. Dies war ein offensichtlicher Widerspruch gegen das geozentrische Weltbild. Galilei machte sich deshalb mit dieser Entdeckung nicht nur Freunde.

Ein Titelkupfer zu Galileis »Dialog« zeigt Kopernikus (rechts) als Vertreter der »neuen« Wissenschaft im Gespräch mit Aristoteles und Ptolemäus als Repräsentanten der »alten« Wissenschaft.

Als Galilei starb, hatte die Astronomie einen anderen Stellenwert als bei seiner Geburt. Ptolemäus' Weltmodell gehörte der Vergangenheit an, die Naturwissenschaft hatte endgültig den Aufbruch in die Neuzeit vollzogen und Aristoteles hinter sich gelassen.

de bezeichnet werden. Galilei hatte das Fernrohr zwar nicht erfunden – diese Ehre gebührt dem deutsch-niederländischen Brillenmacher Hans Lipperhey, der bereits 1608 ein entsprechendes Patent anmeldete –, doch Galilei baute ein eigenes Instrument, das Lipperheys Instrument deutlich überlegen war. Neuere Untersuchungen ergaben, dass seine Linsen selbst heutigen Qualitätsstandards entsprechen würden. Galileis Fernrohr war eine Revolution in der Astronomie, denn nun war die himmelsbeobachtende Menschheit nicht mehr nur auf das bloße Auge angewiesen. Nun erschlossen sich neue Welten. Galilei entdeckte, dass der Mond Krater hat und die Milchstraße aus einzelnen Sternen besteht, dass sich Planeten als Scheiben darstellen und der Saturn »Ohren« hat. Er beobachtete, dass die Sonne Flecken hat und die Venus Phasen wie der Mond. Gerade diese Phasen überzeugten ihn, dass die Sonne tatsächlich im Mittelpunkt des Planetensystems steht: Seine Beobachtungsdaten passten genau zu den Vorhersagen des heliozentrischen Modells. Den Geozentrikern gingen langsam die Argumente aus, mit jedem Blick durch das neue Teleskop wurde ein Universum mit der Sonne im Zentrum plausibler. Man musste doch nur hinschauen!

Immer bessere Teleskope

Das Hinschauen überzeugte nach und nach immer mehr Astronomen vom heliozentrischen Weltbild, größere und bessere Teleskope trieben die Erforschung des Himmels voran. Galileis Teleskop zeigte nur wenig mehr Sterne, als man mit bloßem Auge auch erkennen kann; bei lichtschwachen Sternen hatte man weiterhin keine Chance. Der begrenzende Faktor ist dabei nicht die Vergrößerung, sondern die Menge des Lichts, die ein Fernrohr einsammelt. Ein Teleskop, mit dem man lichtschwache Sterne beobachten möchte, braucht deshalb eine möglichst große Apertur, das heißt, eine möglichst große Öffnung, also Linsen mit großem Durchmesser. Große Linsen sind jedoch schwer herzustellen. Issac Newton entwarf deshalb ein Teleskop, das einen gekrümmten Spiegel statt einer Linse benutzte. Spiegel brauchen nur eine hochwertige Oberfläche und weisen weniger Abbil-

dungsfehler als Linsen auf. Deshalb wurden im 18. Jahrhundert Spiegelteleskope gebaut, die besten seiner Zeit von Friedrich Wilhelm Herschel (1738–1822). Sie waren besonders geeignet für die Beobachtung der geheimnisvollen Nebelflecken, die die Astronomen seit dem 17. Jahrhundert verwirrten. Der französische Astronom Charles Messier (1730–1817) war bei seiner Suche nach neuen Kometen auf eine Vielzahl solcher Objekte gestoßen, die er in einem später nach ihm benannten »Messier-Katalog« auflistete. Herschel erweiterte Messiers Liste um Tausende weiterer Nebel – was physikalisch hinter den Nebeln steckte, war damals aber noch unbekannt.

Neben der Nebelsuche beschäftigte sich Herschel auch mit der Entfernung von Sternen. Er entwickelte die Stellarstatistik, sozusagen die systematische Sternzählerei, und entdeckte, dass die Sterne nicht in alle Richtungen gleich verteilt, sondern zu einer Scheibe zusammengedrückt sind. Das deckte sich mit dem Erscheinungsbild des Nachthimmels, das schon seit dem Altertum vertraut war: Die Milchstraße erstreckt sich als Band am Himmel. Herschel konnte aber nur relative Entfernungen seiner Statistik zugrunde legen – doppelt so weit weg, dreimal so weit weg usw. – und daher nichts über die Größe der Milchstraßen-Scheibe sagen. Das wurmte nicht nur ihn, auch viele seiner Kollegen hätten gerne einen Zollstock für das Universum gehabt.

Diesen Zollstock »baute« erst der Westfale Friedrich Wilhelm Bessel (1784–1846), Astronom an der Königsberger Sternwarte. Seine Methode lieferte auch den Beweis, auf den die Anhänger des geozentrischen Weltbilds immer wieder gepocht hatten: die Parallaxe. Wenn die Erde sich um die Sonne bewegt, dann sollte im Vergleich verschiedener Zeitpunkte im Jahr – also verschiedener Punkte auf der Erdumlaufbahn – sich die Position eines Sterns verschieben. Bessel wählte den Stern 61 Cygni im Sternbild Schwan, und nach 14-monatiger mühevoller Messarbeit präsentierte er dessen Parallaxe: 0,3136 Bogensekunden. Mithilfe trigonometrischer Rechnerei, wie sie auch Landvermesser benutzen, konnte Bessel aus diesem Resultat die Entfernung zu 61 Cygni berechnen: mehr als 11 Lichtjahre, rund 104 Billionen Kilometer. Bessel war der Durchbruch gelungen, die Welt kannte nun die Entfernung zu einem Stern. In den kosmologischen Maßstäben, die wir heute kennen, sind 11 Lichtjahre ein Klacks, doch damals waren die Astronomen schockiert: 61 Cygni war ein recht heller Stern, die lichtschwachen mussten dann noch viel weiter weg sein. Das Universum war deutlich größer, als man bislang geglaubt hatte.

Die Parallaxen-Methode war zu ihrer Zeit ein Meilenstein, sie funktioniert allerdings nur bis zu einer Entfernung von etwa 100 Lichtjahren. Für größere Entfernun-

Sein erster Paukenschlag gelang Edwin Hubble 1923. Mithilfe des Hooker-Teleskops am Mount-Wilson-Observatorium konnte er zeigen, dass der Andromedanebel eine Million Lichtjahre entfernt ist! Das bedeutete: Er gehört nicht zu unserer Galaxis. Diese Entdeckung machte Hubble über Astronomenkreise hinaus bekannt, als Wissenschaftler, der die Weiten des Universums neu ausgelotet hat.

Auf dem 4 200 m hohen Mauna Kea auf Hawaii befinden sich eine ganze Reihe von Teleskopen, denn der Vulkan bietet hervorragende Bedingungen für die Astronomie: dünne und trockene Luft, sehr viele klare Beobachtungsnächte, ruhige Atmosphäre. Das Bild zeigt die beiden Keck-Teleskope, die bis Juli 2007 die größten optischen Teleskope der Welt darstellten.

gen benutzen Astronomen heute andere Methoden, die auf sogenannten »Standardkerzen« beruhen: Objekte, von denen man die *absolute* Helligkeit kennt, die man dann mit der scheinbaren Helligkeit vergleichen und daraus auf die Entfernung schließen kann (je weiter ein Stern weg ist, desto lichtschwächer erscheint er). Zuverlässige Standardkerzen sind beispielsweise die Cepheiden: Sterne, deren Helligkeit regelmäßig pulsiert, wobei die leicht zu messende Periodendauer mit der Leuchtkraft zusammenhängt. Entfernungen bis zu einigen Millionen Lichtjahren kann man mithilfe der Cepheiden bestimmen, also auch zu Sternen aus Nachbargalaxien. Mit

Friedrich Wilhelm Herschel wurde zunächst Musiker, bevor er sich der Astronomie widmete. Auch seine Schwester Caroline, die ihm zunächst bei den Beobachtungen assistierte und später mit eigenen Teleskopen selbstständig astronomisch tätig war, brach eine erfolgversprechende Karriere als Sängerin ab. Seine publikumswirksamste Tat war die Entdeckung eines neuen Planeten, des Uranus. Herschel erfand aber auch die Stellarstatistik, entdeckte die Infrarotstrahlung und führte als Erster eine Klassifizierung von Nebeln ein.

Supernovae vom Typ Ia kann man sogar Entfernungen von einigen Milliarden Lichtjahren bestimmen, da die abgestrahlte Lichtmenge dieser explodierenden Sterne immer einem annähernd gleichen Verlauf folgt.

In den Jahrzehnten nach Bessel wurden immer größere und leistungsfähigere Teleskope gebaut. 1845 vollendete William Parsons, der dritte Earl of Rosse, ein Riesenteleskop mit einem Spiegel von 1,8 Metern Durchmesser, das den passenden Beinamen »Leviathan« erhielt. Damit erkannte Rosse u. a. die Spiralstruktur des Messier-Objektes 51, des berühmten Whirlpool-Nebels. George Ellery Hale, ein exzentrischer Astronom und Millionär, erbaute gleich mehrere Teleskope der Weltspitze, u. a. das 1917 fertiggestellte 2,5-Meter-Teleskop auf dem Mount Wilson, das 30 Jahre lang das größte Spiegelteleskop der Welt war. Es machte lichtschwache Nebel sichtbar, die noch nie zuvor in einem Teleskop erschienen waren. Nebel in großer Fülle, mit vielfältigen Formen – doch nach wie vor war nicht geklärt, wie weit sie entfernt waren. Gehören diese Nebel alle zur Milchstraße oder sind es eigenständige Galaxien? Um diese Frage zu beantworten, reichte es nicht aus, das Licht der Sterne nur zu sammeln, man musste es auch analysieren. Die Astronomen lernten deshalb, das Spektrum eines Sterns zu messen. Joseph von Fraunhofer hatte entdeckt, dass das Sonnenspektrum dunkle Linien enthält. Sie entstehen durch die Absorption des Sonnenlichts bei bestimmten Wellenlängen durch Gase. Der britische Astronom William Huggins wandte die Methode auch auf kosmische Objekte an und entdeckte sowohl dunkle Linien wie bei der Sonne als auch scharf leuchtende Farblinien, also quasi die Umkehrung der Fraunhofer-Linien. Damit war die Frage beantwortet, ob die Nebel aus Gas oder Sternen bestehen: Beide Fälle treten auf. Nebel aus Sternen zeigen dunkle Linien wie die Sonne, Gasnebel leuchten selbst und verraten sich durch die Farblinien.

Das Universum expandiert

Huggins entdeckte auch, dass sich das Spektrum zur Geschwindigkeitsmessung kosmischer Objekte eignet, ganz analog zum akustischen Dopplereffekt: Fährt ein Krankenwagen mit Martinshorn auf uns zu, steigt die Tonhöhe an (sprich: die Wellenlänge des Schalls wird kleiner), entfernt er sich, wird der Ton wieder tiefer (die Wellen-

länge wird größer). Beim Licht passiert nun etwas Ähnliches: Bewegt sich ein leuchtendes Objekt auf den Beobachter zu, wird das gesamte Spektrum zu kürzeren Wellenlängen, also zum blauen Ende des Spektrums hin verschoben, bewegt es sich weg, wandert das Spektrum zum langwelligen roten Ende. 1868 stellten Huggins und seine Frau Margaret fest, dass das Spektrum von Sirius rotverschoben ist, der Stern sich also von uns entfernt. Zu Beginn des 20. Jahrhunderts war die Spektroskopie dann so ausgereift und die neuen Teleskope so leistungsfähig, dass man daran denken konnte, die Geschwindigkeitsmessung auf Nebel auszudehnen – 1912 gelang dies dem amerikanischen Astronomen Vesto Slipher erstmals. In den nachfolgenden Jahren untersuchte er einige Dutzend Nebel, und alle bis auf einige wenige Ausnahmen entfernten sich von uns. Fliegt das Universum auseinander? Zur Antwort auf diese Frage trug der amerikanische Astronom Edwin Hubble 1929 bei. Er konnte

Wissenswert Mehr als nur Licht

Noch bis in die 1940er-Jahre hatten die Astronomen keine Vorstellung, wie viel unsichtbare Strahlung von kosmischen Objekten abgestrahlt wird. Das sichtbare Licht stellt ja nur einen winzigen Ausschnitt des gesamten elektromagnetischen Spektrums dar. Heute weiß man aber, dass viele Objekte gar kein Licht aussenden, dafür umso intensivere Strahlung in anderen Wellenlängenbereichen, die enorm viel über die physikalischen Vorgänge in diesen Objekten aussagt. Deshalb wurden zahlreiche Teleskoptypen entwickelt, um gezielt die unsichtbaren Emissionen in den Blick zu nehmen. Sie reichen von den Radiowellen und der Infrarotstrahlung aus den interstellaren Gaswolken bis zu den gewaltigen Gammastrahlungsausbrüchen kollabierender Sterne. Solche Gammablitze können in zehn Sekunden mehr Energie freisetzen als die Sonne in Milliarden von Jahren.

anhand der Rotverschiebung von Galaxien, deren Entfernung bekannt war, nachweisen, dass sich alle Galaxien voneinander entfernen, und zwar mit umso größeren Geschwindigkeiten, je größer der Abstand zwischen ihnen ist. Hubble hatte die Expansion des Universums beobachtet. Eine Revolution des astronomischen Weltbilds, denn von Aristoteles bis zum Beginn des 20. Jahrhunderts war man von der Unwandelbarkeit des Universums überzeugt. Selbst Albert Einstein, der 1915 mit der Allgemeinen Relativitätstheorie eine völlig neue geometrische Beschreibung der Gravitation und damit des Universums im Großen geschaffen hatte, entwarf noch ein statisches Modell, in dem ein räumlich endliches Universum schon immer existierte und zeitlich niemals endet. Der belgische Priester und Astrophysiker Georges Lemaître konnte jedoch zeigen, dass sich aus Einsteins Gleichungen auf ganz natürliche Weise ein expandierendes Universum ergibt (diese Lösung hatte der russische Mathematiker Alexander Friedmann bereits einige Jahre zuvor gefunden), das aus einem winzigen »Uratom« ungeheurer Dichte heraus der Kosmos gewachsen ist, denn wir heute beobachten. Lemaîtres Arbeit blieb jedoch unbeachtet, Einstein hielt sie für »physikalisch abscheulich«. Erst viele Jahre später, als Hubbles Beobachtung die Theorie von Lemaître bestätigte, wurde Einstein bekehrt und bekannte sich zum expandierenden Universum. Lemaître blieb weitgehend unbekannt, aber er ist der eigentliche Vater des Urknallmodells.

Die Amerikaner Arno Penzias und Robert Wilson fanden 1965 den schlagenden Beweis für das Urknallmodell, als sie bei Arbeiten an einem Radioteleskop zufällig eine sehr gleichmäßige und isotrope Strahlung aus dem Weltall entdeckten. Eine solche Strahlung war von Astronomen als Folge eines expandierenden Universums bereits Jahre zuvor postuliert worden. Sie stammt aus einer Entwicklungsphase des Universums, als sich Protonen und Elektronen 380 000 Jahre nach dem Urknall bei einer Temperatur von etwa 2 700 Grad Celsius zu Wasserstoffatomen vereinigten und sich die bis dahin »eingefangene« Strahlung von nun an ungehindert ausbreiten konnte. Dabei kühlte sie immer weiter ab, bis auf eine Temperatur von knapp drei Kelvin, also dicht über dem absoluten Nullpunkt.

Moderne Astronomie

Die Astronomie im 20. Jahrhundert ist von vielen technologischen Entwicklungen geprägt, die dem Licht immer weitere Geheimnisse entrissen. Mithilfe der adaptiven Optik gelang es zum Beispiel, die permanenten Luftbewegungen in der Erdatmosphäre – das sprichwörtliche Funkeln der Sterne – zu überlisten: Das sich ständig verändernde Bild wird mithilfe schneller Computer analysiert, die in Echtzeit einen verformbaren Spiegel steuern. Der Spiegel verformt sich dabei so, dass die Verzerrung des Bildes ausgeglichen wird. Fotoplatten, eine der maßgeblichen Neuerungen Ende des 19. Jahrhunderts, sind längst durch elektronische Detektoren abgelöst, die bessere Bilder und genauere Spektren ermöglichen. Auch die heutigen Spiegel sind natürlich nicht mehr mit den Veteranen des 19. und beginnenden 20. Jahrhunderts vergleichbar. Sie folgen dem Motto »je größer, umso besser«, weil ein größerer Spiegel mehr Licht einsammeln kann und Astronomen somit noch tiefer ins Universum blicken können. Das weltweit größte Einzelteleskop, das Large Binocular Telescope (LBT), steht auf dem Mount Graham in Arizona. Es enthält zwei Spiegel, wie bei einem Feldstecher. Jeder Spiegel hat »nur« einen Durchmesser von 8,4 Metern, doch zusammen spannen sie eine Fläche von 110 Quadratmetern auf und erzielen die Leistungsstärke eines einzelnen 12-Meter-Spiegels und die Bildschärfe eines einzelnen 23-Meter-Spiegels. Mit dem LBT ließe sich das Licht einer brennenden Kerze noch in 2,5 Millionen Kilometer Entfernung nachweisen. Das entspricht dem sechsfachen Abstand Erde–Mond!

Ähnliche Dimensionen wie das LBT weisen die vier Spiegelteleskope des von der Europäischen Südsternwarte ESO betriebenen Very Large Telescope (VLT) auf. Es steht auf dem Cerro Paranal in der Atacamawüste im Norden Chiles, wo die Bedingungen für Teleskope perfekt sind. Das VLT gilt als das weltweit führende astronomische Observatorium für bodengebundene Astronomie. Auf dem Nachbarhügel des VLT soll in der nächsten Dekade das European Extremely Large Telescope (E-ELT) entstehen, mit gigantischen Ausmaßen: Der Hauptspiegel wird einen Durchmesser von knapp 40 Metern besitzen und das Gebäude die Ausmaße eines Fußballstadions. Ein solcher Spiegel lässt sich nicht mehr aus einem Stück herstellen, stattdessen wird er aus fast tausend sechseckigen Segmenten zusammengesetzt, die mit weniger als 30 Nanometer gegeneinander ausgerichtet werden müssen. Mit dem E-ELT hoffen die Astronomen u. a., die Atmosphären erdähnlicher Planeten untersuchen zu können.

Eine einzigartige Mission:
das Hubble-Weltraumteleskop

Kaum ein astronomisches Instrument hat unser Bild vom Universum jedoch so geprägt wie das 1990 gestartete Hubble-Weltraumteleskop. Und prägt es immer noch, denn auch im dritten Jahrzehnt seiner Mission – in einem Alter, in dem die meisten Autos schon auf dem Schrottplatz die letzte Ruhestätte gefunden haben – liefert es nach wie vor beeindruckende und für die Wissenschaft unverzichtbare Einblicke ins Universum. Im Juli 2011 präsentierte die NASA die millionste Aufnahme von Hubble, 50 Terabyte Daten hat das Teleskop in den letzten 20 Jahren gesammelt. »Es hat uns mit anrührend schönen Bildern fasziniert und bahnbrechende wissenschaftliche Erkenntnisse ermöglicht,« fasste NASA-Administrator Charles Bolden zum Jubiläum den Stellenwert des Hubble-Teleskops zusammen. Es lieferte Aufnahmen aller möglichen astronomischen Objekte, sowohl aus unserem Sonnensystem als auch aus den Tiefen des Universums, denn Hubble ist ein sehr vielseitiges Instrument – außer der Sonne, die zu hell ist und die empfindlichen Detektoren zerstören würde, kann das Teleskop so ziemlich alles anvisieren. Den meisten Menschen ist Hubble vor allem durch die eindrucksvollen Bilder von Galaxien, Nebeln und Sternhaufen vertraut, Bilder eines gewaltigen, oft bizarren, manchmal auch gewalttätigen Weltalls.

Zu Beginn seiner Laufbahn war Hubble jedoch zunächst ein Sorgenkind. Mit großen Ambitionen gestartet, waren die ersten Bilder eine einzige Katastrophe. Zwar hatten die NASA-Ingenieure nicht damit gerechnet, dass alles auf Anhieb funktionieren würde, und sich darauf eingestellt, das Teleskop im laufenden Betrieb optimal einzustellen. Doch an einer Stellschraube konnten sie nicht drehen: an der Form des Hauptspiegels. Und ausgerechnet hier hatte man sich verkalkuliert: Der Spiegel war um zwei Mikrometer zu flach. Ein Fünfzigstel der menschlichen Haardicke – das klingt nach wenig, hat aber für ein solches astronomisches Präzisionsinstrument verheerende Folgen. Statt scharfer Bilder lieferte Hubble nur verschwommene Aufnahmen. Ein Albtraum. Die Situation war jedoch nicht aussichtslos, denn obwohl das Hubble-Weltraumteleskop das unermesslich weite Universum quasi im Namen trägt, kreist es ja in nur 600 km Höhe über der Erdoberfläche auf seinem Orbit. Service-Missionen mithilfe des Spaceshuttles gehörten deshalb von Anfang an zum Hubble-Zubehör, und die erste dieser Missionen im Jahr 1993 brachte Hubble eine Art Brille – ein Linsensystem namens COSTAR, das den Fehler ausgleichen sollte. Bereits die ersten korrigierten Bilder ließen die NASA aufatmen: Mit Brille war nun alles scharf. Hubble funktionierte jetzt wie gewünscht und begann seine Erfolgsgeschichte mit zahlreichen Höhepunkten. So bietet das Hubble Ultra Deep Field (HUDF) den tiefsten Einblick ins Universum, der jemals im Bereich des sichtbaren Lichts aufgenommen wurde. Insgesamt 11,3 Tage Belichtungszeit stecken in dem Bild, das aus 800 Einzelbelichtungen zusammengesetzt ist, die zwischen September 2003 und März 2004 während 400 Erdumkreisungen von Hubble aufgenommen wurden. Das HUDF zeigt über 10 000 Galaxien, darunter äußerst lichtschwache Objekte, deren Licht aus der Frühzeit des Universums etwa 800 Millionen Jahre nach dem Urknall stammt – Licht, das also bereits 13 Milliarden Jahre unterwegs ist. Hubble blickte damit in die Kinderstube des Universums zurück, in eine Epoche, in der die ersten Galaxien überhaupt entstanden.

Mit der Wide Field Camera 3, die Hubble im Rahmen der Wartungsmission 2009 spendiert bekam, fertigte das Teleskop eine Neuauflage des Hubble Ultra Deep Field an, nun aber im infraroten Spektralbereich. Die Aufnahme zeigt u. a. eine kleine Galaxie nur – so vermuten Astronomen – 500 Millionen Jahre nach dem Urknall. Damit wäre sie die bislang älteste bekannte Galaxie.

Hubble erbrachte auch den Nachweis, dass es im Zentrum fast jeder Galaxie ein Schwarzes Loch mit einer millionen- oder gar milliardenfachen Masse der Sonne gibt; und zur Entschlüsselung der geheimnisvollen Dunklen Energie, welche die Expansion des Universums zu beschleunigen scheint, hat Hubble ebenfalls entscheidend beigetragen. Astronomen nutzten die hohe Auflösung des Teleskops, um weit entfernte Supernovae unter die Lupe zu nehmen, die als eine Art Messlatte für die Expansionsrate des Universums zu unterschiedlichen Zeitpunkten in der Vergangenheit dienen. Außerdem lieferte Hubble 2010 eine unabhängige Bestätigung für die Dunkle Energie in Form von 575 Aufnahmen, auf denen Astronomen von 194 000 Galaxien die Entfernung bestimmen konnten. Ihre Analyse ergab, dass die Expansion des Universums in der Tat immer schneller wird.

Die insgesamt fünf Wartungsmissionen spielten eine zentrale Rolle für Hubbles Leistungsfähigkeit. Bei jedem Einsatz wurden fällige Reparaturen ausgeführt und neue Instrumente installiert. Hubble blieb dadurch trotz fortschreitenden Alters up to date. Nach dem Ende des Spaceshuttle-Programms ist Hubble nun auf sich allein gestellt, doch einige Jahre wird es noch bestens zurechtkommen.

Rätselhafte Astronomie

Die Astronomie ist eine dynamische Wissenschaft. Immer leistungsfähigere Teleskope beantworten viele Fragen, werfen aber auch neue Fragen auf. Welches die

Im Dezember 1993 erfolgte die erste Wartung des Hubble-Weltraumteleskops – seine Linse bekam eine Art »Brille«. Von nun an lieferte Hubble die Aufnahmen des Universums, die Wissenschaftler und Laien gleichermaßen faszinieren.

spannendsten aktuellen Forschungsgebiete sind, darauf werden Astronomen sicher ganz unterschiedlich antworten. Ein Thema würde aber sicher sehr oft genannt werden: das Mysterium um die »Dunklen Mächte« in unserem Universum.

Die einfache Frage, woraus unser Universum überhaupt besteht, hat sich in den letzten Jahrzehnten als ein harter Brocken herausgestellt. Früher dachte man, dass das All im Wesentlichen aus Sternen mit Staub dazwischen bestehe. Dann fiel den Astronomen jedoch auf, dass die Gesamtmasse aller Sterne und Gaswolken bei Weitem nicht ausreicht, um Sternansammlungen zusammenzuhalten. Sie würden ständig wieder auseinanderfliegen. Bereits der Schweizer Astronom Fritz Zwicky rechnete aus, dass der Coma-Haufen – ein Galaxienhaufen aus über 1 000 Einzelgalaxien – das 400-Fache der sichtbaren Materie benötigt, um als Haufen überhaupt existieren zu können. Ein weiteres Indiz dafür, dass das Universum »Lücken« hat, lieferten die Umlaufgeschwindigkeiten von Sternen in Spiralgalaxien: Sie waren viel zu schnell – es sei denn, die Galaxien enthielten mehr als nur die sichtbare Materie. Heutzutage wird diese Dunkle Materie in nahezu allen größeren astronomischen Systemen vermutet. Wenn Astronomen über die normale, sichtbare Materie reden, tauschen sie sich nur noch über ein Randphänomen aus. Gerade mal fünfzehn Prozent der Gesamtmasse des Universums macht sie aus. Ein Treppenwitz der Astronomiegeschichte: Je größer und besser die Teleskope

und Satelliten der Forscher wurden, desto weniger verstanden sie, was die Welt im Großen zusammenhält.

Was hinter der Dunklen Materie steckt, ist noch unklar. Viele Kosmologen vermuten ein unbekanntes Teilchen, dessen Name eigentlich nur ausdrückt, dass es eine Masse, mit bekannten Teilchen aber wenig Berührungspunkte hat: Weakly Interacting Massive Particle, kurz WIMP. Die Hoff-

Der Galaxienhaufen 1E 0657-56, auch als Bullet-Cluster bekannt, ging aus der Kollision zweier Galaxienhaufen hervor – eines der energiereichsten Ereignisse in der Geschichte des Universums. Der pinkfarbene Bereich zeigt heißes Gas, das im Röntgenbereich strahlt und den größten Anteil der gewöhnlichen Materie des Haufens ausmacht. In blau ist die aus Gravitationslineneffekten berechnete Masseverteilung überlagert – deutlich von der normalen Materie getrennt. Diese Beobachtung stellt einen deutlichen Hinweis auf die Existenz Dunkler Materie dar.

nung besteht, dass es eines Tages gelingt, ein WIMP im Labor nachzuweisen, etwa mithilfe des Teilchenbeschleunigers LHC am Genfer Forschungszentrum CERN – vorausgesetzt natürlich, WIMPs existieren überhaupt. Auch bekannte Materie könnte prinzipiell die Dunkle Materie bilden, allerdings müsste sie dann sehr kalt sein, weil sie andernfalls Strahlung abgeben würde wie ein Stern. Astronomen kürzen diese Alternative mit MACHO für »Massive Compact Halo Objects« ab. Das könnten beispielsweise Braune Zwerge sein, die es nicht schaffen, zu einem Stern zu werden, weil sie zu klein sind, um im Innern eine Kernfusion anzuwerfen. Vereinzelt wurden MACHOs anhand ihrer Gravitationswirkung aufgespürt, sie können aber nur einen kleinen Teil der Dunklen Materie erklären.

Neue Planeten »en masse«

Planeten galten eine Zeit lang nicht als sonderlich spannendes Forschungsgebiet der Astronomie, doch das hat sich geändert: Planeten sind »in«, vor allem die außerhalb unseres Sonnensystems. Extrasolare Planeten – kurz Exoplaneten – heißen die begehrten Himmelsobjekte, nach denen zahlreiche Astronomen intensiv Ausschau halten.

An fast allen Sternwarten wird heutzutage ein Teil der Beobachtungszeit für die Suche nach extrasolaren Planeten vergeben. Diese Suche ist keine einfache Sache, denn die Exoplaneten sind weit weg, befinden sich in der Nähe von hellen Sternen und leuchten nicht selbst. Im Teleskop sieht man nur den Stern – ein eventueller Planet wird von ihm überstrahlt und hat keine Chance, bemerkt zu werden. Die Aufgabe ist vergleichbar damit, von Berlin aus in Marseille eine Kerze zu beobachten, die einen Meter neben einem Leuchtturm brennt. Deshalb müssen Astronomen in der Regel auf indirekte Nachweismethoden ausweichen. So verrät sich ein Exoplanet durch die An-

ziehung des Sterns, den er umkreist. Denn wenn der Planet an dem Stern zieht, pendelt der Stern ein wenig um den gemeinsamen Schwerpunkt. Dieses Pendeln wiederum schlägt sich im Spektrum des Sterns nieder: Bestimmte dunkle Linien im Spektrum, bei denen das Sternlicht abgeschwächt ist, verschieben sich, weil sich die entsprechende Wellenlänge ändert. Dieser Effekt ist derselbe, mit dessen Hilfe man auch die Expansion des Universums entdeckt hat: Bewegte Himmelskörper verraten sich durch die Rotverschiebung (siehe Seite 17).

Mithilfe der Rotverschiebung gelang Michel Mayor an der Genfer Sternwarte 1995 erstmals die Entdeckung eines Planeten, der um einen anderen Stern, nämlich 51 Pegasi, kreist. Nur vier Tage braucht er für eine Umrundung, lässt also den Stern mit dieser Periode leicht hin- und herpendeln. Prinzipiell sollte sich aus der Pendelbewegung auch die Masse des Exoplaneten ablesen lassen: Ähnelt er eher der Erde, fällt das Pendeln schwächer aus als bei einem jupiterähnlichen Exoplaneten. Es gibt jedoch ein Problem: Nur die Bewegung des Sterns auf den Beobachter zu bzw. von ihm weg zeigt sich im Spektrum, eine Bewegung nach links oder rechts hingegen nicht (die Methode heißt deshalb auch Radialgeschwindigkeitsmethode). Im schlimmsten Fall blickt man genau senkrecht auf die Exoplanetenbahn – dann pendelt der Stern unbeobachtbar ausschließlich nach links und rechts. Deswegen kann aus der Messung der Rotverschiebung nur eine untere Grenze für die Masse eines neuen Planeten angegeben werden.

Eine weitere Nachweismethode beruht auf dem Vorbeizug eines Exoplaneten an seinem Stern – so wie die Venus 2004 und 2012 vor der Sonne vorbeizog. Obwohl der vorbeiziehende Planet das Licht des Sterns nur minimal abschwächt, können Astronomen aus einer solchen »Sternfinsternis« Informationen über Größe und Masse des Planeten gewinnen. Diese Transitmethode wird auch von den Weltraumteleskopen COROT (Start im Dezember 2006) und Kepler (Start 2009) benutzt. Das Kepler-Teleskop, das einen festen Himmelsausschnitt im Sternbild Schwan untersucht, hat bis Mitte 2012 über 2300 Planetenkandidaten aufgespürt und über 70 Exoplaneten definitiv beobachtet (weitere Untersuchungen mit anderen Teleskopen sind nötig, um eine Kepler-Entdeckung zu bestätigen), darunter im Dezember 2011 erstmals einen relativ kleinen Planeten in der habitablen Zone um einen

sonnenähnlichen Stern, also in dem Bereich, in dem Wasser in flüssiger Form vorkommen kann. Das ist ein wichtiger Meilenstein bei der Suche nach einer »zweiten Erde«.

Insgesamt wurden bis Mitte 2012 knapp 800 Exoplaneten entdeckt, die meisten davon mit der Radialgeschwindigkeitsmethode. Ganz ausgeschlossen ist eine direkte Beobachtung jedoch nicht. Vermutlich erstmals gelang sie 2008 am Gemini-Observatorium auf Hawaii (2010 bestätigt): Der jupitergroße Planet umkreist seinen nur fünf Milliarden Jahre alten Zentralstern in 330-facher Entfernung der Erde von der Sonne. Ebenfalls 2008 veröffentlicht wurden zwei Aufnahmen des Hubble-Weltraumteleskops vom Stern Fomalhaut aus den Jahren 2004 und 2006, auf denen ein kleiner wandernder Lichtpunkt zu sehen ist. 2010 gelang einer anderen Hubble-Kamera eine weitere Aufnahme des Objekts mit Namen Fomalhaut b, die es jedoch deutlich außerhalb der berechneten Umlaufbahn zeigt – ist Fomalhaut b vielleicht doch kein Exoplanet? Zwischen den beteiligten Forschergruppen herrscht eine durchaus hitzige Rivalität – die Astronomie ist in jeder Hinsicht eine spannende Wissenschaft!

Der Exoplanet GJ 1214 b (die künstlerische Darstellung zeigt ihn mit zwei hypothetischen Monden) umkreist einen Stern, der nur 40 Lichtjahre von der Erde entfernt ist. Der Radius von GJ 1214 b ist lediglich 2,7-mal so groß wie der Erdradius – damit zählt der Exoplanet zu den sogenannten Supererden. Es gibt Hinweise darauf, dass GJ 1214 b von einer dicken Atmosphäre umgeben ist und überwiegend aus Wasser besteht.

Andromeda (And)

Heimat unseres Nachbarn

Andromeda ist ein Sternbild am Nordhimmel, das im Herbst und Winter am Abendhimmel zu sehen ist. Optimale Beobachtungszeiten sind die Monate Oktober und November, wenn die Andromeda hoch im Zenit steht. Sie befindet sich südlich des Himmels-W der Kassiopeia und ist über ihren Hauptstern mit dem Pegasus verbunden, denn Alpheratz ist gleichzeitig der Stern in der nordöstlichen Ecke des bekannten großen Pegasus-Vierecks. Der Hauptteil von Andromeda erstreckt sich von Pegasus nach Osten, läuft ihm also dank der Bewegung des Himmelsgewölbes hinterher. Gleich darauf folgt ihr das Sternbild Perseus, das im Osten von Andromeda anschließt. Die Andromeda ist vor allem wegen des gleichnamigen Nebels berühmt, der in seiner Struktur unserer Galaxis ähnelt.

Der Andromedanebel ist die nächste »richtige« Galaxie zu unserem Milchstraßensystem.

Alpheratz

α And
scheinbare Helligkeit: 2^m1
Entfernung: 98 Lichtjahre
Spektralklasse: B9

Der Hauptstern der Andromeda, auch mit Sirrah bezeichnet, bildet einen Eckpunkt im Pegasus-Viereck und wird deshalb in manchen älteren Sternkarten diesem Sternbild zugeordnet. Inzwischen gehört er aber offiziell zur Andromeda. Beide Bezeichnungen gehen auf das Arabische zurück: *al-faras* bedeutet »Pferd«, was auf die ursprüngliche Zugehörigkeit zum Pegasus verweist, *surrat* lässt sich mit »Nebel« übersetzen. Alpheratz hat etwa 2,7-fachen Sonnendurchmesser und leuchtet 200-mal so kräftig wie die Sonne. Er ist ein spektroskopischer Doppelstern, das Sternpaar macht sich also nur durch periodische Verschiebungen im Spektrum bemerkbar.

Alamak

γ And
scheinbare Helligkeit: 2^m3
Entfernung: 355 Lichtjahre
Spektralklasse: K0

Alamak ist in schwächeren Teleskopen ein Doppelsternsystem und ein beliebtes Vorführobjekt. 1778 gelang es erstmals dem deutschen Astronomen Christian Mayer, die beiden Komponenten zu trennen. Der Hauptstern von Alamak ist ein Überriese, der im gelben Spektralbereich am stärksten leuchtet – die Farbe, die man am Himmel sieht, ist also kein Artefakt. Der Begleiter besteht aus einer Doppelkomponente aus zwei bläulich-weißen Sternen und einem sehr dunklen Stern; Alamak ist also ein Vierfachsystem.

Ypsilon Andromedae

υ And
scheinbare Helligkeit: 4^m1
Entfernung: 44 Lichtjahre
Spektralklasse: F8

Dieser Doppelstern erlangte eine gewisse Berühmtheit, weil bei ihm erstmals ein richtiges extrasolares Planetensystem – also ein Planetensystem eines anderen Sterns – nachgewiesen wurde. Drei Planeten gehören nach aktuellem Wissensstand zu dem System. Alle drei sind massereiche Gasriesen, ähnlich dem Jupiter in unserem Sonnensystem. Beobachter wird es dort also nicht geben.

Andromedanebel

M 31
scheinbare Helligkeit: 4^m
Entfernung: 2,7 Mio. Lichtjahre

Der Andromedanebel ist sicher die berühmteste Galaxie am Himmel. Mit einer Entfernung von knapp drei Millionen Lichtjahren ist sie auch von hier aus die nächste Spiralgalaxie – nur einige Zwerggalaxien sind engere Nachbarn der Milchstraße – und liefert eine gute Vorstellung, wie etwaige Bewohner irgendwo im Andromedanebel unsere Galaxie sehen könnten. M 31 ist die hellste Galaxie, die man in unseren Breiten beobachten kann, bereits mit bloßem Auge ist sie als diffuse Ellipse sichtbar. Die Gesamtmasse des Andromedanebels wird auf 200–400 Milliarden Sonnenmassen geschätzt, der Durchmesser der sichtbaren Scheibe beträgt 140 000 Lichtjahre. Neuere Untersuchungen deuten jedoch darauf hin, dass M 31 von einem riesigen, mit Sternen allerdings nur dünn besiedelten Halo umgeben ist, der bis in eine Entfernung von 500 000 Lichtjahren vom Zentrum reicht.

Erst 1923 gelang Edwin Hubble der Nachweis, dass sich die Andromedagalaxie wie auch andere extragalaktische Objekte weit außerhalb des Milchstraßensystems befindet. Das wird allerdings in einigen Milliarden Jahren vorbei sein, denn die beiden Nachbargalaxien bewegen sich aufeinander zu und werden irgendwann wohl miteinander verschmelzen und dabei die Geburt vieler neuer Sterne auslösen. Solche Verschmelzungen sind nichts Ungewöhnliches im Universum, auch unsere Galaxis hat in der Vergangenheit einige »Opfer« gefunden.

Mythologie

Die Geschichte von Perseus und Andromeda ist eine der beständigsten unter den griechischen Mythen. Andromeda war die Tochter des äthiopischen Königs Kepheus und der prahlerischen Königin Kassiopeia. Andromedas Unglück nahm seinen Lauf, als ihre Mutter verkündete, schöner als die Töchter des Nereus zu sein. Die beleidigten Nereiden schalteten daraufhin den Meeresgott Poseidon ein, der zunächst die äthiopische Küste verwüstete. In seiner Not befragte Kepheus das Orakel von Ammon, was zu tun sei, um die Zerstörungen zu stoppen. Die Antwort: Andromeda muss geopfert und als Fraß für einen schrecklichen Walfisch an einen Felsen gekettet werden. Glücklicherweise kam der Held Perseus gerade vorbei, verliebte sich in Andromeda, rettete und heiratete sie. Die ganze Sippe mitsamt Schwiegereltern wurde schließlich an den Himmel gesetzt.

Wissenswert Wie hell leuchten die Sterne?

Die gesamte von einem Stern abgegebene Lichtstrahlung bestimmt seine Helligkeit. Doch weil die Sterne unterschiedlich weit weg von der Erde sind, sehen wir nur ihre *scheinbare Helligkeit*. Sie wird in Größenklassen angegeben, deren Einteilung bereits auf Ptolemäus zurückgeht und durch ein hochgestelltes »m« gekennzeichnet ist. Die hellsten Sterne werden als Sterne 1. Größe, die lichtschwächsten, mit dem bloßem Auge noch sichtbaren, als Sterne 6. Größe eingeordnet. Um 1900 erweiterten die Astronomen diese Einteilung in beide Richtungen und führten zudem eine Dezimalskala ein, die auf der messbaren Strahlungsintensität von Sternen beruht. Für die hellsten Sterne ergeben sich in dieser Skala negative Helligkeitswerte, für die scheinbare Helligkeit unserer Sonne erhält man -26^m7.

Um Sterne untereinander vergleichen zu können, nutzen Astronomen hingegen die *absolute Helligkeit*. Sie ist definiert als die Helligkeit, die ein gedachter Beobachter in einer Entfernung von 10 Parsec – das entspricht etwa 33 Lichtjahren – von einem Stern wahrnehmen würde. Kennt man die Entfernung eines Sterns, kann man die absolute aus der scheinbaren Helligkeit berechnen.

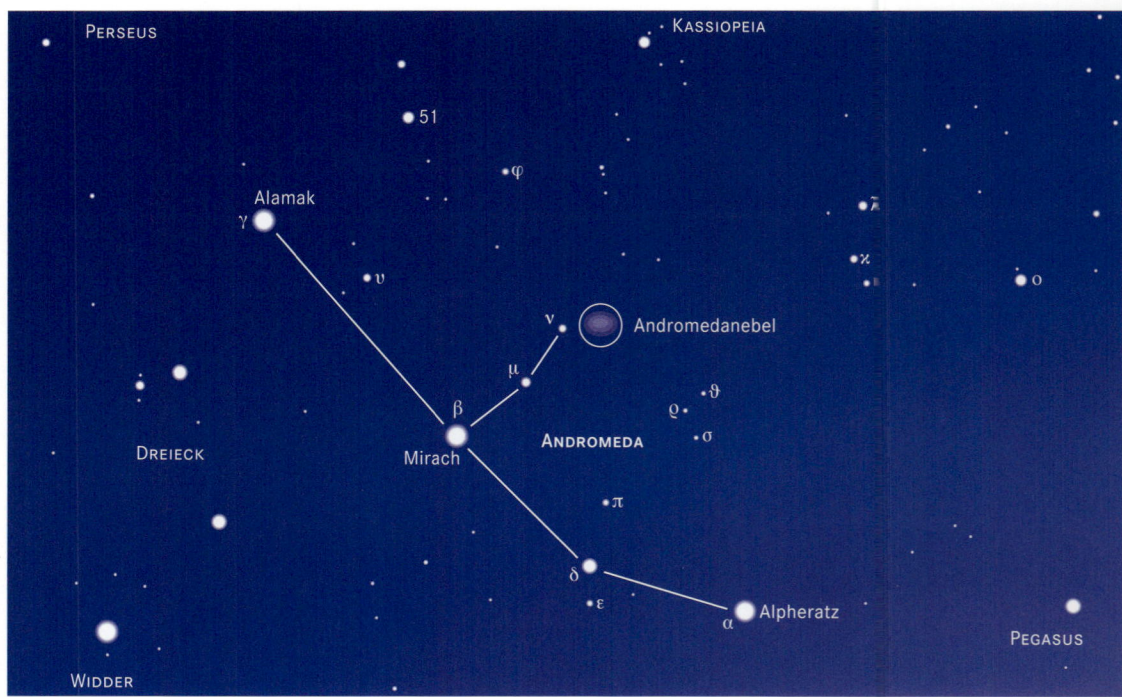

Aquila (Aql) – Adler

Zeus' Vogel

Das Sternbild Adler mit dem wissenschaftlichen Namen Aquila (Abkürzung Aql) ist ein markantes Sternbild der Äquatorzone, das im Sommer am Abendhimmel sichtbar ist. Durch den Adler zieht sich die in diesem Teil ziemlich helle Milchstraße vom Schwan kommend in Richtung zum Schützen, wo das Zentrum unserer Galaxis liegt. Wenn man mit dem Fernglas durch die Sternbilder streift, erkennt man interessante Strukturen – helle und dunkle Gebiete – in dem Milchstraßenband.

Der hellste Stern im Adler ist Altair, der zusammen mit Deneb und Wega das Sommerdreieck bildet. Mithilfe dieses Hauptsterns kann man den Adler relativ einfach am Nachthimmel identifizieren: Einfach im Sommer in Südrichtung nach oben schauen und nach den drei hellsten Sternen Ausschau halten. Dann hat man Altair sowie seine »Artgenossen« Tarazed und Alschain gefunden; das Trio bildet den Kopf des Adlers.

Altair

α Aql
scheinbare Helligkeit: 0ᵐ8
Entfernung: 16,7 Lichtjahre
Spektralklasse: A7

Altair oder Atair ist der hellste Stern im Sternbild Adler und der zwölfthellste Stern insgesamt am Himmel. Er bildet zusammen mit Wega im Sternbild Leier und Deneb im Schwan das Sommerdreieck, das vor allem am sommerlichen Abendhimmel gut sichtbar ist. Der arabische Name des Sterns leitet sich von der Redewendung *al-nasr al-tair* ab, was »fliegender Adler« oder »Geier« bedeutet. Ptolemäus nannte ihn wie das ganze Sternbild Aetos, den Adler. Auch die Sumerer und Babylonier bezeichneten Altair als den Adlerstern.

Altair gehört zu den Zwergsternen der Hauptreihe, den »normalen« und häufigsten Sternen, zu denen auch unsere Sonne zählt. Er hat den 1,7-fachen Durchmesser der Sonne und leuchtet etwa elfmal so hell. Die Besonderheit von Altair liegt darin, dass er sich sehr schnell dreht: Für eine Umdrehung braucht er gerade einmal 10,4 Stunden! Zum Vergleich: Die Sonne dreht sich gemütlich in etwa 25 Tagen einmal um die eigene Achse. Das flotte Drehtempo ist nicht ohne Folgen für Atair: Seine Form ist stark abgeplattet und weicht signifikant von der Kugelform ab.

Tarazed

γ Aql
scheinbare Helligkeit: 2ᵐ7
Entfernung: 395 Lichtjahre
Spektralklasse: K3

Tarazed ist ein gelber Riesenstern, dessen Name sich von der persischen Bezeichnung des Sternbilds »shahin tara zed«, was etwa »sternenbesetzter Falke« bedeutet, ableitet. Er zählt damit zu der Sternminderheit, deren Namen nicht aus dem Arabischen stammen. Tarazed ist zwar der zweithellste Stern im Adler, bekam von dem deutschen Astronomen Johann Bayer in seiner 1603 veröffentlichten »Uranometria« trotzdem nur den dritten Rang und die Gamma-Bezeichnung zugeordnet. Tarazed ist an seiner Oberfläche etwa 4100 Kelvin heiß und leuchtet ungefähr 3000-mal so hell wie die Sonne.

Deneb el Okab

ζ Aql
scheinbare Helligkeit: 3ᵐ
Entfernung: 84 Lichtjahre
Spektralklasse: A0

Der Name des dritthellsten Sterns im Adler stammt aus dem Arabischen und bedeutet »Schwanz des Falken«. Doch Stern im Singular ist gar nicht korrekt für Deneb el Okab, denn ζ Aql ist ein Mehrfachsystem, bei dem sich drei Sterne um den gemeinsamen Schwerpunkt bewegen. Die beiden Begleiter sind aber im Gegensatz zum Hauptstern sehr lichtschwach. Nur den »Chef« sieht man mit bloßem Auge. Er ist ein Roter Riesenstern, befindet sich also schon in seiner letzten Lebensphase. Sein Zentrum wird immer dichter und heißer, während sich

die äußeren Schichten aufblähen und abkühlen. Unsere Sonne kann sich hier schon einmal »anschauen«, was auch ihr eines Tages blühen wird – allerdings erst in einigen Milliarden Jahren.

NGC 6781
NGC 6751

scheinbare Helligkeit: 11ᵐ; 12ᵐ
Entfernung: 5000 Lichtjahre; 6500 Lichtjahre

In Bezug auf helle Sternhaufen oder Nebel für Fernglas und Teleskop ist der Adler leider eine Enttäuschung. Von den vielen schwächeren planetarischen Nebeln ist NGC 6781, 1788 entdeckt von Wilhelm Herschel, noch der hellste. Um ihn visuell zu erfassen, sind aber mindestens 80 mm Öffnung nötig. Dann ist in einem reichen Sternfeld ein schwaches rundes Scheibchen zu erkennen. Mit einem größeren Teleskop beobachtet man, dass die südöstliche Seite des Nebelrands heller ist, sodass der Eindruck einer Sichel entsteht. Die Auflösung des Zentralsterns im Inneren des Nebels ist sehr großen Teleskopen vorbehalten.

Der Nebel NGC 6751 – im Jahr 1863 von dem deutschen Astronomen Albert Marth entdeckt – ist noch weniger für das kleinere Teleskop geeignet. Das Hubble-Weltraumteleskop hingegen hat ein faszinierendes Bild »geschossen«, das im Jahr 2000 veröffentlicht wurde. Es zeigt einen ungewöhnlichen Vertreter seiner Art, der verschiedene Merkmale aufweist, die in der Wissenschaft bis heute mehr schlecht als recht verstanden werden. Merkwürdig ist vor allem das kühlere Gas, das im Inneren des Nebels wie die Speichen eines Wagenrads sowie in den äußeren Bereichen erscheint. Dieses Gas bildet Ströme, die innerhalb des heißen Gases entstehen und vom Stern wegfließen.

Mythologie

Es gibt mehrere mythologische Erklärungen, wie der Adler an den Himmel kam. In der griechischen und römischen Mythologie ist der Adler der Vogel des Zeus, der die Blitze des häufig erzürnten Gottes transportierte. Eine Sage berichtet, dass der Adler den schönen trojanischen Knaben Ganymed ergriff, um ihn zum Mundschenk der Götter zu machen. Ob Zeus selbst – in einen Adler verwandelt – flog oder nur einen Raubvogel schickte, bleibt offen. In einer anderen Version wurde Ganymed zunächst von Eos, der Göttin der Morgenröte mit einer Vorliebe für junge Männer, entführt, bevor Zeus seiner habhaft wurde. Im alten Griechenland und Rom war diese Version sehr beliebt, weil sie die Knabenliebe sozusagen göttlich absegnete.

Auch die Herakles-Sage liefert eine Erklärung für den Adler: Jeden Tag fraß er dem von Zeus zur Strafe gefesselten Feuerüberbringer Prometheus ein Stück von dessen Leber weg, die allerdings wieder nachwuchs. Herakles konnte Prometheus schließlich befreien und den Adler abschießen.

Ein hübscher östlicher Mythos erblickt in den Sternen der Sternbilder Leier und Adler zwei Liebende, die durch die Milchstraße voneinander getrennt sind und sich nur an einem Tag im Jahr sehen können.

Barnard 142/143

Der Adler ist zwar arm an hellen Sternhaufen und Nebeln, entschädigt aber durch eine der schönsten Dunkelwolken der Sommermilchstraße. Barnard 142/143, etwa 2500 Lichtjahre von der Erde entfernt, steht nur 1,5° nordwestlich von Tarazed und ist leicht zu finden, von geübten Beobachtern kann das Objekt, das am Himmel etwa so groß wie der Vollmond erscheint, sogar mit bloßem Auge erahnt werden. Details offenbart aber erst ein lichtstarker Feldstecher.

GLIMPSE-CO1

Entfernung: ca. 10 000 Lichtjahre

Im Jahr 2004 fanden die Astronomen mithilfe des NASA-Weltraumteleskops Spitzer im Milchstraßensystem den Kugelsternhaufen mit der Katalogsignatur GLIMPSE-CO1. Diese Ansammlung von Sternen stammt aus der

Entstehungszeit unserer Galaxis vor etwa 13 Milliarden Jahren. Damit handelt es sich um das letzte galaktische Fossil in unserem eigenen Hinterhof. Zuvor waren schon rund 150 Kugelsternhaufen im Milchstraßensystem bekannt. Gefunden wurde GLIMPSE-C01 in der staubigen, mittleren Ebene unserer Galaxie in einer Entfernung von ca. 10 000 Lichtjahren zur Erde. Die massive Ansammlung von Staub blockiert dort das meiste sichtbare Licht. Der dicht gepackte Knoten besteht aus mehreren Hunderttausend Sternen, die meisten davon sind kleiner als unsere Sonne. Insgesamt wird die Masse von GLIMPSE-C01 auf etwa 300 000 Sonnenmassen geschätzt.

Wissenswert **So weit weg**

Zentimeter, Meter, Kilometer – im Alltag kommen wir mit diesen Entfernungsangaben gut hin. Für Astronomen hingegen sind sie gänzlich ungeeignet – aufgrund der riesigen Distanzen im Universum müssten sie dann Unmengen von Nullen mit sich herumschleppen. Deswegen benutzen Astronomen ihre eigenen Längenangaben, die sich an den Verhältnissen im All orientieren. Die »kleinste« Einheit ist die *Astronomische Einheit* (Abkürzung AE, international auch AU von Astronomical Unit), die etwa dem mittleren Abstand zwischen Erde und Sonne entspricht:

1 AE = 149,597 870 Millionen Kilometer. Die bekannteste astronomische Längeneinheit ist das *Lichtjahr* – von dem verwirrenden Namen, der auf eine Zeiteinheit schließen lässt, darf man sich nicht täuschen lassen. Ein Lichtjahr ist die Entfernung, die das Licht in einem Jahr zurücklegt. Das sind etwa 9,5 Billionen Kilometer oder 63 240 Astronomische Einheiten. Wissenschaftler benutzen vor allem das *Parsec:* Ein Parsec ist die Entfernung, aus der eine Astronomische Einheit unter dem Winkel von einer Bogensekunde erscheint; sie entspricht 3,26 Lichtjahren.

Auriga (Aur) – Fuhrmann

Trotzt der Lichtverschmutzung

Das Sternbild Fuhrmann mit dem wissenschaftlichen Namen Auriga (Abkürzung Aur) ist ein großes markantes Sternbild des nördlichen Himmels zwischen den Tierkreisbildern Stier und Zwillinge. Es wird von der Milchstraße durchzogen – die hier aber einen eher matten Anblick bietet – und ist im Winter am Abendhimmel sichtbar. Aufgrund der vier hellsten, eine drachenförmige Figur bildenden Sternen ist der Fuhrmann relativ leicht zu erkennen, selbst in lichtverschmutzten Gegenden. Im südlichen Teil des Sternbilds liegen drei interessante offene Sternhaufen, die bereits mit einem Fernglas gut zu erkennen sind.

Capella

α Aur
scheinbare Helligkeit: 0^{m}1
Entfernung: 42 Lichtjahre
Spektralklasse: G5

Der Hauptstern des Fuhrmanns gehört zum Wintersechseck und ist der sechsthellste Stern am Himmel. Er leuchtet etwa 150-mal heller als die Sonne. Capella ist ein Doppelsternsystem aus zwei gelben Riesensternen, die in etwa 104 Tagen um den gemeinsamen Schwerpunkt kreisen. Sie konnten allerdings erst in jüngerer Zeit im Teleskop getrennt sichtbar gemacht werden.

Der Name von α Aur bedeutet »weibliche Ziege«, altarabisch heißt er Alhajot, was sich ebenfalls von »Ziege« ableitet.

AE Aurigae

scheinbare Helligkeit: 5^{m}8
Entfernung: 1500 Lichtjahre

AE Aurigae ist ein Ausreißer: Astronomen bezeichnen Sterne mit besonders hoher Raumgeschwindigkeit als Runaway-Sterne. Neben AE Aurigae sind 53 Arietis und μ Columbae die bekanntesten Vertreter dieser Klasse. Sie stammen entweder aus Doppelsternen, deren andere Komponente in einer Supernova explodiert ist und den Partner weggeschleudert hat, oder sie begegneten einem nahe vorbeiziehenden Stern, der sie wegkatapultierte – ganz analog zu den Fly-by-Manövern, mit denen man Raumsonden durchs All lenkt.

Wissenswert Milchstraße

Oftmals wird unsere Heimatgalaxie Milchstraße genannt, streng genommen gilt diese Bezeichnung aber nur für das schwach leuchtende Band, das sich am Himmel hinzieht. Es führt am Nordhimmel vom Sternbild Adler über die Sternbilder Schwan, Kepheus, Kassiopeia und Perseus zum Fuhrmann und am Südhimmel über die Sternbilder Einhorn, Heck und Segel des Schiffes, Winkelmaß und Skorpion zum Sternbild Schütze.
Die Beschaffenheit der Milchstraße erahnte bereits der griechische Philosoph Demokrit. Er vermutete, dass das breite, helle Band am Nachthimmel aus einer Vielzahl weit entfernter Sterne bestehen könnte. Heute wissen die Astronomen, dass das Milchstraßensystem – auch Galaxis genannt – zu den größeren Sternsystemen zählt, das letzte Wort über die genaue Masse und andere Eigenschaften aber noch lange nicht gesprochen ist. Denn obwohl die Galaxis unsere Heimatgalaxie ist, sind Beobachtungen des gesamten Systems schwierig, da sich der Beobachtungsposten Erde mittendrin befindet – genauer: eher am Rand – und insbesondere dichte Gaswolken um das Zentrum den Blick verwehren. Große Fortschritte wurden erst gemacht, als Beobachtungen in anderen Wellenlängenbereichen, insbesondere im Radiobereich und im Infraroten, möglich wurden. Dabei sind immer wieder Überraschungen zu erleben: Beispielsweise hielt man das Milchstraßensystem früher für vier- oder fünfarmig, inzwischen gilt es jedoch als zweiarmige Balkenspiralgalaxie.

M 36

scheinbare Helligkeit: 6^m
Entfernung: 4100 Lichtjahre

Dieser offene Sternhaufen ist nicht der größte der drei eine schöne Kette bildenden Messier-Sternhaufen im Fuhrmann, aber trotzdem ein interessantes Objekt. Bereits im Fernglas lassen sich gut ein Dutzend Sterne unterscheiden. Mit einem Teleskop fällt im Zentrum ein helles enges Sternpaar auf, weitere Paare erscheinen, Sternketten scheinen vom Zentrum nach außen zu führen.

M 36 ist etwa so weit entfernt wie der Nachbar M 38 – 4 100 Lichtjahre –, mit einem Alter von ca. 25 Millionen Jahren allerdings deutlich jünger. M 36 besteht hauptsächlich aus blauen Riesensternen, Rote Riesen sucht man vergebens. Viele der hellen Sterne haben eine sehr hohe Rotationsgeschwindigkeit – ein Effekt, den man auch bei den hellen Sternen der Plejaden findet. Wäre M 36 genauso weit entfernt, also zehnmal näher, würde dieser Sternhaufen einen ebenso trefflichen Anblick bieten wie die Plejaden.

M 37

scheinbare Helligkeit: 5^{m}5
Entfernung: 4400 Lichtjahre

Von den drei hellen offenen Sternhaufen im Fuhrmann ist M 37 der eindrucksvollste – heller, größer und sternreicher als M 36 und M 38. Im Fernglas kann man den hellen ovalen Nebelfleck noch nicht in einzelne Sterne auflösen, doch mit einem kleinen Fernrohr lassen sich bereits 40 bis 50 Sterne, die sehr dicht in Zweier- und Dreiergruppen stehen, unterscheiden. Insgesamt enthält M 37 etwa 500 Mitglieder.

M 37 ist rund 4 400 Lichtjahre von uns entfernt und mit einem Alter von 300 Millionen Jahren der älteste der drei Fuhrmann-Sternhaufen. Er weist eine ansehnliche Anzahl Roter Riesen auf. Der hellste Stern befindet sich im Zentrum und weist ein orange Färbung auf.

Mythologie

Es gibt mehrere Erklärungen in der Mythologie, wer hinter dem Fuhrmann steckt. Die bekannteste Deutung sieht in ihm Erichthonius, einen schlangenfüßigen König von Athen, der Zeus durch den kühnen Bau eines vierspännigen Wagens derart beeindruckte, dass der Göttervater ihn zur Belohnung an den Himmel setzte. Eine andere Überlieferung ordnet dem Fuhrmann den Wagenlenker Myrtilos zu, der für seinen König jedes Wettrennen auf Leben und Tod gegen die Freier der Königstochter gewann. Als schließlich Pelops um die Hand der Tochter anhielt, lockerte Myrtilos auf Pelops' Bitte die Räder am Wagen, sodass der König während des Renners zu Tode stürzte. Nun musste Pelops noch den Wagenlenker loswerden und schmiss ihn deshalb ins Meer – kurz vorm Ertrinken konnte Myrtilos jedoch noch einen Fluch absetzen. Myrtilos' Vater Hermes setzte das Bild seines gescheiterten Sohns schließlich an den Himmel. Eine dritte Version sieht im Fuhrmann Hippolytos, der vor seiner in ihn verliebten Stiefmutter floh, wobei allerdings sein Wagen zerbrach. Im hellsten Stern des Fuhrmann, Capella, sieht die Mythologie die Ziege Amaltheia, eine Amme des Zeus, die ihn nährte, als dieser sich vor seinem Vater Kronos verstecken musste. Aus Dankbarkeit versetzte Zeus die Ziege mitsamt ihren beiden Zicklein – die Sterne Eta und Zeta Aurigae – später an den Himmel.

M 38

scheinbare Helligkeit: 6^{m}5
Entfernung: 4200 Lichtjahre

Der nördlichste der drei Fuhrmann-Sternhaufen ist wie seine Nachbarn auch im Prinzip mit bloßem Auge sichtbar – unter mitteleuropäischer Lichtbedingungen ist das aber nahezu aussichtslos. Ein Fernglas zeigt eine milchige Wolke mit einigen Einzelsternen, ein kleines Fernrohr löst einen schönen und interessant strukturierten Haufen auf. Auffällig ist die kreuzförmige Anordnung der hellen Sterne.

M 38 steht nicht alleine, denn knapp südlich ist ein weiterer offener Sternhaufen, NGC 1907, zu erkennen, allerdings erst in einem großen Fernrohr.

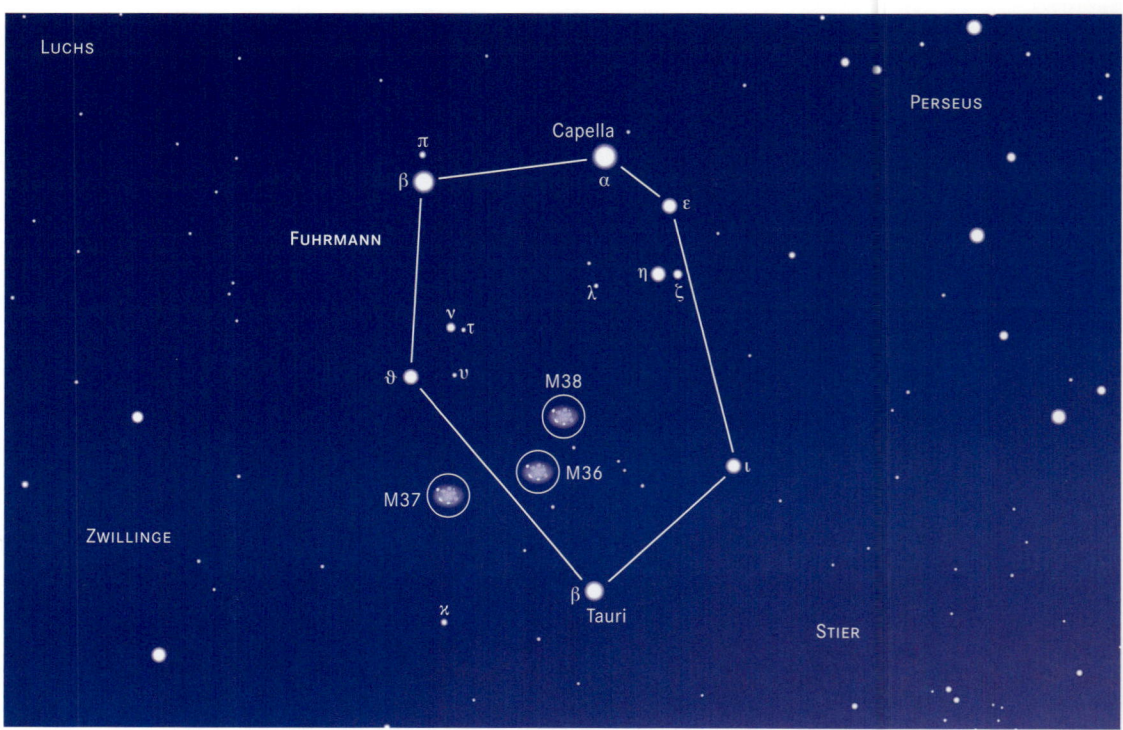

Bootes (Boo) – Bärenhüter

Frühjahrsdrachen

Das Sterbild Bärenhüter mit dem wissenschaftlichen Namen Bootes (Abkürzung Boo) ist ein Sternbild des nördlichen Himmels zwischen dem Herkules und der Jungfrau, das im Frühjahr am Abendhimmel sichtbar ist. Der nördliche Teil des Sternbilds liegt in der Nachbarschaft der Deichselsterne des Großen Wagens, sein Hauptstern Arktur ist der hellste Stern nördlich des Himmelsäquators. Von Arktur ausgehend, sieht die markante Figur des Sternbilds wie ein Kinderdrachen oder eine Keule aus, man kann den Bärenhüter also relativ leicht am Himmel finden. Man kann sich aber auch am Großen Wagen orientieren und den Bogen der Deichsel verlängern, dann gelangt man zu Arktur.

Der Bärenhüter enthält keine prominenten und hellen Sternhaufen und Nebel, aber einige schöne Doppelsterne.

Wenn ein sehr massereicher Stern seinen Brennstoff verbraucht hat, kann er dem Druck seiner Masse nicht mehr standhalten – er kollabiert zu einem Schwarzen Loch. Früher dachte man, die Bildung eines Schwarzen Lochs werde von einer Explosion begleitet, gefolgt von nachglühender »Asche«. Beobachtungen von Gammablitzen mit dem Forschungssatelliten Swift legen indes den Schluss nahe, dass das neugeborene Schwarze Loch mehrere Explosionen hervorruft, die sich als eine Reihe von Gammaausbrüchen innerhalb weniger Minuten zeigen.

Arktur

α Boo
scheinbare Helligkeit: 0^m
Entfernung: 36,5 Lichtjahre
Spektralklasse: K2

Der Hauptstern des Bärenhüters ist gleichzeitig der vierthellste Stern, den man überhaupt am Himmel sehen kann. Die absolute Leuchtkraft dieses Roten Riesen mit 28-fachem Sonnendurchmesser ist über einhundertmal größer als die der Sonne.

Abgesehen von Alpha Centauri im Sternbild Kentaur hat Arktur die größte Eigenbewegung der Sterne erster Größenordnung, die man von der Erde aus beobachten kann. Gemeinsam scheint er sich in einer Gruppe von 52 anderen Sternen, die auch die »Arkturgruppe« genannt wird, zu bewegen. Der berühmte Astronom Sir Edmond Halley war im Jahr 1718 der Erste, der die Eigenbewegung von Arktur bestimmen konnte. Berechnungen zufolge hat Arktur in unserem Zeitalter seine größte Annäherung an die Sonne erreicht und wird sich in Zukunft wieder entfernen und in einer halben Million Jahre mit bloßem Auge nicht mehr auszumachen sein.

Izar

ε Boo
scheinbare Helligkeit: 2^{m}4
Entfernung: 210 Lichtjahre
Spektralklasse: K0

Der Name des zweithellsten Sterns im Bärenhüter leitet sich aus dem arabischen Wort für »Umhang« ab, das auch den Ursprung für Mizar, den Deichselstern des Großen Wagens, bildet. Johann Bayer, der in seinem Sternkatalog »Uranometria« das System mit griechischen und lateinischen Buchstaben zur Bezeichnung der Sterne einführte, ordnete Izar trotzdem erst auf Rang fünf ein. Izar ist vor allem als markanter Doppelstern bekannt. Er besteht aus einer orangeroten Komponente mit der

Mythologie

Die Herkunft des lateinischen Namens Bootes ist unklar; möglicherweise geht er auf ein griechisches Wort für »laut« zurück, was auf die Rufe des Hirten hinweisen würde, eventuell aber auch auf ein altgriechisches Wort für Ochsentreiber. Der mythologische Hintergrund des Sternbilds ist vielfältig. Die griechische Mythologie verbindet ihn zum einen mit Ikarios, der die Kunst des Weinbaus beherrschte. Als die Hirten seinen Wein kosteten, wurden sie so betrunken, dass ihre Freunde glaubten, sie seien vergiftet worden, und deshalb Ikarios erschlugen. Aus Verzweiflung erhängte sich daraufhin seine Tochter Erigone, auch der Hund nahm sich das Leben. Zeus setzte schließlich alle drei an den Himmel: Bärenhüter, Jungfrau und – je nach Überlieferung – Kleiner oder Großer Hund. Eine andere Sage verbindet das Sternbild mit Arkas, den Sohn der Kallisto und des Zeus. Als Arkas zu einem Jüngling herangewachsen war, begegnete er im Wald seiner zwischenzeitlich in eine Bärin verwandelten Mutter – Letzteres vermutlich ein Racheakt der betrogenen Hera gegen ihren Mann Zeus. Arkas erkannte seine Mutter nicht und jagte sie in einen Zeustempel, wo der Göttervater beide ergriff und an den Himmel setzte.

scheinbaren Helligkeit 2^{m}5 und einem blauen Stern in drei Bogensekunden Entfernung. Der Farbunterschied der beiden Sterne ist so auffällig, dass ihr Entdecker Friedrich Georg Wilhelm Struve das Paar Pulcherrima nannte: »die Schönste«. Die beiden Izar-Komponenten fanden sich vor etwa 300 Millionen Jahren; vor ungefähr zehn bis zwanzig Millionen Jahren hatte die hellere

Komponente ihren Wasserstoff verbrannt und entwickelte sich zum Riesenstern. In etwa einer Milliarde Jahre wird der kleinere Stern nachziehen, sein Partner wird sich dann aber bereits seiner äußeren Hülle entledigt haben und zum Weißen Zwerg geschrumpft sein.

Alkalurops

μ Boo
scheinbare Helligkeit: 4^{m}2
Entfernung: 120 Lichtjahre
Spektralklasse: F0

Alkalurops, dessen Eigenname auf das arabische Wort für Hirtenstab zurückgeht, ist ein wunderschöner Dreifachstern. Der Hauptstern Alkalurops A ist eigentlich zu hell für seine Sternklasse, was darauf hindeutet, dass er sich gerade weiterentwickelt oder noch einen weiteren Begleiter hat. Einfach zu beobachten ist auf jeden Fall der Begleiter Alkalurops BC, der eindeutig ein Doppelsystem aus zwei sonnenähnlichen Sternen ist, die sich im Laufe von 260 Jahren einmal umrunden. Für einen Umlauf um die Hauptkomponente benötigt das Paar mindestens 125 000 Jahre. Von Alkalurops A aus gesehen würde das BC-Paar als beeindruckende Doppel-Sonne am Himmel erscheinen.

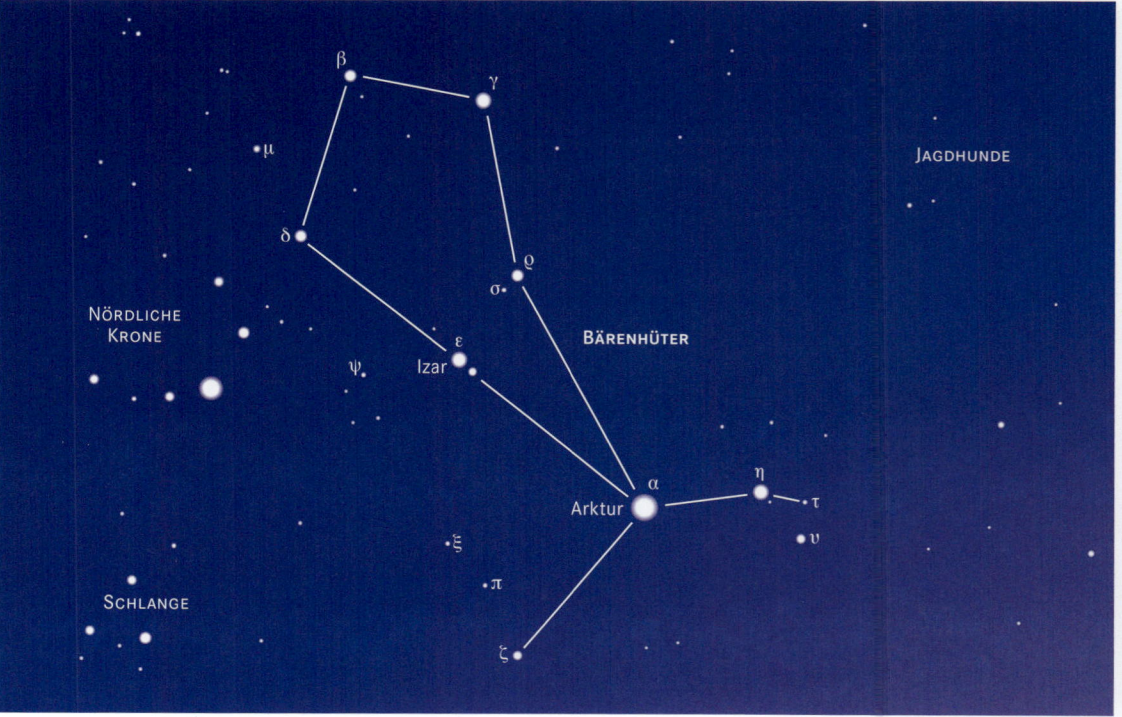

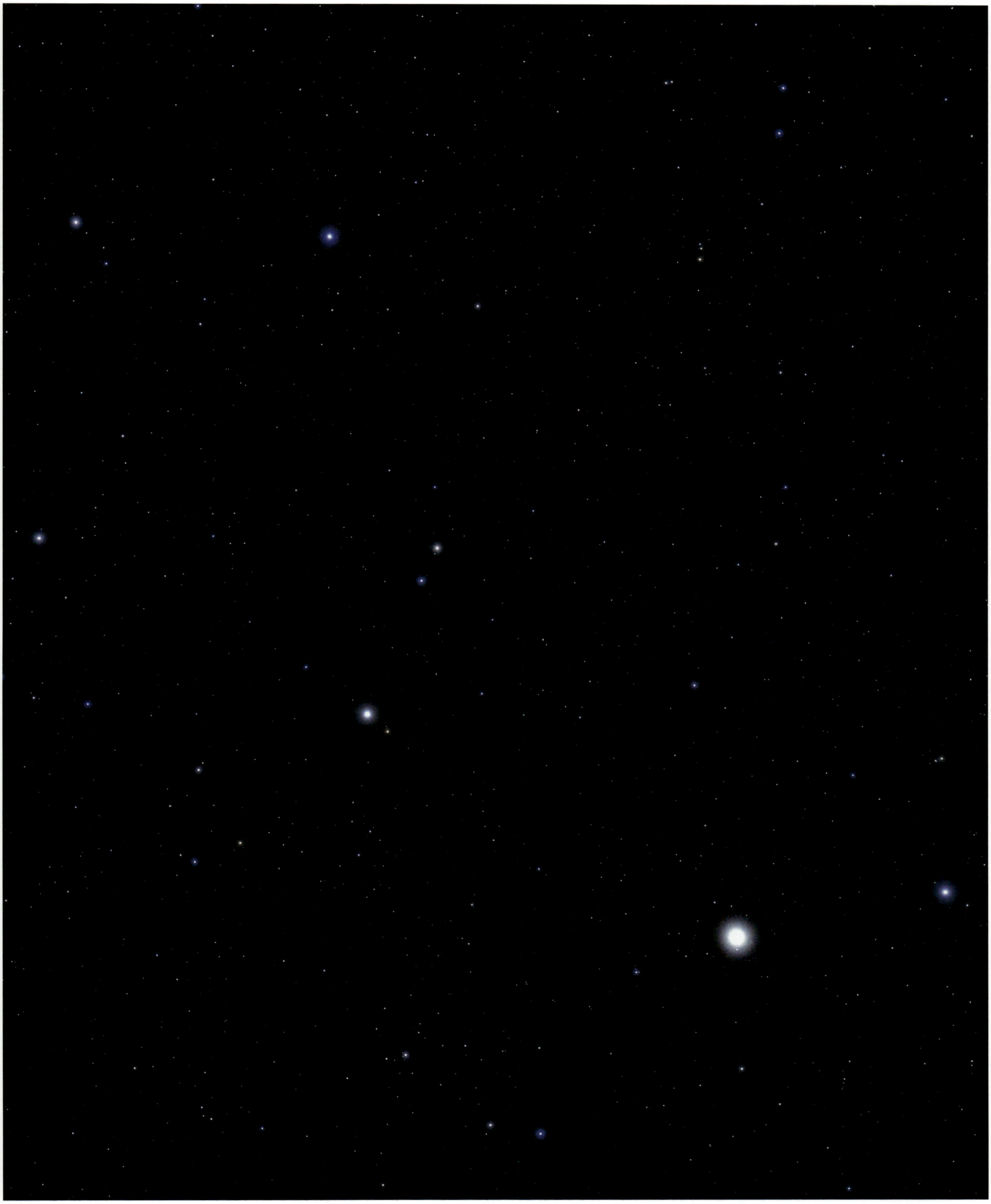

Canis Maior (CMa) – Großer Hund

Heller Kopf

Das Sternbild Großer Hund mit dem wissenschaftlichen Namen Canis Maior (Abkürzung CMa) ist ein südlich des Himmelsäquators gelegenes Sternbild des Winterhimmels, dessen nordöstlicher Teil von der Milchstraße durchzogen wird und deshalb reich an galaktischen Himmelsobjekten ist. Die optimalen Beobachtungsbedingungen sind im Januar und Februar gegeben, wenn das Sternbild in unseren Breiten seinen Höchststand erreicht. Sirius, sein Hauptstern, ist der hellste Stern des Himmels und bildet den Kopf des Hundes, während die Sterne Eta, Delta und Epsilon Canis Maioris das Hinterteil formen.

Sirius

α CMa
scheinbare Helligkeit: $-1{,}^m46$
Entfernung: 8,6 Lichtjahre
Spektralklasse: A1

Sirius, der »Hundsstern«, ist der hellste Stern am Himmel und im Südosten des Gürtels des Orion zu finden. Zusammen mit Procyon, Castor und Pollux, Capella, Aldebaran und Rigel bildet er das Wintersechseck.

Sirius ist ein Stern der Hauptreihe mit etwa 20-facher Sonnenleuchtkraft, seine Masse ist gut doppelt so groß wie die der Sonne. 1844 entdeckte Friedrich Bessel, einer der bekanntesten Wissenschaftler des 19. Jahrhunderts, dass sich Sirius bezüglich der Umgebungssterne sinusförmig bewegt. Er führte diese Eigenbewegung auf einen nicht sichtbaren Begleiter zurück, der 1862 von dem amerikanischen Astronomen Alvan Graham Clark tatsächlich erstmals beobachtet wurde. Dieser Begleiter – Sirius B – ist ein um etwa zehn Größenklassen lichtschwächerer Weißer Zwerg, sein Winkelabstand vom Hauptstern Sirius A beträgt zurzeit etwa 7 Bogensekunden, Tendenz steigend. Hobbyastronomen sollten sich schon einmal das Jahr 2022 im Kalender notieren, dann wird die Distanz mit 11,4 Bogensekunden ein Maximum erreichen und für Amateurfernrohre bei besten Bedingungen die Chance bieten, das Doppelsternsystem optisch zu trennen.

Sirius A und Sirius B umlaufen den gemeinsamen Schwerpunkt mit einer Periode von 49,9 Jahren. Im alten Ägypten hieß Sirius Sothis und spielte dort in der Zeitrechnung eine wichtige Rolle: Die Sothisperiode war der Zeitraum von 1461 mal 365 gleich 533 265 Tagen, nach dessen Ablauf der heliakische, also mit der Sonne zeitgleiche Aufgang des Sirius wieder mit dem Anfang des frühägyptischen Kalenders zu 365 Tagen zusammenfiel. Während der Sothisperiode bewegte sich der Anfang dieses Kalenderjahres einmal durch alle Jahreszeiten. Um diese Verschiebung zu vermeiden, wurde ab 238 v. Chr. jedem vierten Kalenderjahr ein Schalttag hinzugefügt.

Wissenswert Sternentwicklung

Einige Sterne leuchten sehr hell, andere sind kaum wahrnehmbar, manche scheinen rötlich, andere bläulich. Ein scheinbar heller Stern kann in Wahrheit ein schwach leuchtender Stern sein, der aber sehr nahe zu uns steht, während sehr leuchtstarke, aber weit entfernte Sterne sich kaum vom dunklen Nachthimmel abheben. Andere Charakteristika sind also nötig, um Sterne zu unterscheiden, beispielsweise die absolute – also von der Entfernung unabhängige – Leuchtkraft oder die Größe. Anfang des 20. Jahrhunderts entwickelten die Astronomen Henry N. Russell und Ejnar Hertzsprung aus den bekannten Sterndaten ein Diagramm, in dem die verschiedenen Sterngruppen sichtbar werden. »Normale« Sterne wie unsere Sonne, die Wasserstoff zu Helium verbrennen, liegen auf der sogenannten Hauptreihe. Abseits dieser Hauptreihe finden sich einerseits die um ein Vielfaches leuchtkräftigeren und massereicheren Riesensterne und andererseits die Weißen Zwerge, die ein mögliches Ende der Sternentwicklung darstellen.

Mirzam

β CMa
scheinbare Helligkeit: 2^m
Entfernung: 500 Lichtjahre
Spektralklasse: B1

Mirzam, dessen arabischer Name »Vorbote« bedeutet und sich damit vermutlich auf die Position des Sterns bezieht, die ihn kurz vor Sirius aufgehen lässt, ist deutlich lichtschwächer als Sirius, aber auch wesentlicher weiter entfernt. In Wirklichkeit besitzt Mirzam die größere Leuchtkraft. Seine Helligkeit schwankt alle sechs Stunden um nur einige Hundertstel Größenklassen. Damit bildet er den Prototyp einer seltenen Klasse veränderlicher Sterne, der Beta-Canis-Maioris-Sterne. Dabei handelt es sich um leicht pulsierende, blaue Riesensterne.

VY CMa

scheinbare Helligkeit: 7^m4–9^m6
Entfernung: 5000 Lichtjahre
Spektralklasse: M3–M4

Dieser 5000 Lichtjahre entfernte Rote Überriese ist wirklich *der* Riese, nämlich der größte bekannte Stern, vielleicht auch der hellste. Sein Radius ist Berechnungen zufolge 1800- bis 2100-mal so groß wie der Sonnenradius. VY CMa steht ohne Zweifel am Ende seiner Entwicklung, trotzdem könnte er eine Quelle des Lebens sein. Denn 2007 fanden amerikanische Astronomen im Gasschleier des Giganten eine Vielzahl komplexer Moleküle, von Phosphor-Stickstoff-Verbindungen bis zu Kochsalz. Solche Verbindungen sind zwar über die ganze Milchstraße verstreut, woher sie stammen, war lange Zeit jedoch unklar. In jüngerer Zeit gerieten dann sterbende Sterne ins Blickfeld, allerdings ging man davon aus, dass komplexe Moleküle sofort wieder durch die intensive UV-Strahlung der Sterne aufgebrochen würden. Doch anscheinend schirmen Staubpartikel die neuen Moleküle ab, bis sie weit genug vom Stern weg sind.

Mythologie

Der Große Hund ist ein sehr altes Sternbild. Bereits die Babylonier sahen in ihm den Hund, der Orion begleitet. Auch bei den Griechen findet sich diese Deutung. Darüber hinaus gibt es in der Mythologie mehrere Versionen, welcher Vierbeiner hinter dem Sternbild steckt. Bei Eratosthenes ist es Lailaps – ein Hund, der so schnell war, dass ihm keine Beute entging. Die Liste seiner Besitzer ist lang; unter anderem erbte Kephalos das Tier und nahm es mit nach Theben, wo ein raubgieriger Fuchs das Land verwüstete. Dieser Fuchs war auch sehr schnell – niemand konnte ihn fangen. Was passiert nun, wenn ein Hund, der jede Beute erwischt, einen Fuchs jagt, der jedem Jäger entwischt? Ein unlösbares Dilemma, das Zeus dadurch beendete, indem er beide in Stein verwandelte und an den Himmel setzte.

M 41

scheinbare Helligkeit: 4^m5
Entfernung: 2300 Lichtjahre

Rund 4 Grad südlich von Sirius liegt der offene Sternhaufen M 41, zu dem rund 100 Sterne in 2300 Lichtjahren Entfernung gehören, die sich über einen Bereich von etwa 25 Lichtjahren verteilen. Entdeckt wurde er vor 1654 von Giovanni Batista Hodierna, er war aber vermutlich schon in der Antike bekannt. Bereits mit bloßem Auge ist ein schwacher Nebelfleck zu sehen, mit einem 10×50-Fernglas bietet M 41 einen faszinierenden Anblick über dem winterlichen Südhorizont. Das Alter des Sternhaufens beträgt ungefähr 200 Millionen Jahre. Sein hellster Stern ist ein Roter Riese nahe des Zentrums mit 700-facher Sonnenleuchtkraft.

NGC 2207 und IC 2163

Die beiden 1835 von John Herschel entdeckten Galaxien NGC 2207 und IC 2163 sind reine Spiralgalaxien ohne Balken und bewegen sich – etwa 144 Millionen Lichtjahre von uns entfernt – aufeinander zu. Dass sie nicht nur optisch beieinander stehen, zeigen vor allem die verzerrten Arme der kleineren Galaxie IC 2163. Irgendwann werden die beiden Galaxien zu einer einzigen verschmelzen, wobei durch die starken Gezeitenkräfte Struktur, Gas und Sterne stark beeinflusst werden.

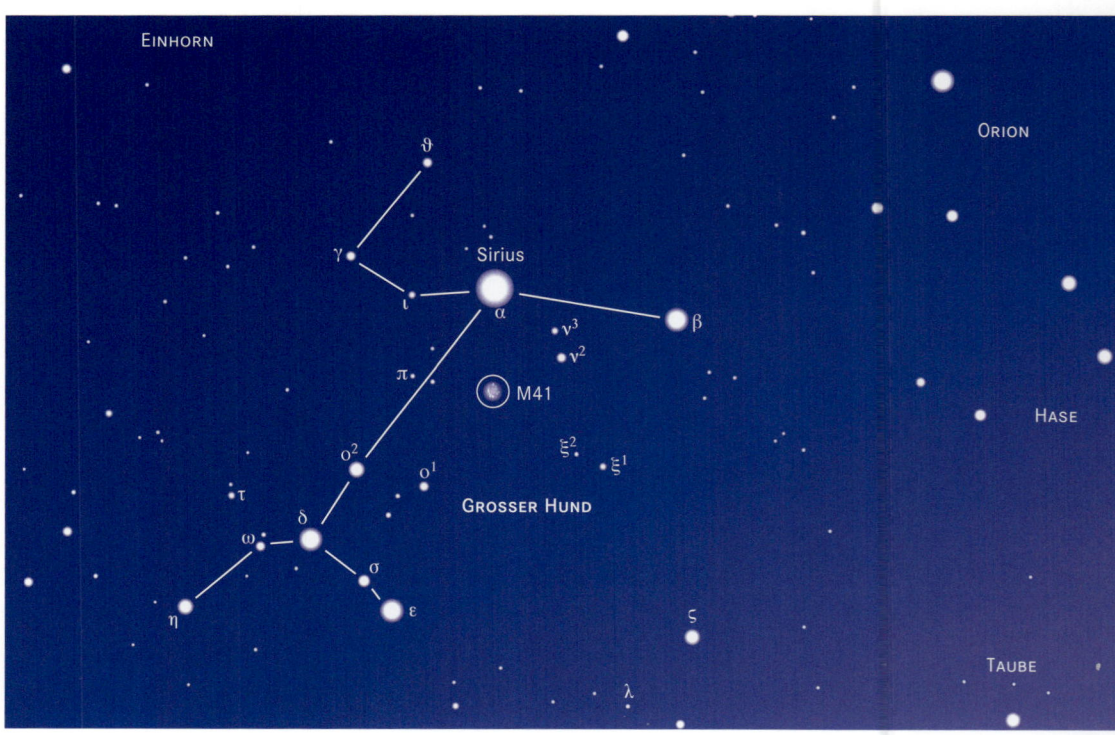

NGC 2207 (links)
und IC 2163

Capricornus (Cap) – Steinbock

Unscheinbarer Ziegenfisch

Das Sternbild Steinbock mit dem wissenschaftlichen Namen Capricornus (Abkürzung Cap) ist ein unscheinbares Sternbild des Südhimmels, das zum Tierkreis gehört. Nur zwei seiner Sterne sind heller als die dritte Größenklasse. In unseren Breiten ist es im Herbst am Abendhimmel sichtbar. Die Sonne durchläuft das Sternbild auf ihrer scheinbaren Jahresbahn vom 20. Januar bis 16. Februar. Im Altertum durchschritt die Sonne ihren tiefsten Punkt im Sternbild Steinbock und markierte die Wintersonnenwende. Noch heute wird der entsprechende Breitengrad bei 23 Grad Süd Wendekreis des Steinbocks genannt. Allerdings hat sich bis heute der gesamte Tierkreis verschoben und damit auch der tiefste Punkt der Sonnenbahn; er liegt heute im Sternbild Schütze.

Deneb Algedi

δ Cap
scheinbare Helligkeit: 2,7–2,9
Entfernung: 38,5 Lichtjahre
Spektralklasse: A6

Deneb Algedi, dessen arabischer Name »Schwanz der Ziege« bedeutet, ist ein Bedeckungsveränderlicher mit einer Periode von gut einem Tag. Er besteht aus zwei nahezu kugelförmigen Komponenten, auf die wir von der Erde derart schauen, dass sich die beiden Sterne regelmäßig bedecken, wenn sie aneinander vorbeiziehen.

In der Nähe von Deneb Algedi entdeckte der Berliner Astronom Johann Gottfried Galle am 23. September 1846 den Planeten Neptun. Er ist mit bloßem Auge nicht zu sehen und konnte erst nach der Erfindung des Fernrohrs entdeckt werden. Den Anlass, überhaupt nach einem Planeten zu suchen, gaben Störungen der Bahn des Planeten Uranus. Er schien sich nicht wie alle anderen Planeten an die Keplerschen Gesetze zu halten, seine Bahndaten entsprachen nicht den erwarteten Positionen. Man vermutete deshalb, dass Uranus durch einen »Störenfried«, also einen weiteren Planeten, beeinflusst wird. Der französische Mathematiker Urbain Le Verrier berechnete die Bahn des hypothetischen Körpers und teilte seine Ergebnisse unter anderem Galle mit, der sich an der Berliner Sternwarte auf die Suche nach dem Unbekannten

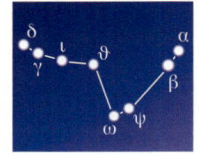

machte – und tatsächlich fand er in nur einem Grad Entfernung vom berechneten Ort den neuen Planeten. Wahrscheinlich war diese Beobachtung schon Galileo Galilei über 200 Jahre früher gelungen, er erkannte jedoch nicht die Natur seiner Beobachtung und hielt sie für einen Jupitermond oder einen Fixstern.

Wissenswert Doppelt und mehr

Von den mit bloßem Auge sichtbaren Sternen stehen rund 60 Prozent gar nicht alleine am Himmel, sondern doppelt – Doppelsterne stellen also eher die Regel als die Ausnahme dar. Manche Doppelsterne wirken aber nur so, als ob sie zusammen gehörten: Sie werden in gleicher Richtung gesehen, befinden sich aber in ganz verschiedenen Entfernungen zum Beobachter. Solche Konstellationen werden als optische Doppelsterne bezeichnet. Im Gegensatz dazu bewegen sich die physischen Doppelsterne wirklich um einen gemeinsamen Schwerpunkt – nur sie sind von astronomischem Interesse. Erst nach längerer visueller Kontrolle kann man die echten Doppelsterne von den optischen unterscheiden. Häufig erscheinen Doppelsterne jedoch nur wie ein Stern, weil sie so dicht beieinander stehen, dass sie im Teleskop visuell nicht zu trennen sind, sondern sich nur im Spektrum verraten – dann spricht man von spektroskopischen Doppelsternen.
Neben den Doppelsternen kennt man auch Dreifach-, Vierfach- und andere Mehrfachsysteme. Meist entdeckt man Mehrfachsterne zunächst als Doppelstern. Die oft unsichtbaren Begleiter machen sich dann als Störungen der anderen Komponenten des Systems bemerkbar.

Dabih

β Cap
scheinbare Helligkeit: 3
Entfernung: 320 Lichtjahre
Spektralklasse: K

Der Steinbock enthält einige Doppelsternsysteme, die sich mit einem Fernglas oder kleinen Teleskop auflösen lassen. Dazu zählt Dabih, dessen Komponenten einen großen Winkelabstand zueinander aufweisen und 21 000 Astronomische Einheiten voneinander entfernt sind, also fast ein Drittel Lichtjahr. Sie brauchen ungefähr 700 000 Jahre für eine komplette gegenseitige Umkreisung. Dabih ist aber kein einfacher Doppelstern, sondern ein komplexes Mehrfachsystem. Der hellere Partner, meist mit $β^1$ Capricorni bezeichnet, hat ein kompliziertes Spektrum und besteht selbst wiederum aus mindestens drei Komponenten, dominiert von einem Riesenstern mit 600-facher Sonnenleuchtkraft und einem Hauptreihenstern. Letzterer hat einen Begleiter und wird von ihm in knapp neun Tagen umkreist. $β^2$ Capricorni ist ein Doppelsternsystem, dessen Hauptkomponente ein Riesenstern mit 40-facher Sonnenleuchtkraft ist und ungewöhnliche Mengen an Quecksilber und Mangan in seiner Atmosphäre aufweist.

Algedi

$α^1$ Cap und $α^2$ Cap
scheinbare Helligkeit: 4,3 bzw. 3,6
Entfernung: 1 500 bzw. 120 Lichtjahre
Spektralklasse: G3 bzw. G9

Algedi ist ein interessanter Mehrfachstern: Die beiden hellsten Komponenten stehen in so großer Distanz, dass man sie bereits mit dem bloßem Auge trennen kann. Allerdings sind sie unterschiedlich weit von der Erde entfernt, bilden also nur einen optischen Doppelstern. Jede der beiden Komponenten ist wiederum doppelt; die licht-

Mythologie

Der Steinbock ist ein sehr altes Sternbild und geht offensichtlich auf die Sumerer und Babylonier zurück, die eine Vorliebe für Amphibien hatten. Sie nannten das Sternbild bereits »Ziegenfisch«, vermutlich als Anspielung auf eine Fischart, die zur Zeit des Steinbocks in Schwärmen auftrat. Für die Griechen stellte das Sternbild Pan, den Gott der Schafhirten, dar, ausgestattet mit den Hörnern und Beinen einer Ziege. Er brachte seine Zeit meistens mit der Suche nach Frauen zu und konnte markerschütternd schreien – unser Wort »panisch« ist darauf zurückzuführen. Sein Verführungsversuch der Nymphe Syrinx scheiterte, weil sie sich in Schilfrohr verwandelte, durch das wunderbar der Wind blies. So wurde die Panflöte erfunden. Als die Götter von dem grässlichen Ungeheuer Typhon, das Mutter Erde ausgesandt hatte, angegriffen wurden, verwandelten sich die Himmelsbewohner auf Anraten Pans in Tiere. Pan selbst flüchtete ins Meer und verwandelte den unteren Teil seines Körpers in einen Fisch. Typhon attackierte daraufhin Zeus und riss ihm die Sehnen aus Händen und Füßen, doch Hermes und Pan setzten sie wieder ein. Der »reparierte« Zeus setzte Typhon nach und konnte ihn schließlich mit Blitzen niederstrecken. Als Dank für seinen Einsatz wurde Pan an den Himmel gesetzt. Die Römer benannten das Sternbild in Steinbock um, die Darstellung als Ziegenfisch blieb jedoch erhalten.

schwächere ($α^1$) hat in 45,5 Bogensekunden, die hellere ($α^2$) in 7,1 Bogensekunden einen Begleiter, welcher seinerseits aus zwei engen Komponenten besteht.

M 30

scheinbare Helligkeit: 7,5
Entfernung: 26 000 Lichtjahre

Der 26 000 Lichtjahre entfernte Kugelsternhaufen M 30, 1764 von Charles Messier entdeckt, erscheint schon im Fernglas als deutlich flächiger Nebelfleck, der an seiner Ostseite von einem hellen Stern begleitet wird. Das Zentrum von M 30 weist eine sehr dichte Sternpopulation auf und ist das Resultat eines Kollapses, wie ihn einige der Kugelsternhaufen im Milchstraßensystem durchlaufen haben.

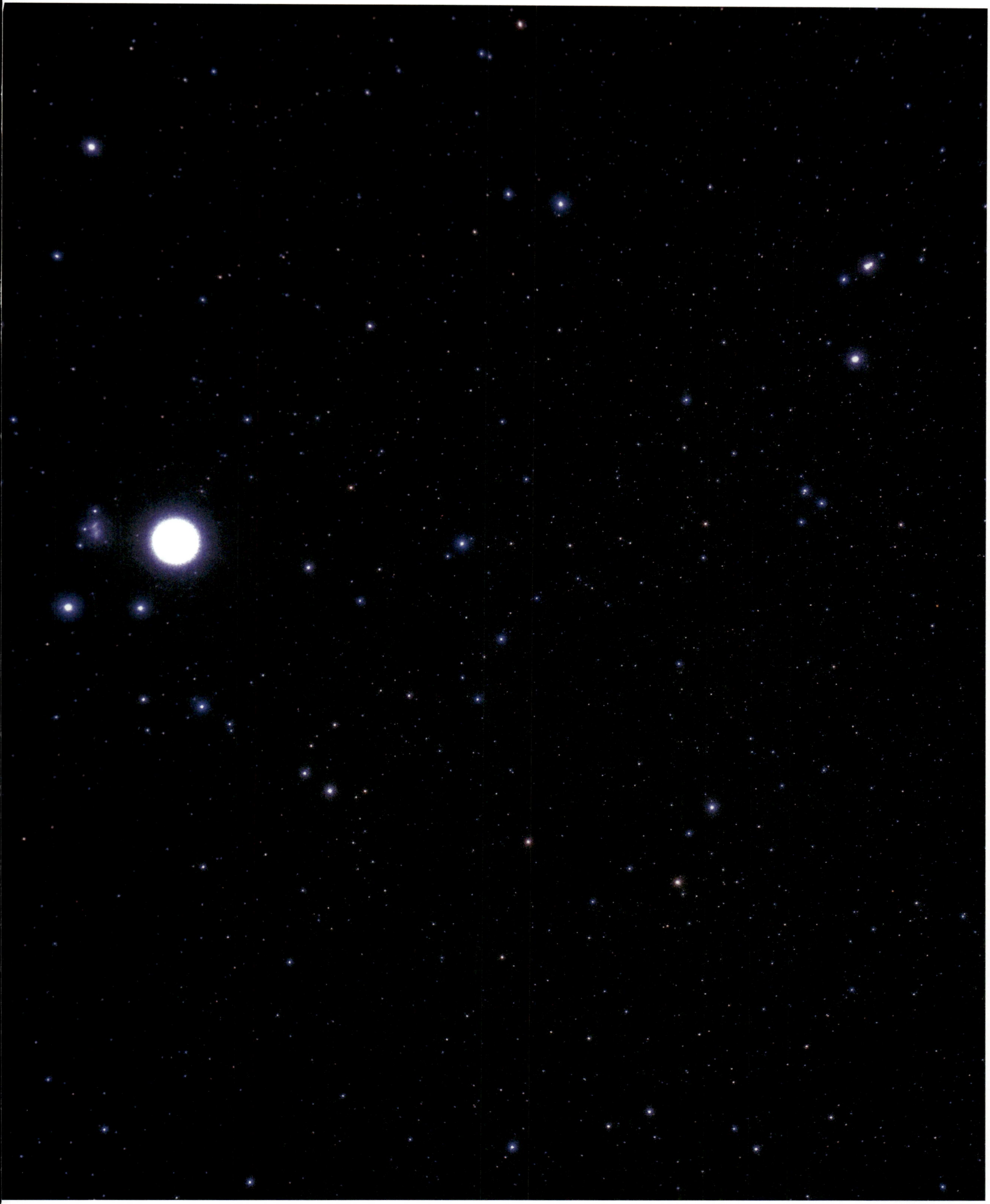

Carina (Car) – Kiel des Schiffes

Galaktische Schatzkammer

Der in unseren Breiten nicht sichtbare Schiffskiel – der wissenschaftliche Namen lautet Carina (Abkürzung Car) – ist ein Sternbild des südlichen Himmels und der hellste und objektreichste Teil des früheren und von Ptolemäus beschriebenen Sternbilds Schiff Argo, zu dem noch die heutigen Sternbilder Segel des Schiffes (Vela) und Heck des Schiffes (Puppis) gehörten. Dem französischen Astronom Nicolas Louis de Lacaille war das alte Sternbild zu unübersichtlich, sodass er es 1763 aufteilte. Die ursprünglichen Sternbezeichnungen mit griechischen Buchstaben behielt er jedoch bei, sodass beispielsweise der Kiel des Schiffes einen Alpha-Stern enthält, die anderen beiden jedoch nicht.

Der Norden und Osten des Sternbilds wird von der Milchstraße durchzogen, die hier so hell leuchtet wie sonst nur im Schützen. Eine außerordentliche Fülle galaktischer Schätze stehen hier dicht beieinander.

Canopus

α Car
scheinbare Helligkeit: –0ᵐ7
Entfernung: 310 Lichtjahre
Spektralklasse: F0

Der Hauptstern des Schiffskiels ist nach Sirius der zweithellste Stern des Himmels und wird deshalb von Raumfahrern oft als Navigationsstern benutzt. Er gehört der relativ seltenen Sternklasse der gelb-weißen Riesen an, von denen man nicht genau weiß, ob sie die Rote-Riesen-Phase noch nicht erreicht oder schon überschritten haben. Der Radius von Canopus beträgt über 70 Sonnenradien, seine Leuchtkraft ist über 14 000-mal so stark wie die unseres Zentralgestirns.

Eta Carinae, NGC 3372

η Car
Entfernung: ca. 7500 Lichtjahre

Noch ein Gigant: Eta Carinae. Mit über 100 Sonnenmassen und viermillionenfacher Sonnenleuchtkraft gehört er zu den massereichsten Sternen des Milchstraßensystems. Lange Zeit rätselte man, um was es sich bei diesem etwa 7500 Lichtjahre entfernten merkwürdigen Stern überhaupt handelt, denn Eta Carinae ändert sehr oft und unregelmäßig seine Größe. Zur Zeit seiner Katalogisierung im Jahr 1677 war er ein Stern vierter Größe, zwischen 1833 und 1843 stieg die Helligkeit wie bei einer Supernova jedoch dramatisch an: Eta Carinea wurde zum zweithellsten Stern am Himmel. Anschließend ging es wieder zurück, 1940 war Eta Carinae nur noch im Teleskop zu sehen. Heute präsentiert sich der Stern zumindest wieder an der Sichtbarkeitsgrenze für das menschliche Auge. Eta Carinae ist also ein instabiler, veränderlicher Riesenstern, der sich jedoch nicht zum Roten Überriesen aufbläht, sondern nur kurze leuchtkräftige Phasen durchläuft. Astronomen bezeichnen solche Sterne als Leuchtkräftige Blaue Veränderliche (LBV). Nur wenige LBV sind bekannt, obwohl sie aufgrund ihrer enormen Leuchtkraft leicht zu finden sind.

Mythologie

Das Schiff Argo, aus dem der Kiel des Schiffes hervorging, war in der griechischen Mythologie die Galeere von Jason und seinen Argonauten. Sie waren auf der Suche nach dem Goldenen Vlies, einem streng bewachten, goldfarbenen Widderfell. Mit dem Vlies würde Jason den Thron wieder erhalten, um den ihn sein Halbbruder Pelias gebracht hatte. Argos baute das Schiff im Auftrag von Jason nach den Plänen der Göttin Athene. Sie selbst setzte im Bug einen Eichenbalken vom Orakel des Zeus in Dodona ein, der sprechen konnte und Anweisungen gab, sobald das Schiff den Hafen verlassen hatte. Die Galeere überstand die Fahrt nach Kolchis am Schwarzen Meer, wo das Vlies aufbewahrt wurde, und Jason konnte das Fell zurückerobern. Das Schiff Argo und das Vlies wurden in den Himmel versetzt, letzteres als Sternbild Widder.

Bei seinen Ausbrüchen stößt Eta Carinae riesige Materiemengen ab, und selbst unter »normalen« Umständen sind es 500 Erdmassen pro Jahr. In 100 000 Jahren dürfte deshalb von dem Stern nichts mehr übrig sein, vorher wird er sich aber vermutlich sowieso in einer spektakulären Supernova-Explosion verabschieden.

Eta Carinae ist in einer großen, pilzförmigen Wolke – dem Homunkulus-Nebel mit der Katalogbezeichnung NGC 3372 – verborgen, die beim Ausbruch 1843 entstand. Darin könnte das Sonnensystem mehrere hundert Mal Platz finden. Der Homunkulusnebel ist wohl das jüngste Nebelobjekt, das man in einem Teleskop sehen kann. Ihm vorgelagert sind einige markante Dunkelwolken, darunter ein S-förmiger, auch als Schlüsselloch bezeichneter Dunkelnebel.

In den letzten Jahren wurde bei Eta Carinae ein nicht sichtbarer Begleitstern nachgewiesen. Die Komponenten dieses massereichsten aller bisher entdeckten Doppelsternsysteme laufen in fünfeinhalb Jahren in einer lang gestreckten Ellipsenbahn umeinander und sind von einem pfannkuchenähnlichen Torus aus ausgestoßenen Gas- und Staubwolken umgeben.

NGC 3532

scheinbare Helligkeit: 3ᵐ
Entfernung: 1500 Lichtjahre

Am 24. April 1990 war es endlich so weit: Das Spaceshuttle Discovery brachte das Hubble-Weltraumteleskop ins All. Am Tag darauf wurde es in einer Höhe von 600 Kilometern ausgesetzt. Am 20. Mai 1990 wurde schließlich der Hauptspiegel auf das erste Objekt ausgerichtet, den Offenen Sternhaufen NGC 3532. Wie erwartet, war das Bild des »first light« nicht ganz scharf, doch hoffte

man auf Verbesserungen durch Nachjustierungen. Hinter den Kulissen waren die Astronomen jedoch enttäuscht und nach und nach zeigte sich, dass der Schliff des Hauptspiegels in der Tat nicht korrekt ausgeführt worden war. 1993 wurde deshalb während einer Reparaturmission eine Korrekturoptik für den Hauptspiegel eingesetzt. Nun war das Bild des Sternhaufens haarscharf!

NGC 3603

scheinbare Helligkeit: 9ᵐ1
Entfernung: 20 000 Lichtjahre

Dieser etwa 20 000 Lichtjahre entfernte Emissionsnebel 1834 von John Herschel entdeckt, ist gleichzeitig ein offener Sternhaufen, der die größte bekannte Häufung von Riesensternen in unserer Galaxis aufweist. Für den Emissionsnebel interessieren sich Astronomen schon lange, weil er ein aktives Sternentstehungsgebiet ist – man findet hier also vor allem kleine und extrem heiße Sterne. Wissenschaftler entdeckten mit Hilfe des Hubble-Weltraumteleskops in NGC 3603 auch den schwersten Stern. Mit 114 Sonnenmassen war er auch der erste vermessene Stern, der 100 Sonnenmassen überschritt.

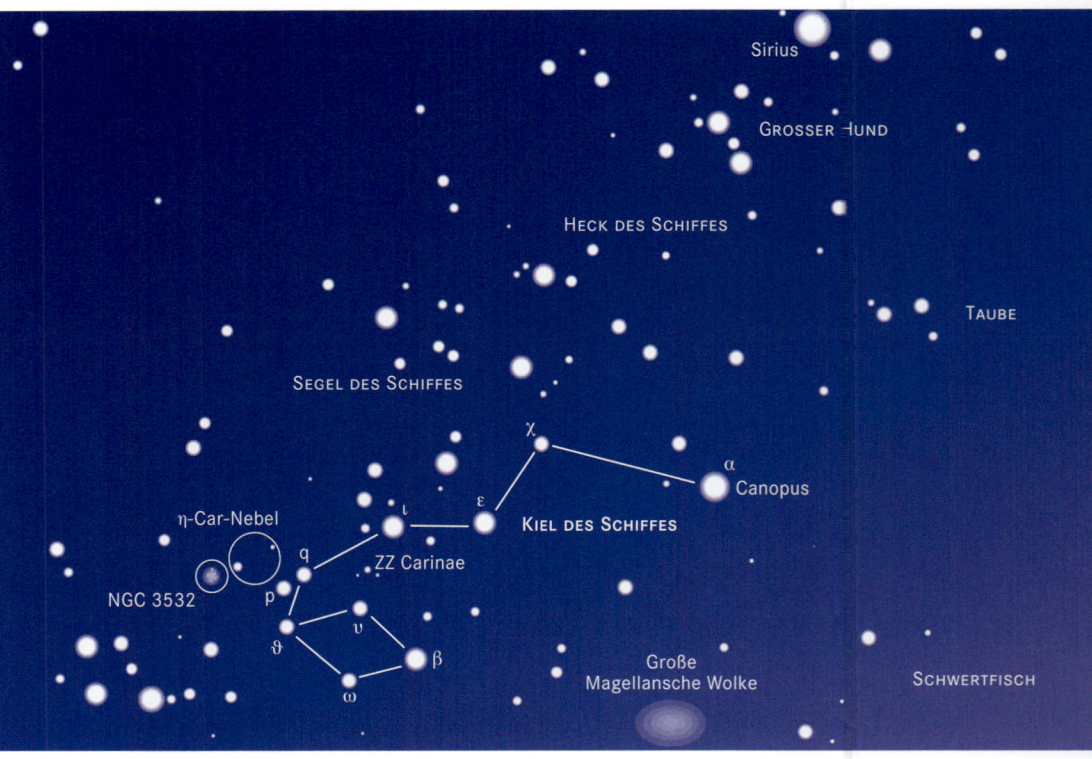

34

Aufnahme von Eta Carinae mit dem Hubble-Teleskop;
der Stern (heller Fleck im Zentrum des Bildes)
sendet Gasjets aus, die den Homunkulusnebel bilden.

Cassiopeia (Cas) – Kassiopeia

Das berühmte W

Die Kassiopeia (Abkürzung Cas) ist ein markantes, von der Milchstraße durchzogenes Sternbild der nördlichen Hemisphäre, das von mittleren nördlichen Breiten aus gesehen stets über dem Horizont bleibt. Den höchsten Stand über dem Horizont hat es in den Nächten von September bis Dezember. In dieser Zeit lässt es sich auch am besten beobachten. Seine fünf Hauptsterne bilden ein markantes »W« am Himmel, weshalb die Kassiopeia auch Himmels-W genannt wird. Seine mittlere Spitze zeigt ungefähr in die Richtung des Nordpolarsterns. Kassiopeia steht wie kein anderes Sternbild für die herbstliche Milchstraße und ist reich bestückt mit schönen Sternfeldern, imposanten galaktischen Nebeln und faszinierenden offenen Sternhaufen. Außerdem beheimatet Kassiopeia eine Supernova, deren Überrest die nach der Sonne stärkste Radioquelle am Himmel ist.

Schedir

α Cas
scheinbare Helligkeit: 2^m_2
Entfernung: 240 Lichtjahre
Spektralklasse: K0

Schedir ist der zweite Stern von rechts im W der Kassiopeia. Seine Helligkeit schwankt in unregelmäßigen Abständen ein wenig, er gehört zur Klasse der My-Cephei-Sterne. Sie sind nach dem Granatstern µ Cephei im Sternbild Kepheus benannt.

Rho Cassiopeiae

ρ Cas
scheinbare Helligkeit: 4^m_1–6^m_2
Entfernung: 10 000 Lichtjahre
Spektralklasse: F8 bis K5

ρ Cas ist einer der hellsten gelben »Hyperriesen« in der Milchstraße. Obwohl 10 000 Lichtjahre von der Erde entfernt, ist er trotzdem noch mit bloßem Auge zu erkennen. Der Grund: ρ Cas ist eine halbe Million Mal heller als unsere Sonne und damit einer der hellsten Sterne überhaupt! Die Hyperriesen sind eine sehr seltene Spezies, nur wenige Exemplare sind in unserer Galaxis bekannt. Auch in Bezug auf die Masse ist ρ Cas ein Schwergewicht: Mit 40 Sonnenmassen zählt er zu den massereichsten Sternen der Milchstraße. Wie im richtigen Leben auch, rächt sich ein derartiges »Übergewicht« mit einer kurzen Lebensdauer. ρ Cas befindet sich in einem sehr instabilen Zustand, der nach Ansicht von Astronomen zwangsläufig in einer Supernova enden muss. Vermutlich steht eine solche kurz bevor, ja wahrscheinlich existiert der Stern schon gar nicht mehr. Auf jeden Fall ist ρ Cas der beste Kandidat für eine Supernova in unserer Galaxis. Bereits im Jahr 2000 zeigte er eine gravierende Veränderung und

kühlte innerhalb von nur wenigen Monaten von 7000 auf 4000 Kelvin ab – man vermutet, dass er damals etwa zehn Prozent der Masse unserer Sonne als Gashülle ins All geblasen hat. Seit 2000 nun pulsiert die Atmosphäre von ρ Cas auf merkwürdige Weise, sodass die Astronomen einen neuen Materieauswurf – eventuell sogar einen noch dramatischeren – erwarten.

M 52

scheinbare Helligkeit: 7^m
Entfernung: 5000 Lichtjahre

Das Sternbild Kassiopeia enthält eine Fülle von kleineren Sternhaufen. M 52, 1774 von Charles Messier zufällig bei der Beobachtung des Kometen jenes Jahres entdeckt, lässt sich bereits mit dem Fernglas als kleines Wölkchen ausmachen; man findet ihn, wenn man den letzten Strich des Himmels-W zwischen den Sternen α und β Cas um etwa den Abstand dieser Sterne nach Nordwesten verlängert. Mit einem 80-mm-Teleskop kann man bereits ein Dutzend Sterne in M 52 ausmachen, insgesamt wurden 193 Mitglieder für den Sternhaufen gezählt. Messier merkte zu M 52 an, er sei in einen schwachen Nebel eingebettet, was sich allerdings als Irrtum herausstellte. M 52 ist ein noch relativ junger Sternhaufen, der hauptsächlich aus Blauen Riesen besteht. Nur die zwei hellsten Sterne sind Gelbe Riesen.

M 103

scheinbare Helligkeit: 7^m_5
Entfernung: 7000 Lichtjahre

M 103 wurde 1781 von dem französischen Astronomen Pierre Méchain entdeckt. Seine Ausdehnung beträgt etwa 15 Lichtjahre, sein Alter wird auf 25 Millionen Jahre geschätzt, seine Mitgliederzahl beträgt mindestens 40 Sterne.

M 103

Mit mittlerer bis hoher Vergrößerung offenbart M 103, der knapp nordöstlich von δ Cas zu finden ist, seine markante Dreiecksform und entfaltet seine Farbenpracht. Der zweithellste Stern leuchtet weiß, der östliche Partner des Pärchens im Haufenzentrum rötlich, sein Nachbar eher grünlich. Der auffälligste und hellste Stern im Haufen, Struve 131, gehört hingegen nicht zu M 103, sondern stellt einen Vordergrundstern dar.

M 103 war der letzte Eintrag in Charles Messiers Katalog astronomischer Objekte. Später wurden noch die Objekte M 104 bis M 110 hinzugefügt, die Messier zum Teil selbst schon erwähnt, aber nie aufgenommen hatte. Viele Wissenschaftshistoriker gehen aber davon aus, dass der »Meister« sie in eine nie veröffentlichte vierte Auflage übernommen hätte.

Mythologie

In der griechischen Mythologie ist Kassiopeia die eitle Gemahlin des äthiopischen Königs Kepheus – ebenfalls ein Sternbild – und Mutter der Andromeda. Es ist der einzige Fall, dass ein Ehepaar am Himmel verewigt ist. Kassiopeia rühmte sich, die Nereiden an Schönheit zu übertreffen. Unglücklicherweise war eine dieser Seenymphen mit Poseidon verheiratet. So blieb es nicht aus, dass sich die Nereiden bei dem Meeresgott über Kassiopeias Beleidigung beschwerten. Auch Poseidon missfiel die Prahlsucht der Königsgattin, weshalb er der Bitte der Nereiden um Bestrafung folgte und eine Sturmflut und ein Meeresungeheuer sandte, das Menschen und Tiere verschlang. Auch dieses Ungeheuer findet man als Sternbild Walfisch wieder. Wie jedes anständige Ungeheuer ließ es sich mit einem Opfer besänftigen, wofür Andromeda herhalten musste, die von ihren Eltern an einen Felsen gekettet wurde. Den Göttern sei Dank mangelt es der griechischen Mythologie nicht an Helden: In letzter Sekunde rettete Perseus das arme Mädchen aus den Klauen des Ungeheuers. Der Lohn für diese Tat: Andromeda wurde seine Frau.

Der Überrest der Supernova von 1680

In der Kassiopeia liegt in etwa 11 000 Lichtjahren Entfernung die stärkste kosmische Radioquelle Cassiopeia A. Ihre Existenz geht auf das dramatische Ende eines massereichen Sterns im Jahr 1680 zurück. Solche Sterne teilen alle das gleiche Schicksal: Ihr kurzes, aber intensives Leben endet in einer Supernova. Die dabei freigesetzten Energien sind enorm und erzeugen eine Helligkeit, die ausreicht, für kurze Zeit eine ganze Galaxie zu überstrahlen. Zurück bleiben eine weiter expandierende Hülle aus Staub und Gas sowie ein Neutronenstern, gewissermaßen das Skelett des explodierten Sterns. Die Astronomen unterscheiden zwei Arten von Supernovae. Cassiopeia A bildet den Überrest einer Supernova vom Typ II: Ein massereicher Stern kollabiert und schleudert seine äußere Schichten ins All. Die Teilchen, die sich vom Ort der Explosion wegbewegen, erreichen Geschwindigkeiten bis zu 10 000 Kilometern pro Sekunde. Eine Supernova vom Typ I entsteht hingegen in einem Doppelsternsystem, wenn ein Weißer Zwerg von seinem Partner Materie »absaugt«. Irgendwann hat er so viel angehäuft, dass der ganze Stern explodiert.

Das mit dem Hubble-Weltraumteleskop aufgenommene Bild zeigt die zerfledderten Reste der Supernova-Explosion Cassiopeia A. Zu erkennen sind die Explosionstrümmer: Sauerstoff leuchtet auf dem Bild grün, Schwefel rot und violett, Wasserstoff sowie Stickstoff blau.

NGC 457

scheinbare Helligkeit: 8^{m}5
Entfernung: 5000 Lichtjahre

Auch NGC 457, 1787 von Wilhelm Herschel entdeckt, ist ein offener Sternhaufen, dessen hellstes Mitglied φ Cas bereits mit bloßem Auge zu sehen ist. Hat man ein kleines Fernrohr mit mittlerer Vergrößerung zur Verfügung, erkennt man, dass NGC 457 seine Bekanntheit vor allem seiner Form zu verdanken hat. Denn mit etwas Fantasie lässt sich in φ Cas und einem weiteren hellen Stern das Augenpaar einer Eule erblicken, in der ovalen Hauptregion des Haufens deren Körper und in den restlichen Sternen die Schwingen, die der Vogel in die Nacht spreizt. Aus diesem Grund trägt NGC 457 den Beinamen Eulenhaufen. Da stört auch nicht, dass die beiden Augen-Sterne vermutlich gar nicht zu NGC 457 gehören, sondern Vordergrundsterne sind. Denn wäre φ Cas tatsächlich Mitglied des Haufens und damit 5000 Lichtjahre entfernt, wäre er einer der hellsten Sterne überhaupt.

NGC 7635

In der Nähe von M 52 findet man ein interessantes Sternentstehungsgebiet, den planetarischen Nebel NGC 7635. In seinem Inneren hat sich eine Blase gebildet – ihr hat der Nebel seinen Beinamen Bubble-Nebel zu verdanken. Die Energie zur Anregung des gesamten Nebelkomplexes sowie zur Ausdehnung der Blase stammt von einem heißen Stern mit der Bezeichnung BD 602522, der einen Sternwind mit der enormen Geschwindigkeit von 2000 Kilometern pro Sekunde erzeugt. Die Blase ist fast perfekt rund, besitzt jedoch eine inhomogene Helligkeitsverteilung. An den helleren Stellen besitzt vermutlich das interstellare Gas eine höhere Dichte, sodass es zu einer stärkeren Wechselwirkung kommt. Auch die exzentrische Position des anregenden Sterns wäre eine denkbare Erklärung.

Der Bubble-Nebel NGC 7635, hier eine detaillierte Hubble-Aufnahme, ist schon mit einem einfachen Teleskop im Sternbild Kassiopeia zu sehen.

Cassiopeia

Das berühmte W

Centaurus (Cen) – Kentaur

Der Weise am Südhimmel

Das Sternbild Kentaur, mit wissenschaftlichem Namen Centaurus (Abkürzung Cen), ist ein ausgedehntes, brillantes Sternbild des südlichen Himmels, dessen nördlichsten Teile im Frühjahr auch in unseren Breiten knapp über dem Horizont sichtbar sind. Vor 2000 Jahren stand es noch 10 Grad höher, deswegen gehörte es schon zur antiken Himmelswelt. Durch den südlichen Teil des Sternbilds zieht sich die Milchstraße, weshalb diese Region reich an sehenswerten Sternhaufen und Nebeln ist. Die Verlängerung der beiden Hauptsterne weist auf das Kreuz des Südens, die restlichen hellen Sterne ergeben jedoch kein rechtes Muster.

Alpha Centauri

α Cen
scheinbare Helligkeit: –0ᵐ3
Entfernung: 4,4 Lichtjahre
Spektralklasse: G2

Der hellste Stern des Kentaur ist gleichzeitig der dritthellste Stern am Himmel. Allerdings tragen zwei Sterne zu dieser Helligkeit bei, denn Alpha Centauri ist ein Doppelstern – der nächstgelegene zur Erde. Wahrscheinlich gehört auch Proxima Centauri zu dem System, das ist aber noch umstritten.

Die beiden Komponenten von Alpha Centauri umkreisen einander in gut 80 Jahren auf stark elliptischen Bahnen. Ihr Abstand wird sich noch bis zum Jahr 2035 auf dann 11,4 Astronomische Einheiten verringern und danach wieder ansteigen. Beide sind gewöhnliche Hauptreihensterne und vor etwa sechseinhalb Milliarden Jahren gemeinsam entstanden.

Proxima Centauri

scheinbare Helligkeit: 11ᵐ3
Entfernung: 4,2 Lichtjahre
Spektralklasse: M6

Proxima Centauri ist der sonnennächste Stern und gehört vermutlich zum Mehrfachsystem von Alpha Centauri. Deswegen wird er auch Alpha Centauri C genannt. Robert Thorburn Ayton Innes, der Direktor des Observatoriums in Johannesburg, entdeckte ihn erst 1915, weil er so unscheinbar ist. Das liegt an seiner geringen Größe: Proxima Centauri ist ein roter Zwergstern und strahlt 7000-mal weniger Energie ab als die Sonne. Viel masseärmer dürfte er nicht sein, denn dann wäre überhaupt kein Stern aus Proxima Centauri geworden, sondern lediglich ein Brauner Zwerg.

Manchmal kann Proxima Centauri jedoch seine Helligkeit innerhalb weniger Minuten um eine Größenordnung aufbessern, denn er ist ein sogenannter Flare-Stern, auch Flackerstern genannt. Die Ausbrüche dieser speziellen Zwergsterne kommen durch heftige Eruptionen in der Sternatmosphäre zustande, ähnlich den Fackeln auf unserer Sonne.

NGC 4603

scheinbare Helligkeit: 12ᵐ4
Entfernung: 108 Mio. Lichtjahre

Eine Aufnahme des Hubble-Teleskops lieferte Ende der 1990er-Jahre ein Werkzeug für die Entfernungsbestimmung: Die Astronomen entdeckten in der Spiralgalaxie sogenannten Cepheiden, die den Wissenschaftlern als Entfernungsindikatoren dienen. Auf diese Weise konnten sie die Entfernung der Galaxie sehr genau bestimmen. Diese Entfernungsmessungen waren anfangs eine Hauptaufgabe des Weltraumteleskops Hubble.

NGC 5139

scheinbare Helligkeit: 3ᵐ7
Entfernung: 17 000 Lichtjahre

Der 17 000 Lichtjahre entfernte Kugelsternhaufen Omega Centauri mit der Katalogbezeichnung NGC 5139 ist ohne Zweifel das Paradeobjekt im Kentaur – man muss aber mindestens bis Südspanien oder Griechenland in Richtung Süden reisen, um ihn beobachten zu können. Er ist der hellste und größte aller Kugelsternhaufen – am Himmel fast so groß wie der Vollmond – und hat auch die größte absolute Leuchtkraft, da er der massereichste Kugelsternhaufen der Milchstraße ist.

Mit bloßem Auge ist NGC 5139 als kleines Fleckchen sichtbar und wurde bereits von Ptolemäus als Stern katalogisiert. Auch Johann Bayer versah ihn wie einen Stern mit einem griechischen Buchstaben. Edmond Halley glaubte an einen Nebel, John Herschel erkannte in den 1830er-Jahren einen Kugelsternhaufen. Seit einiger Zeit streiten sich die Astronomen jedoch, ob NGC 5139

wirklich ein Kugelsternhaufen ist oder nicht vielmehr der Kern einer Zwerggalaxie, die ihre äußeren Sterne verloren hat.

NGC 5128

scheinbare Helligkeit: 7ᵐ5
Entfernung: ca. 12 Mio. Lichtjahre

Diese berühmte irreguläre Galaxie, 1827 von James Dunlop entdeckt, ist eine der prominentesten Sehenswürdigkeiten des südlichen Sternhimmels. Das hat mehrere Gründe. Zum einen fällt sie durch ihre merkwürdige Struktur im sichtbaren Bereich auf: Quer durch die Galaxie erstreckt sich ein dunkles Staubband. Zum anderen ist NGC 5128 eine der stärksten und zudem die uns am nächsten liegende Radioquelle am Himmel. Sie wird als Centaurus A bezeichnet.

Schon bald nach dieser Entdeckung wurde die inzwischen bestätigte Hypothese aufgestellt, dass hier zwei Galaxien kollidierten, eine elliptische und eine kleine Spiralgalaxie. Der Zusammenstoß leitete eine heftige Sternentstehungsphase ein, welche ein Schwarzes Loch von 200 Millionen Sonnenmassen im Zentrum der Galaxie aktivierte.

Mythologie

Die Kentauren waren in der griechischen Mythologie Mischwesen aus Pferd und Mensch, die – vor allem unter Alkoholeinfluss – eher rüde Gesellen waren. Eine Ausnahme bildete der gelehrte und weise Cheiron, ein Sohn des Titanen Kronos. Er war ein geschickter Lehrer und genoss großes Vertrauen bei den Helden und Göttern des alten Griechenlands. Jason und Achilles, vor allem aber Asklepios, der größte aller Heiler, waren seine Schüler. Dennoch starb Cheiron einen tragischen Tod. Als Herakles den Kentauren Pholos besuchte, bot der ihm Wein aus dem gemeinsamen Krug der Kentauren an. Als die anderen Rabauken das bemerkten, griffen sie Herakles an, wurden aber durch dessen Pfeile zurückgedrängt. Einige Kentauren flüchteten zu Cheiron, der eigentlich mit dem Überfall nichts zu tun hatte. Trotzdem erwischte ihn versehentlich ein vergifteter Pfeil. Cheiron war zwar unsterblich, doch das Gift hätte ihn endlos leiden lassen – Zeus stimmte deshalb zu, dass Cheiron seine Unsterblichkeit Prometheus überließ. Cheiron konnte sterben und wurde vom Göttervater an den Himmel gesetzt.

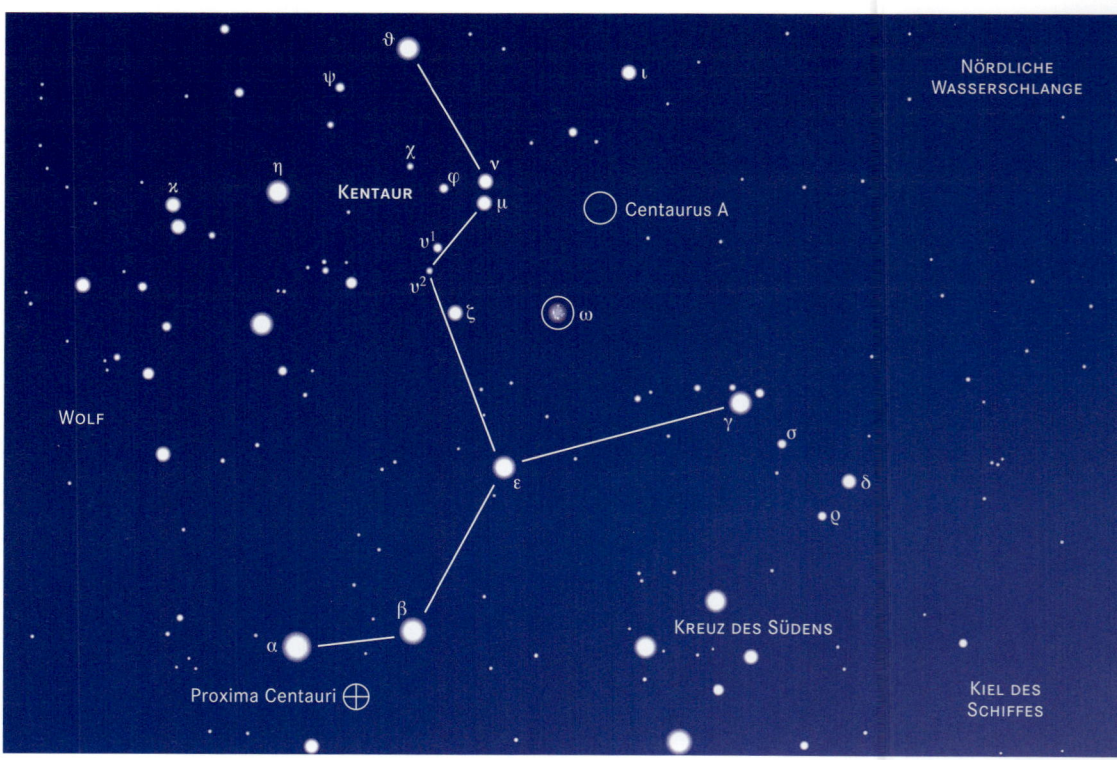

Die Radiogalaxie Centaurus A,
aufgenommen am 31. Januar/
1. Februar 2000

Cepheus (Cep) – Kepheus

Übergangssternbild

Kepheus ist ein eher unauffälliges Sternbild des nördlichen Himmels, das in unseren Breiten ganzjährig zu sehen ist. Eingerahmt von den Sternbildern Giraffe, Kassiopeia, Eidechse und Drache, bildet es den Übergang von der sommerlichen zur herbstlichen Milchstraße. Die helleren Sterne bilden ein Muster, das an ein Haus mit Dach erinnert. Der berühmteste Stern ist allerdings Delta Cephei, der zum Namensgeber einer ganzen Klasse veränderlicher Sterne wurde. Eine weitere Besonderheit im Kepheus ist der »Nördliche Kohlensack«, eine markante Dunkelwolke in der Milchstraße.

Alfirk

β Cep
scheinbare Helligkeit: 3ͫ2
Entfernung: 600 Lichtjahre
Spektralklasse: B2

Alfirk ist ein Vertreter einer Gruppe der Pulsationsveränderlichen, nämlich der Beta-Cephei-Sterne. Diese Sterne besitzen kurze Lichtwechselperioden zwischen drei und sechs Stunden und geringe Lichtwechselamplituden von maximal 0,2 Größenordnungen. Soweit Modulationen der Lichtkurve auftreten, werden sie als Überlagerung zweier wenig verschiedener Perioden gedeutet.

Beta-Cephei-Sterne sind Sterne der Spektraltypen O8 bis B6, wobei sich die meisten dieser Sterne als B0 bis B2 klassifizieren lassen. Die klassifizierten Leuchtkraftklassen reichen von I bis V, die meisten Sterne gehören zu den Leuchtkraftklassen IV und III, den Unterriesen und Riesen. Die meisten Beta-Cephei-Sterne pulsieren radial, werden also größer und kleiner. Einige Beta-Cephei-Sterne besitzen zusätzlich auch eine nicht-radiale Pulsation, d.h., Wellenberge und -täler umlaufen den Stern zusätzlich.

Bisher sind etwa 90 Beta-Cephei-Sterne bekannt. Aufgrund der kleinen Amplituden sind sie schwer zu finden, aber bei gezielter Suche, beispielsweise in offenen Sternhaufen mit vielen B-Sternen, finden sich zahlreiche Beta-Cepheiden.

Die Helligkeit von Alfirk schwankt mit einer Periode von 0,19 Tagen zwischen 3ͫ15 und 3ͫ21. Der Stern hat ungefähr 5,5-fachen Sonnendurchmesser und eine Oberflächentemperatur von 14 600 Kelvin.

Delta Cephei

δ Cep
scheinbare Helligkeit: 3ͫ6–4ͫ6
Entfernung: 892 Lichtjahre
Spektralklasse: F5 bis G2

Delta Cephei ist vermutlich der bekannteste veränderliche Stern und Prototyp einer ganzen Klasse von Pulsationsveränderlichen, den sogenannten Cepheiden. Diese Sterne verändern ihre Leuchtkraft streng periodisch, Delta Cephei beispielsweise in einem Rhythmus von 5,366 Tagen um eine Größenklasse. Die Periodenlänge hängt dabei von der Leuchtkraft ab: je heller der Stern, desto länger dauert es von Lichtwechsel zu Lichtwechsel. Das macht die Cepheiden zu einem hervorragenden Instrument der Entfernungsmessung von Galaxien: Durch die Periodenlänge kennt man die absolute Helligkeit und kann sie mit der scheinbaren vergleichen und daraus die Entfernung ableiten. Dieser Zusammenhang verhalf der Astronomie zu Beginn des 20. Jahrhunderts zu einem großen Erkenntnissprung. Da Cepheiden immer Riesensterne sind, sind sie zudem auch in benachbarten Galaxien zu sehen.

Granatstern

μ Cep
scheinbare Helligkeit: 3ͫ6–5ͫ1
Entfernung: 5 261 Lichtjahre
Spektralklasse: M2

Als Wilhelm Herschel diesen Riesenstern mit 1 500-fachem Sonnenradius und 350 000-facher Sonnen-

leuchtkraft im 18. Jahrhundert beobachtete, war er von dessen rötlicher Farbe beeindruckt und gab ihm den Beinamen Granatstern. Er ist in der Tat der rötlichste Stern, den man mit bloßem Auge beobachten kann. Noch besser wirkt die Farbe im Fernrohr. Auch der Granatstern ist ein Prototyp bestimmter veränderlicher Sterne, der so genannten My-Cephei-Sterne. Die Helligkeitsschwankungen dieser Riesen- und Überriesensterne folgen keiner erkennbaren Periode.

Der Granatstern besitzt noch zwei lichtschwache Begleiter, über die allerdings wenig bekannt ist.

RW Cephei

RW Cep
scheinbare Helligkeit: 6ͫ5
Entfernung: 11 500 Lichtjahre
Spektralklasse: K0

Riesen, Überriesen, Hyperriesen – im Universum gibt es Sterne von solcher Größe, dass unsere Sonne dagegen winzig erscheint. RW Cephei ist einer dieser ganz großen Hyperriesen, sein Durchmesser ist 1500-mal so groß wie der Durchmesser der Sonne. Noch gravierender fällt der Leuchtkraftvergleich aus: RW Cephei überstrahlt unser Zentralgestirn um das 500 000-fache – Hyperriesen zählen zu den hellsten Sternen. Der Preis für diesen Gigantismus: Hyperriesen leben nur kurz, nach einigen Millionen Jahren haben sie ihren Brennstoff verbraucht und explodieren als Supernova – zurück bleibt ein Schwarzes Loch.

VV Cephei

VV Cep
scheinbare Helligkeit: 4ͫ9
Entfernung: ca. 8 300 Lichtjahre
Spektralklasse: M2 (VV Cep A) bzw. B6 (VV Cep B)

Die beiden Komponenten dieses Doppelsternsystems umkreisen nicht nur einander in gut 20 Jahren, sondern tauschen auch Materie aus. Das liegt daran, dass VV Cephei A ein wirklicher Riese ist: Der drittgrößte bekannte Stern der Milchstraße hat ungefähr den 1600- bis

1900-fachen Sonnendurchmesser. Seine Helligkeit entspricht etwa der 275 000- bis 575 000-fachen Leuchtkraft der Sonne.

NGC 6946

scheinbare Helligkeit: 9ͫ
Entfernung: 10 Mio. Lichtjahre

Diese 1798 von Wilhelm Herschel gefundene Spiralgalaxie, mit 10 Millionen Lichtjahren Entfernung einer der Nachbarn des Milchstraßensystems, ist ein Rekordhalter: In keiner anderen Galaxie hat man bisher mehr Supernovae beobachtet: neun Explosionen in den letzten einhundert Jahren. Zusammen mit der hohen Infrarotleuchtkraft deutet das auf intensive Sternentstehung hin. Hochauflösende Aufnahmen zeigen in der Tat viele Sternhaufen und einen extrem jungen Kugelsternhaufen. Eine solche ausgeprägte Sternentstehung wird meistens eigentlich nur in wechselwirkenden Galaxienpaaren beobachtet, NGC 6946 steht allerdings isoliert und scheint keiner Gruppe anzugehören.

Die Entfernungsangaben der Galaxie sind ziemlich unsicher, weil NGC 6946 relativ nahe zu unserer galaktischen Ebene steht, wir also durch den Staub des Milchstraßensystems blicken müssen, wenn wir sie beobachten – dadurch wird die Helligkeit abgeschwächt und die Entfernungsbestimmung erschwert.

Mythologie

Kepheus war ein legendärer äthiopischer König, dessen Reich allerdings nicht im heutigen Äthiopien lag, sondern sich von der südöstlichen Küste des Mittelmeers nach Süden bis zum Roten Meer erstreckte – heute teilen sich Israel, Jordanien und Ägypten dieses Gebiet. Kepheus war mit der eitlen Kassiopeia verheiratet, deren Prahlsucht Poseidon dazu brachte, ihr das Meeresungeheuer Ketos auf den Hals zu hetzen, das die Küsten des Königreichs zerstörte. Um dem Ungeheuer Einhalt zu gebieten, sollte Kepheus laut Orakelspruch seine Tochter Andromeda opfern. Das Mädchen wurde jedoch von Perseus gerettet, der sie prompt als Ehefrau forderte. Dummerweise war Andromeda bereits einem Bruder des Kepheus versprochen, der mitten in die Hochzeitsfeierlichkeiten platzte und Andromeda zurück wollte. Im folgenden Kampf, aus dem sich Kepheus raushielt, streckte Perseus etliche Gegner nieder, den Rest verwandelte er in Stein.

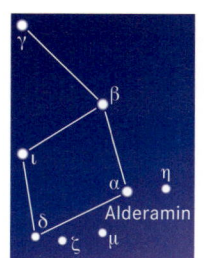

Cetus (Cet) – Walfisch

Unauffälliges Ungeheuer

Der Walfisch (der ja bekanntlich kein Fisch ist ...) ist ein ausgedehntes, aber eher unauffälliges Sternbild zwischen den Fischen und dem galaktischen Südpol. Der wissenschaftliche Namen lautet Cetus (Abkürzung Cet). In unseren Breiten ist es im Herbst und Winter am Abendhimmel sichtbar, allerdings nicht besonders hoch über dem Horizont. Vier helle Sterne bilden den Kopf des Wals, im Westen des Sternbilds ist vor allem Beta Ceti auffällig. Der bekannteste Stern im Walfisch ist allerdings der veränderliche Stern Mira.

Deneb Kaitos

β Cet
scheinbare Helligkeit: 2^m
Entfernung: 96 Lichtjahre
Spektralklasse: K0

Deneb Kaitos ist der hellste Stern im Walfisch, ein oranger Riese mit etwa 145-facher Sonnenleuchtkraft. Sein arabischer Name bedeutet »Schwanz des Wals«, die ebenfalls gebräuchliche Bezeichnung Diphda verrät, dass er den Arabern als »zweiter Frosch« galt, während Fomalhaut im Sternbild Fische der »erste Frosch« war.

Tau Ceti

τ Cet
scheinbare Helligkeit: 3^{m}5
Entfernung: 11,9 Lichtjahre
Spektralklasse: G8

Dieser gelbe Zwergstern, mit bloßem Auge schwach zu erkennen, ist mit seiner relativ geringen Entfernung ein Nachbar unserer Sonne und ihr ziemlich ähnlich. Tau Ceti ist etwas kleiner und masseärmer, gehört aber derselben Spektralklasse an. Da kleinere Sterne länger leben, wird Tau Ceti die Sonne um etwa eine Milliarde Jahre überdauern.

Wegen der Sonnenähnlichkeit wird Tau Ceti immer wieder bei der Suche nach außerirdischer Intelligenz anvisiert, bisher wurde allerdings kein Begleiter gefunden. Da Tau Ceti von einer Staubscheibe umgeben ist, wäre Material für einen oder mehrere Planeten durchaus vorhanden, diese hätten jedoch mit häufigen Einschlägen von Asteroiden oder Kometen zu rechnen.

Mira

o Cet
scheinbare Helligkeit: 3^{m}4–9^{m}2
Entfernung: 400 Lichtjahre
Spektralklasse: M7

Der »Erstaunliche« oder »Wundersame« – so die Übersetzung von Mira – war der erste bekannte veränderliche Stern und zudem der Einzige, der noch vor der Erfindung des Teleskops beobachtet wurde. Als der friesische

Mythologie

Hinter dem Walfisch steckt das Meeresungeheuer Ketos, das die Küste des Königreichs Äthiopien verwüstete, nachdem Kassiopeia, die Gemahlin des Königs Kepheus, ihren Hochmut zur Schau gestellt hatte. Kepheus' Tochter Andromeda konnte aber durch das Eingreifen von Perseus vor dem Opfertod bewahrt werden.
Die Griechen stellten sich Ketos als ein Mischgeschöpf mit weit aufgerissenem Kiefer, Vorderfüßen eines Raubtiers und dem Schwanz einer Seeschlange vor. Mit einem Wal hat das also recht wenig zu tun ...
Perseus erlegte das Monster, indem er wie ein Adler auf Ketos niederstieß und sein Schwert in dessen Schulter bohrte. Das Ungeheuer schnappte nach allen Seiten, um Perseus zu erwischen, doch der Held konnte immer wieder zustechen. Aus vielen Wunden blutend, sank Ketos schließlich ins Meer zurück.

Pfarrer David Fabricius den Stern 1596 entdeckte, dachte er zunächst an eine Nova, da er ihn vorher noch nie gesehen hatte. Nach einiger Zeit verschwand der Stern wieder, 1609 fand ihn Fabricius aber überraschenderweise erneut. Rund 30 Jahre später erkannte Johann Ph. Holwarda, dass der Stern mehr oder weniger regelmäßig seine Helligkeit ändert. Im Minimum seiner Helligkeit ist Mira für das bloße Auge unsichtbar, im Maximum ein Stern zweiter Größenklasse. Man nannte ihn »Stella Mira Ceti« oder kurz Mira.

Mira ist der Prototyp einer Klasse von Veränderlichen, die man heute Mira-Sterne nennt: Rote Riesen oder Überriesen mit relativ langen Perioden zwischen 90 und 1300 Tagen. Die Schwankungen, die auf eine Pulsation des gesamten Sterns zurückgehen, sind nicht streng konstant und auch nicht genau vorhersagbar.

Vor einigen Milliarden Jahren war Mira ein Stern wie unsere Sonne, entwickelte sich dann aber zu einem pulsierenden Roten Riesen. Jetzt befindet er sich in der Endphase seines Lebens und bläst dabei große Teile seiner Hülle ins All ab. Und genau dieses Material bildet nun einen 13 Lichtjahre langen Schweif, wie man zum Erstaunen aller Astronomen vor einigen Jahren bei einer Himmelsdurchmusterung feststellte. Etwas Vergleichbares war bislang noch nie bei einem Stern beobachtet worden.

M 77

scheinbare Helligkeit: 9^m
Entfernung: ca. 60 Mio. Lichtjahre

Die Spiralgalaxie in etwa 60 Millionen Lichtjahren Entfernung wurde 1780 von Pierre Méchain entdeckt und erscheint im Fernrohr eher unauffällig, tatsächlich – man beachte die Entfernung – ist sie aber eines der größten Messier-Objekte. M 77 besitzt ein aktives Zentrum, in dessen Nähe Gaswolken gefunden wurden, die sich mit mehreren 100 km/s Geschwindigkeit vom Zentrum entfernen. Um diese Geschwindigkeit zu erreichen, ist eine ungeheuer starke Energiequelle erforderlich, die sich im Kern dieser Galaxie befinden muss – höchstwahrscheinlich ein extrem massives Schwarzes Loch.

NGC 246

scheinbare Helligkeit: 10^{m}5
Entfernung: 1500 Lichtjahre

NGC 246, 1785 von Wilhelm Herschel entdeckt, ist ein eher unbekannter planetarischer Nebel, der in gewöhnlichen Feldstechern allerdings nicht sichtbar ist. Er ist relativ alt, sein Hauptstern ist der Weiße Zwerg HIP 3678. Nebel und Zentralstern enthalten sehr viel Fluor, 250-mal mehr als normal. Dieses Element wurde in dem Stern durch Kernfusion gebildet und treibt jetzt hinaus ins Weltall. Wer weiß: In Milliarden von Jahren wird es vielleicht einmal außerirdischen Zivilisationen zur Herstellung von Zahnpasta dienen ...

NGC 247

scheinbare Helligkeit: 9^{m}2
Entfernung: 7 Mio. Lichtjahre

Die Spiralgalaxie NGC 247, 1784 von Wilhelm Herschel entdeckt, gehört zu der unserer Lokalen Gruppe benachbarten Sculptor-Gruppe. In unseren Breiten ist sie kein einfaches Objekt, denn ihre Flächenhelligkeit ist sehr gering.

Spiralgalaxie M 77

Crux (Cru) – Kreuz des Südens

Perle der Südhemisphäre

Dieses kleine, aber markante Sternbild mit wissenschaftlichem Namen Crux (Abkürzung Cru) ist in unseren Breiten nicht sichtbar, sondern ein klassisches Sternbild des südlichen Himmels. Seine vier hellsten Sterne lassen sich durch ein Kreuz verbinden; der längere Balken weist etwa zum südlichen Himmelspol. Das von der Milchstraße durchzogene und nahezu ganz vom Sternbild Kentaur umgebene Kreuz des Südens gehört neben dem Großen Bären und dem Orion wohl zu den bekanntesten Sternbildern. Die europäischen Seefahrer des 16. Jahrhunderts sahen in dem Kreuz natürlich das christliche Kreuz und nutzten es auch zur Orientierung. Das Kreuz des Südens ist zwar nicht so reich an Himmelsobjekten wie der Kentaur, enthält aber einige »Perlen« von besonderer Schönheit. Am auffälligsten für das bloße Auge ist allerdings eine Region, wo nicht viel zu sehen ist, nämlich der Kohlensack, eine prominente Dunkelwolke.

Acrux

α Cru
scheinbare Helligkeit: 0,ᵐ8
Entfernung: 340 Lichtjahre
Spektralklasse: B1

Der hellste Stern des Kreuzes ist ein Dreifachsystem, bei dem zwei Komponenten schon mit einem kleineren Fernrohr optisch getrennt werden können. α¹ Cru und α² Cru sind beides sehr heiße Sterne mit Oberflächentemperaturen von 28 000 bzw. 26 000 Kelvin – also viel heißer als die Sonne. α¹ Cru ist selbst wiederum ein Doppelsternsystem, allerdings stehen diese beiden Komponenten, die sich in 76 Tagen umkreisen, so eng beieinander, dass sie auch mit den leistungsstärksten Teleskopen nicht getrennt beobachtet werden können. Ein weiterer Stern in der Nähe von Acrux weist dieselbe Bewegungsrichtung auf und könnte eventuell auch zu dem System gehören, die Beobachtungsdaten lassen jedoch noch keinen sicheren Schluss zu.

Acrux ist übrigens kein Eigenname, wie ihn viele andere Sterne tragen, sondern leitet sich vielmehr von der Sternbezeichnung Alpha Crucis ab. Griechen, Römer und Araber konnten ihn schließlich als Stern der Südhalbkugel nicht beobachten. Dort allerdings ist Acrux nicht nur ein heller und prominenter Stern, sondern hat es auch auf die Nationalflaggen u. a. von Australien, Neuseeland und Brasilien geschafft. Das südamerikanische Emblem ist besonders interessant, weil hier gleich 27 Sterne als Symbole der brasilianischen Bundesstaaten versammelt sind. Acrux steht dabei für São Paulo.

Becrux, Gacrux, Decrux

β Cru, γ Cru, δ Cru
scheinbare Helligkeit:en: 1,ᵐ3 (β Cru), 1,ᵐ6 (γ Cru), 2,ᵐ8 (δ Cru)
Entfernungen: 350, 88, 365 Lichtjahre
Spektralklasse: B0, M4, B2

Auch die Namen der restlichen Kreuzsterne wurden nach demselben Schema wie Acrux gebildet. Becrux ist ein Doppelstern aus einem Beta-Cephei-Veränderlichen und einem kleineren Partner. Auch Gacrux besteht aus zwei Sternen, die allerdings nach neueren Beobachtungen nur einen optischen Doppelstern bilden dürften, also physikalisch nicht zusammengehören. Der Begleiter ist mit 400 Lichtjahren über viermal so weit von uns entfernt wie der Hauptstern. Decrux ist wie Becrux ein veränderlicher Stern und weist geringe Helligkeitsschwan-

Mythologie

Die Griechen kannten zwar die Sterne dieses Sternbilds, ordneten sie aber als Hinterbeine dem Zentauren zu. Der italienische Seefahrer Andreas Corsali beschrieb 1516 erstmals das Kreuz als »herrliches Himmelszeichen«. In seiner heutigen Form wurde das Sternbild von den holländischen Kartografen Petrus Plancius und Jodocus Hondius in den Jahren 1598 bzw. 1600 auf ihren Himmelsgloben verzeichnet.

kungen mit einer Periode von 3,7 Stunden auf. Decrux rotiert sehr schnell und verliert durch seinen starken Sternwind mehr als 1000 Mal so viel Materie wie die Sonne pro Zeiteinheit. Auch Decrux repräsentiert ein brasilianischen Bundesstaat, nämlich Minas Gerais.

Kohlensack

Der rund 2000 Lichtjahre entfernte Kohlensack ist eine der wenigen Dunkelwolken, die es zu einem Eigennamen gebracht haben. Er ist bereits mit bloßem Auge als »Loch« in einer sternreichen Gegend deutlich sichtbar und war schon den australischen Ureinwohnern bekannt. Für sie war er der Kopf eines Emus, einer riesigen Dunkelfigur vor der Milchstraße, die sich bis zum Sternbild Schild erstreckt. Die Funktionsweise des Kohlensacks ist die eines Fensters, das man mal wieder putzen müsste, weil man vor Dreck und Staub kaum noch etwas sieht. Genauso absorbiert die interstellare Staubwolke die Strahlung der hellen Milchstraßenwolken. Die Dunkelwolke scheint sogar noch dunkler als der Nachthimmel abseits der Milchstraße zu sein – das täuscht jedoch nur. In zirka 60 Millionen Jahren wird sich die Situation übrigens vollkommen umkehren: Dann wird der Kohlensack hell erleuchtet strahlen und zu einem Nest junger, heißer, massereicher Sterne werden.

NGC 4755

scheinbare Helligkeit: 4,ᵐ5
Entfernung: 5000 Lichtjahre

Nur wenige Winkelsekunden neben dem Kohlensack liegt ein Schmuckkästchen. So taufte John Herschel diesen schönen offenen Sternhaufen, von dem man ohne

Wissenswert Dunkles Universum

Es klingt wie aus einem Science-Fiction-Roman – unser Universum besteht anscheinend zu 70 % aus einer mysteriösen Energieform, die dafür sorgt, dass es immer schneller expandiert. Viele Beobachtungen der letzten Jahre haben diese Beschleunigung eindeutig belegt, doch der Begriff »dunkel« umschreibt nicht nur die Tatsache, dass es sich bei der Energie nicht um elektromagnetische Strahlung handelt (die würde man ja sehen), sondern auch die Erklärungsnot der Astronomen. Bisher gibt es nur Hypothesen über die Natur der dunklen Energie. Dabei ist sie gar nicht mal eine neue Idee in der Kosmologie; bereits Albert Einstein, der mit seiner Allgemeinen Relativitätstheorie ein statisches Universum beschreiben wollte, führte ad hoc eine antigravitative kosmologische Konstante ein, die der Kontraktion der Materie entgegenwirkt. Als kurz darauf aber deutlich wurde, dass das Weltall expandiert, legte Einstein die Konstante als seine »größte Eselei« zu den Akten. Nun ist sie also wieder zurück in der Kosmologie, und die Astrophysiker suchen nach ihrer physikalischen Bedeutung. Eventuell handelt es sich um einen Vakuumeffekt, eine Art Grundschwingung im leeren Raum, die das Universum auseinandertreibt, vielleicht aber auch um ein Kraftfeld, das während der Entwicklung des Kosmos immer schwächer wurde.

Hilfsmittel allerdings nur einen kleinen Stern sieht. Mit einem Feldstecher offenbaren sich hingegen sechs helle Sterne in Dreiecksform vor einem nebligen Hintergrund mit weiteren Sternen. Fünf der hellen Sterne funkeln bläulich-weiß, der Stern im Zentrum hingegen orangerot – ein wunderschöner Kontrast, der John Herschels Namensgebung recht gibt.

Das Schmuckkästchen NGC 4755

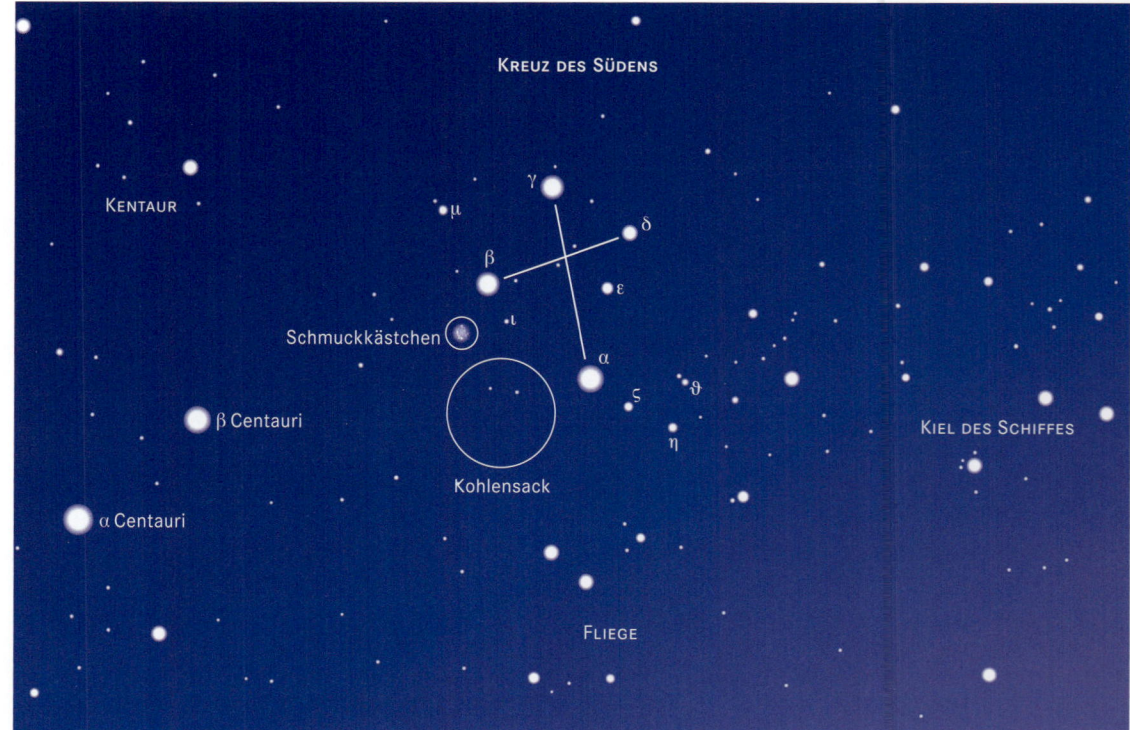

Cygnus (Cyg) – Schwan

Unser Spiralarm

Das Sternbild Schwan mit dem wissenschaftlichen Namen Cygnus (Abkürzung Cyg) ist ein markantes und gut sichtbares Sternbild des nördlichen Himmels. Es liegt im hellsten Teil der nördlichen Milchstraße und ist im Sommer am Abendhimmel gut sichtbar. Verbindet man seine hellsten Sterne, kann man darin nicht nur den Körper eines Schwans sehen, sondern auch ein Kreuz erkennen. Deshalb wird der Schwan auch Kreuz des Nordens genannt.

Der Hauptstern und Schwanz des Schwans, Deneb, bildet zusammen mit Wega in der Leier und Altair im Adler das Sommerdreieck. Der Schwan ist ein eher unbekanntes Sternbild, bietet aber einen enormen Sternenreichtum und eine Fülle an Beobachtungsobjekten. Ein Kaleidoskop der Milchstraße sozusagen, die sich durch das Sternbild zieht. Die Milchstraßenwolke, einer der hellsten Abschnitte der nördlichen Milchstraße, ist insbesondere im Bereich des »Schwanenhalses« gut zu beobachten.

Nach dem Schwan ist auch unsere galaktische Heimat, der sogenannte Cygnus-Arm, benannt. Er ist einer der Spiralarme unserer Galaxis, an dessen Rand – 30 000 Lichtjahre vom Zentrum des Milchstraßensystems entfernt – sich unsere Erde befindet. Blicken wir zum Sternbild Schwan auf, schauen wir quasi an dem Spiralarm entlang. Im Schwan befinden sich auch die zweitstärkste kosmische Radioquelle und die Röntgenquelle Cygnus X1, deren Strahlung von einem Doppelstern ausgeht, dessen einer Partner ein Schwarzes Loch ist.

Deneb

α Cyg
scheinbare Helligkeit: 1ᵐ25
Entfernung: 2000 Lichtjahre
Spektralklasse: A2

Deneb ist der hellste Stern im Schwan und einer der absolut hellsten Sterne überhaupt. Zwar liegt er in der Rangfolge der hellsten Sterne am Nachthimmel, wie sie von der Erde aus wahrgenommen werden, nur auf Rang 19, doch er ist ja auch 2000 Lichtjahre entfernt. Wega beispielsweise hat zwar den fünften Rang auf dieser Liste inne, ist aber viel näher an der Erde dran. In Zahlen ausgedrückt, liest sich die »Power« von Deneb beeindruckend. Seine Strahlungsleistung beträgt über 100 Billiarden Billiarden (eine Eins mit 32 Nullen!) Watt; die Sonne – ungefähr 300 000-mal schwächer – ist eine mickrige Funzel dagegen. Natürlich ist auch Denebs Größe beeindruckend. Er gehört zu den blauen – also sehr heißen – Überriesen und würde die Erde locker verschlucken,

Mythologie

Zwei Sagen der griechischen Mythologie konkurrieren um die Bedeutung des Schwans. Der erste handelt von Zeus und einer seiner üblichen Verwandlungen auf dem Weg zu einer Affäre. Über das Ziel herrscht allerdings eine gewisse Uneinigkeit unter den Mythographen. Einer Quelle zufolge hatte es Zeus auf die Nymphe Nemesis abgesehen, die ebenfalls die Gestalt verschiedener Tiere annahm, um dem Göttervater zu entkommen. Zeus ließ sich jedoch nicht abschütteln, holte sie ein und vergewaltigte sie. Nemesis legte ein Ei, das der Königin Leda von Sparta überbracht wurde und aus dem die schöne Helena schlüpfte. In einer vereinfachten Version der Geschichte suchte Zeus Leda direkt auf – mit dem selben Ergebnis, allerdings schlüpften aus dem Ei auch aus mehreren – neben Helena auch die Zwillinge Castor und Pollux. Die zweite Legende erzählt die Geschichte von König Kygnos, einem Freund Phaetons, dem Sohn des Sonnengottes Helios. Phaeton hatte sich den Himmelswagen seines Vaters ausgeliehen, damit allerdings einen Unfall gebaut – und zwar keinen kleinen, denn die ganze Erde wurde verwüstet. Um zu retten, was noch zu retten war, und um Phaeton zu bestrafen, schleuderte Zeus einen Blitz nach ihm, sodass Phaeton in den Eridanus, den Fluss am Ende der Welt, stürzte. Kygnos stürzte hinterher und tauchte wiederholt nach seinem Freund, wobei er wie ein Schwan ausgesehen haben soll. Die Götter hatten schließlich ein Einsehen mit ihm und setzten ihn an den Himmel.

säße er an der Stelle der Sonne. Denebs Name geht auf das arabische Wort dhanah für »Schwanz« zurück, bei den Griechen war er hingegen namenlos.

Sadr

γ Cyg
scheinbare Helligkeit: 2ᵐ2
Entfernung: 1400 Lichtjahre
Spektralklasse: F8

Sadr bildet den Kreuzungspunkt der beiden Balken im Schwan. Sein Name stammt aus dem Arabischen und bedeutet »Brust der Henne«. Wie Deneb ist auch Sadr ein Überriese und leuchtet viele tausendmal heller als unsere Sonne. Trotz seiner Entfernung kann man ihn deshalb auf der Erde sehen, obwohl er sich ja gegen das ganze Licht der Milchstraße, die sich durch den Schwan zieht, durchsetzen muss.

Albireo

β Cyg
scheinbare Helligkeit: 2ᵐ9
Entfernung: 390 Lichtjahre
Spektralklasse: G8

Albireo ist ein schöner Doppelstern, dessen Mitglieder bereits mit einem Feldstecher voneinander zu trennen

sind. Der Hauptstern ist ein heller, orangefarbener Überriese, der etwa hundertmal so kräftig wie die Sonne strahlt. Begleitet wird er von einem bläulich leuchtenden Stern – beide Sterne zusammen ergeben also einen hübschen Farbkontrast. Der Paracedoppelstern wird deshalb auch oft bei Sternführungen in Sternwarten gezeigt. Die Herkunft des Namens ist kompliziert. Ptolemäus kannte das Sternbild unter seiner griechischen Bezeichnung »Ornis« für »Vogel«. Die Übersetzung ins Arabische und fehlerhafte Rückübersetzung ins Lateinische macht daraus »ab ireo«. Das klang sehr arabisch, also ließ man es dabei und schrieb letztendlich Albireo.

61 Cygni

scheinbare Helligkeit: 5ᵐ2/6ᵐ
Entfernung: 11 Lichtjahre
Spektralklasse: K5V/K7V

Der Doppelstern 61 Cyg ist kein leuchtkraftprotzender Überriese, sondern kleiner als die Sonne – allerdings ist er von dieser nur 11 Lichtjahre entfernt und zählt damit zu den 20 sonnennächsten Fixsternen. Berühmtheit erlangte 61 Cyg dadurch, dass der Königsberger Astronom Friedrich Wilhelm Bessel an ihm 1838 erstmals die Bestimmung einer Parallaxe durchführte. Darunter versteht man die scheinbare Positionsänderung eines Sterns am Himmel, wenn der Beobachter seine eigene Position verschiebt. Jeder kennt das Phänomen, wenn er beispielsweise seinen Finger abwechselnd nur mit dem linken oder nur mit dem rechten Auge betrachtet: Der Finger wandert hin und her. Bei beidseitigem Sehen entsteht deshalb ein räumliches Bild. Mithilfe der Parallaxe bestimmte Bessel die Entfernung von 61 Cyg zu 9 1/4 Lichtjahren – also relativ nahe dran am heutigen Wert. Die geringe Distanz zu dem Doppelstern überraschte Bessel nicht, denn 61 Cyg ist für astronomische Verhältnisse schnell am Himmel unterwegs. Seine Eigenbewegung von 5 Bogensekunden pro Jahr war für den Königsberger ein deutlicher Hinweis darauf, dass er relativ nahe zu uns stehen muss.

Zirrusnebel

scheinbare Helligkeit: 9ᵐ bzw. 7ᵐ7
Entfernung: ca. 1500 Lichtjahre

Der etwa 1500 Lichtjahre entfernte Zirrus- oder Schleiernebel – auch Cygnus Loop genannt – ist eine ganze An-

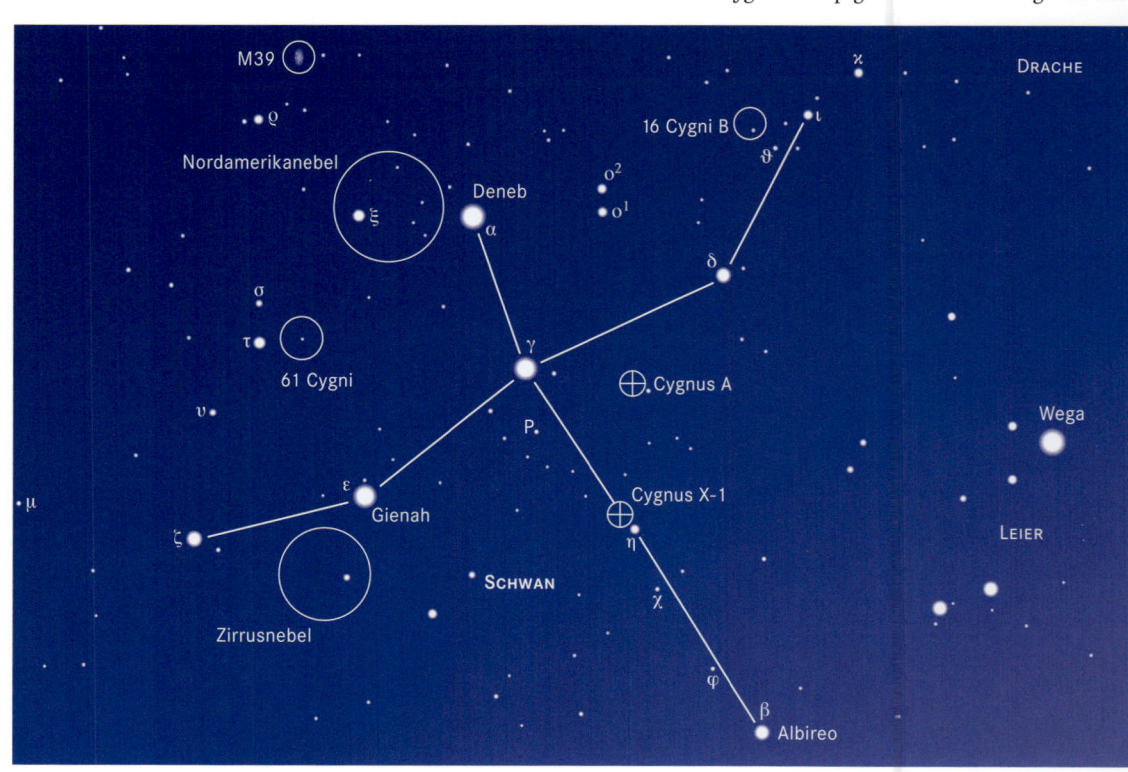

NGC 6960 bildet den westlichen Teil des Zirrusnebels.

Leuchtendes Gas und Staub im Nordamerikanebel.

sammlung verschiedener Nebel, die alle von einer Supernova vor etwa 5000 bis 10000 Jahren übrig geblieben sind. Antike Zivilisationen könnten das Schauspiel also beobachtet haben. Sie hätten dann einen Stern gesehen, dessen Helligkeit diejenige des Vollmonds erreichte. Heute ist der Zirrusnebel ein beliebtes Ziel von Amateurastronomen, obwohl er wegen seiner Flächenausdehnung kein einfaches Objekt ist und einen speziellen Filter benötigt. Trotzdem ist er nach M1 im Sternbild Stier der am einfachsten zu beobachtende Supernovaüberrest. Seine Entdeckung vollzog sich in mehreren Etappen. Zunächst fand Wilhelm Herschel am 5. September 1784 den östlichen Hauptteil des Nebels, der heute die Katalognummer NGC 6992 trägt. Zwei Tage später folgte der westliche Teil, heute auch oft »Sturmvogel« genannt als NGC 6960 in den Katalog aufgenommen. 1825 entdeckte Wilhelms Sohn John Herschel dann noch den heute mit NGC 6995 bezeichneten Teil, der südlich an NGC 6992 anschließt.

Bei der Supernova wurden von dem einst massereichen Stern etwa in der Mitte der Zirrus-Blase gigantische Gaswolken abgestoßen. Nicht diese Wolken kann man jedoch heute leuchten sehen, vielmehr entstand damals auch eine überschallschnelle Schockfront, die mit der interstellaren Materie kollidiert. Dabei erhitzt sich die Materie so stark, dass das Gas ionisiert und so zum Leuchten angeregt wird. Dies ist der Grund, warum die Nebel Emissionsnebel darstellen und mit gängigen Nebelfiltern gut zu beobachten sind.

M 39
scheinbare Helligkeit: 5^m
Entfernung: ca. 1000 Lichtjahre

Der Sternhaufen M 39 bildet den nördlichen Abschluss der Cygnus-Milchstraße und ist einfach zu finden: Er steht nur neun Grad östlich und drei Grad nördlich von Deneb. Schon ein kleiner Feldstecher kann diese lose Ansammlung ziemlich heller, weiß leuchtender Sterne gut auflösen. Mit einem großen Teleskop ist man sogar im Nachteil, denn angesichts der enormen Sterndichte in dieser Himmelsregion sieht man damit den Wald vor lauter Bäumen nicht. M 39 ist gut 1000 Lichtjahre von der Erde entfernt und rund 280 Millionen Jahre alt.

Nordamerikanebel NGC 7000
scheinbare Helligkeit: 5^m
Entfernung: ca. 2000 Lichtjahre

Dieser ausgedehnte Nebel in den reichen Feldern der Sommermilchstraße, 1786 von Wilhelm Herschel entdeckt und etwa 2000 Lichtjahre von der Erde entfernt, ist kein einfaches Objekt für Amateurastronomen, fordert beste Bedingungen. Allerdings wird man ordentlich belohnt, denn die Ähnlichkeit der Nebelumrisse mit dem nordamerikanischen Kontinent ist wirklich frappierend. Die Ostküste von Maine bis Florida ist deutlich zu erkennen, ebenso der Golf von Mexiko und Mexiko selbst – mit der Halbinsel Yukatan! Der Nordamerika-

nebel besteht größtenteils aus Wasserstoffgas, dem häufigsten Element im Universum. Ultraviolette Strahlung reißt Elektronen von den Wasserstoffatomen. Verbinden sich diese freien Elektronen wieder mit den Wasserstoffkernen, kommt es zu einem rötlichen Glühen.

NGC 7027
scheinbare Helligkeit: 8^{m}5
Entfernung: ca. 3000 Lichtjahre

Dieser etwa 3000 Lichtjahre von der Erde entfernter planetarische Nebel ist das Überbleibsel eines sonnenähnlichen Sterns und zählt mit einem Durchmesser von etwa 14000 Astronomischen Einheiten zu den kleinsten und mit einem »Babyalter« von 600 Jahren auch zu den jüngsten Exemplaren seiner Art. Charakteristisch für den Nebel ist seine viereckige Form, für die die Astronomen keine hinreichende Erklärung haben. Normalerweise entstehen ja beim Zusammenbruch eines Sterns eher runde Strukturen. Um die Entdeckung von NGC 7027 streiten sich zwei Astronomen: Der Franzose Édouard Jean-Marie Stephan beansprucht für sich die Erstsichtung im Jahre 1878, während der Pfarrer und Amateurastronom Tomas William Webb den Nebel 1879 als Erster – so seine Sichtweise – fand.

Cygnus X-1
Entfernung: ca. 8000 Lichtjahre

Die in den 1970er-Jahren entdeckte starke Röntgenquelle ist ein Doppelstern, dessen Energieabstrahlung in einer Größenordnung von rund zehntausend Sonnenleuchtkräften liegt. Eine der beiden Komponenten des Doppelsterns ist vermutlich ein Schwarzes Loch mit einer Masse von mindestens zehn Sonnenmassen, die andere Komponente ein »normaler« Stern, der schon mit einem kleinen Teleskop gesehen werden kann. Beide Komponenten umkreisen einander in nur 5,6 Tagen. Von dem Begleitstern strömt Materie zum Schwarzen Loch, wo sie eine Akkretionsscheibe bildet – das Schwarze Loch frisst seinen Kompagnon also langsam auf. Aufgrund der Reibung erhitzt sie sich auf einige Millionen Kelvin und gibt dabei Röntgenstrahlung ab.

Seltsamerweise scheint Cygnus X-1 ohne eine vorangegangene Supernovaexplosion entstanden zu sein. Offensichtlich hat sich Cygnus X-1 durch den unspektakulären Kollaps des Muttersterns im Dunkeln gebildet.

Cygnus A
scheinbare Helligkeit: 16^m
Entfernung: ca. 650 Mio. Lichtjahre

Die trotz der hohen Entfernung drittstärkste extragalaktische Radioquelle ist eine doppelte Radioquelle mit zwei deutlichen Radio-Jets und außerdem eine Röntgenquelle. Im Radiofrequenzbereich strahlt sie ungefähr 80-mal mehr Energie ab als im optischen Bereich. Wie alle anderen Radiogalaxien enthält auch Cygnus A einen aktiven Galaxienkern mit einem supermassiven Schwarzen Loch im Zentrum, dessen Masse etwa 2,5 Milliarden Sonnenmassen beträgt.

Cygnus A wurde bereits 1946 entdeckt und entstammt nicht, wie früher angenommen, dem Zusammenstoß zweier Galaxien, sondern aus etwa 200 000 Lichtjahre von der Galaxie entfernten Radio-Lobes.

Wissenswert Durchdringende Strahlung

Nicht nur in Krankenhäusern und Arztpraxen tritt Röntgenstrahlung auf. Der Weltraum ist voll davon. Ein Großteil der Strahlung in Erdnähe stammt von der Sonne, aber ein kleiner Teil kommt aus dem tiefen Weltraum, von Sternen und Supernovae, aber auch von Galaxien. Sie wurden zu Beginn der 1960er-Jahre eher zufällig in Raketenexperimenten entdeckt. Um die starken Quellen zu vermessen, sandte man Geiger-Zähler in den Weltraum. In den 1980er-Jahren waren bereits Tausende Quellen bekannt.

Die Sterne darunter auf optischen Aufnahmen zu identifizieren, war oft mühsam, denn viele befinden sich in der Milchstraße oder in Kugelsternhaufen. Abbildende Röntgendetektoren wie ROSAT waren ein Durchbruch. Möglich wurden sie aber nur durch eine neue Teleskopklasse: die Wolter-Teleskope. Diese bestehen aus mehreren ineinandergeschachtelten Zylindern, deren Öffnung in den Himmel weist. Die Röntgenstrahlung trifft in einem flachen Winkel auf die Zylinderoberfläche und wird weiter zum Detektor reflektiert. Nur durch die streifende Reflexion wird eine Ablenkung bewirkt, ein frontales Auftreffen der Strahlung würde das Teleskop einfach »durchleuchten«.

Cygnus (Cyg)

Unser Spiralarm

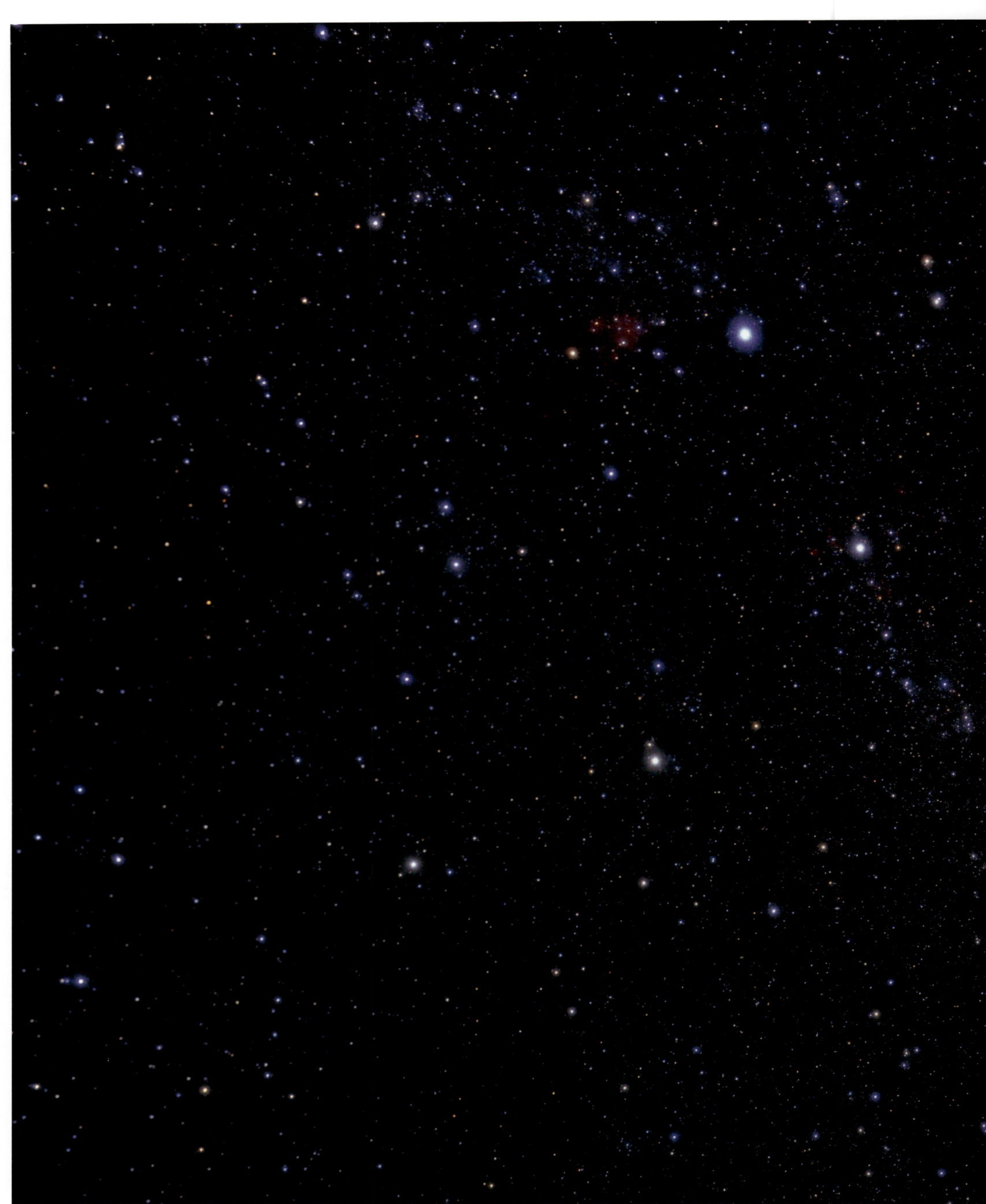

Delphinus (Del) – Delfin

Formstabil

Der Delfin ist ein kleines Sternbild des nördlichen Himmels am Ostrand des Sternbilds Adler, das vor allem im Sommer am Abendhimmel sichtbar ist. Es gehört zu den klassischen 48 Sternbildern der Antike, die von Ptolemäus erwähnt werden. Seine Sterne haben nur geringe Helligkeit, bilden aber eine markante Figur in Form eines Flugdrachens, dessen Schwanz durch den Stern Epsilon Delphini repräsentiert wird. Der Delfin ist eines der wenigen Sternbilder, das in seiner heutigen Form immer noch seinem Namen gerecht wird. Zusammen mit den ebenfalls kleinen Nachbarsternbildern Fuchs und Pfeil liegt der Delfin in einem sternenreichen Gebiet der Milchstraße, wo des Öfteren Novae aufleuchten.

Rotanev
β Del
scheinbare Helligkeit: 3ᵐ6
Entfernung: 100 Lichtjahre
Spektralklasse: F5

Rotanev, der hellste Stern im Delfin, ist ein Doppelstern aus zwei ähnlichen gelben Unterriesen, die noch nicht lange die Hauptreihe verlassen haben.

Interessant ist die Namensgebung des Sterns, die nicht an eine arabische Wurzel wie bei vielen anderen Sternen, sondern eher an einen osteuropäischen Schachspieler denken lässt. Doch weder das eine noch das andere trifft zu. Vielmehr hat sich hier ein italienischer Astronom mit Sinn für Humor verewigt. Rotanev taucht wie auch der Alpha-Stern Sualocin erstmals im Palermo-Katalog von 1814 auf. Rückwärts gelesen ergeben die beiden Sternnamen Nicolaus Venator, was die lateinisierte Form von Niccolo Cacciatore ist – er war damals Assistent des berühmten Giuseppe Piazzi am Observatorium von Palermo.

Sualocin
α Del
scheinbare Helligkeit: 3ᵐ8
Entfernung: 240 Lichtjahre
Spektralklasse: B9

Obwohl nur ein Stern vierter Größenklasse, kam auch Sualocin durch den Einfall eines italienischen Astronomen zu einem Eigennamen. Sualocin hat eine Oberflächentemperatur von 11 000 Grad und dreht sich mit hoher Geschwindigkeit – am Äquator 160 Kilometer pro Sekunde – um sich selbst. Er hat einen Begleiter; die beiden Sterne drehen sich mit einer Periode von 17 Jahren umeinander und sind im Schnitt etwa so weit wie Sonne und Saturn voneinander entfernt.

Mythologie

Das Sternbild Delfin war bereits den Griechen bekannt, ebenso das gleichnamige Tier bei den griechischen Seefahrern. Wie es an den Himmel kam, wird in zwei Geschichten überliefert. In der einen Version waren die Delfine Boten des Meeresgottes Poseidon. Einer von ihnen unterstützte den Meeresgott bei der Brautsuche und spürte Amphitrite, eine der Nereiden, auf, die sich vor Poseidons Annäherungsversuchen geflüchtet hatte. Der Delfin konnte jedoch beruhigend auf Amphitrite einwirken und sie zu Poseidon zurückbringen – als Dank gab's einen Platz am Himmel. In einer anderen Version handelt es sich bei dem Delfin um den Lebensretter Arions, eines Poeten und berühmten Leierspielers aus dem 7. Jahrhundert vor Christus. Während der Rückreise von einem Konzert mit dem Schiff wurde er von den Seeleuten bedroht, die es auf seinen Verdienst abgesehen hatten. Arion durfte ein letztes Lied spielen und lockte damit eine Gruppe Delfine an. Anschließend stürzte er sich todesmutig ins Wasser, doch eines der Tiere trug ihn nach Griechenland zurück. Apollon, der Gott der Musik und der Dichtkunst, setzte den Delfin neben die Leier an den Himmel.

Gamma Delphini
γ Del
scheinbare Helligkeit: 3ᵐ9
Entfernung: 105 Lichtjahre
Spektralklasse: G6

Der Doppelstern γ Del ist ein schönes Objekt für das Fernrohr. Beide Sterne sind sehr hell und lassen sich relativ einfach trennen. Und beide leuchten goldgelb, obwohl der Begleiter manchmal als grünlich oder bläulich empfunden wird – das ist aber nur ein Kontrasteffekt. Die etwas kühlere Komponente von γ Del hat die Fusion von Wasserstoff bereits eingestellt und befindet sich auf dem Weg zum Riesenstern, die zweite Komponente liegt in ihrem Lebenszyklus noch etwas zurück.

NGC 6905
scheinbare Helligkeit: 11ᵐ
Entfernung: 3000 Lichtjahre

In der nordwestlichen Ecke des Delfin findet man diesen recht ausgedehnten planetarischen Nebel, der zu den weniger bekannten Vertretern seiner Art gehört. Auch die Bezeichnung Blue Flash und Cocktail-Nebel werden für ihn benutzt. Entdeckt wurde NGC 6905 im Jahr 1784 von Wilhelm Herschel. Einzigartig ist das Umfeld des Nebels: Er liegt an der Westseite eines Trapezes aus vier Sternen, über die John Herschel spekulierte, dass sie vielleicht Satelliten des Objekts sein könnten – die Hypothese stellte sich jedoch als falsch heraus. Bemerkenswert ist auch der Zentralstern von NGC 6905, der leicht veränderliche Wolf-Rayet-Stern HD193949, der mit einer Oberflächentemperatur von 100 000 Kelvin zu den heißesten bekannten Sternen gehört.

Die Familie Herschel brachte übrigens mehrere berühmte Astronomen hervor. Wilhelm Herschel (1738–1822) wurde zunächst Musiker, ging 1757 nach London und fing erst 1766 mit der Astronomie an. Mit dem ersten 1776 selbst hergestellten Spiegelteleskop entdeckte er am 13. März 1781 einen neuen Planeten, den Uranus. Daraufhin wurde er Hofastronom und konnte sich vollständig seinen Beobachtungen widmen. Er entdeckte die Infra-

Wissenswert Sternbildnamen

Der Delfin ist eines der 88 heute offiziellen Sternbilder des Himmels. In allen Kulturen sahen die Menschen in den mehr oder minder auffälligen Sternbildern Wesen ihrer Mythologie. Das war in China nicht anders als in Mittelamerika, in Babylon oder in Simbabwe.
Heute bezeichnen die Astronomen die Sterne entsprechend ihrer Position am Himmel, aber auch immer noch anhand der Sternbilder. Deren Benennung erfolgte in zwei unterschiedlichen Epochen. Die Sternbildnamen des nördlichen Himmels gehen auf die europäische Antike zurück. Sie sind geprägt von den Mythen des Vorderen Orients und der Mittelmeerländer. Die ersten gesicherten der heutigen Sternbilder, besonders die auch in der Astrologie benutzten Tierkreiszeichen, gehen bis auf die Babylonier zurück. Die beiden griechischen Gelehrten Eratosthenes, der im 3. Jahrhundert vor Christus wirkte, und Ptolemäus (2. Jahrhundert nach Christus) stellten vor gut

Wissenswert Wolf-Rayet-Stern

Die nach den französischen Astronomen Charles H. E. Wolf (1827–1918) und Georges A. P. Rayet (1839–1906) benannten relativ seltenen Sterne zeichnen sich durch enorme Oberflächentemperaturen bis zu 100 000 Grad aus. Wolf-Rayet-Sterne sind Sterne, die ihr nukleares Leben fast hinter sich haben und recht schnell ihre äußeren Hüllen verlieren. Sie sind deutlich heller als unsere Sonne und häufig als Zentralstern von planetarischen Nebeln zu finden. Man nimmt an, dass Wolf-Rayet-Sterne in wenigen 100000 Jahren durch starke Sternwinde die Menge Materie ins All abstoßen, die etwa der Masse unserer Sonne entspricht.

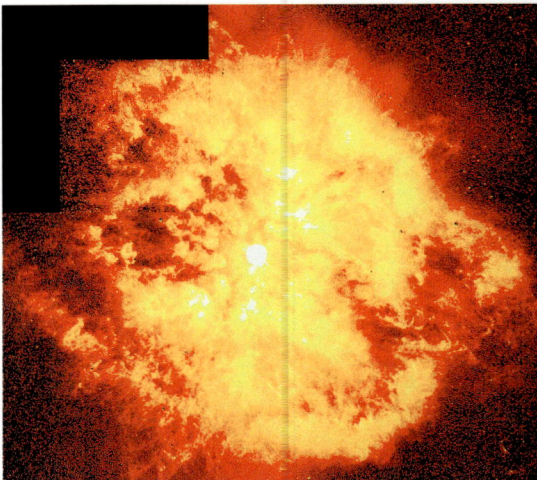

Der Wolf-Rayet-Stern WR124 im Nachbarsternbild Sagitta mit umgebendem Nebel M1-67 ist 15 000 Lichtjahre entfernt.

rotstrahlung, klärte die Struktur der Milchstraße und katalogisierte zahlreiche Galaxien, Sternhaufen und Nebel.

Wilhelms Schwester Caroline Herschel (1750–1848) verdiente ihren Lebensunterhalt zunächst als Sängerin, unterstützte dann ihren Bruder, machte sich nach dessen Heirat – über die sie sich ärgerte – selbstständig und baute ein eigenes Observatorium auf. Im Laufe ihres Lebens entdeckte sie u.a. acht Kometen. Bis ins hohe Alter blieb sie aktiv und erntete dann auch die verdienten Auszeichnungen. Wilhelms Sohn John Herschel (1792–1871) wurde schon 1813 Mitglied der Royal Society, entdeckte zahlreiche Doppelsterne, machte mehrere Expeditionen zur Beobachtung des Südhimmels und veröffentlichte 1864 einen Sternkatalog, der die Grundlage aller nachfolgenden Kataloge bildete.

2000 Jahren einen Katalog von 48 Sternbildern zusammen, für die sie die griechische Mythologie heranzogen.
Die Sammlung antiker Sternbilder wäre mutmaßlich über das Mittelalter verloren gegangen, wenn nicht der Islam begierig Wissen aus anderen Kulturkreisen akkumuliert hätte. In der Form des *Almagest* überlebte der Sternbildkatalog die Jahrhunderte. Auf arabische Gelehrte gehen zwar keine neuen Sternbilder zurück, den starken arabischen Einfluss auf die Sternkunde in jener Zeit spiegeln jedoch die Eigennamen vieler Sterne wider!
Die Sternbilder des Südhimmels, im Norden nie sichtbar, wurden erst im 18. und 19. Jahrhundert im Anschluss an die großen Entdeckungsreisen benannt – häufig nach technischen Geräten, etwa dem chemischen Ofen (Fornax), der Pendeluhr (Horologium) und dem Teleskop. Oder sie sind nach Entdeckungen benannt wie dem Tukan oder dem Indianer (Indus).

Draco (Dra) – Drache

Wachdrache

Das ausgedehnte Sternbild des Drachen mit dem wissenschaftlichen Namen Draco (Abkürzung Dra) liegt zwischen dem Großen und dem Kleinen Bären. Der von vier hellen Sternen gebildete Kopf ist dem Herkules zugewandt, der restliche Drachenkörper schlängelt sich zwischen Großem und Kleinem Bären hindurch und verliert sich schließlich in Richtung des Sternbilds Giraffe. Der Drache enthält einige schöne Doppelsterne sowie mehrere Deep-Sky-Objekte, darunter den durch Aufnahmen des Hubble-Weltraumteleskops bekannt gewordenen Katzenaugennebel.

Kaulquappengalaxie UGC 10214

Ettanin

γ Dra
scheinbare Helligkeit: $2^{m}2$
Entfernung: 150 Lichtjahre
Spektralklasse: K5

Der Name des hellsten Sterns im Drachen geht auf den arabischen Ausdruck für Drachenkopf zurück. Er ist kein spektakulärer Stern, hat aber historische Bedeutung. Da Ettanin in Südengland praktisch im Zenit steht, sein Licht also senkrecht durch die Erdatmosphäre dringt und deshalb nicht abgelenkt wird, bemühten sich verschiedene Beobachter, seine Parallaxe zu bestimmen. Dem englischen Geistlichen und Astronomen James Bradley gelang es 1725 tatsächlich, eine periodische Verschiebung des Ortes dieses Sterns nachzuweisen. Allerdings fiel diese Verschiebung anders aus als erwartet, doch Bradley fand durch weitere Studien heraus, dass er nicht geschlampt, sondern ein anderes Phänomen entdeckt hatte: die Aberration. Sie ist eine Folge der Bewegung der Erde um die Sonne. Da Licht sich nicht unendlich schnell ausbreitet, braucht der Lichtstrahl eines Sterns eine winzige Zeitspanne, um den Abstand zwischen Fernrohrobjektiv und Okular zurückzulegen. In dieser Zeit bewegt sich das Okular sowohl wegen der Drehung der Erde als auch wegen ihrer Bewegung um die Sonne ein Stückchen weiter. Aus diesem Grund fällt das Licht ein wenig schräg in das Fernrohr ein – der Gestirnsort erscheint verschoben. Erstmalig wurde also durch Bradleys Entdeckung ein direkter Nachweis für die Bewegung der Erde um die Sonne erbracht.

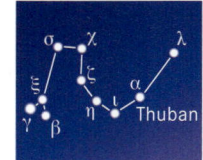

Wissenswert Parallaxe

Betrachtet man einen Gegenstand abwechselnd mit dem linken und dem rechten Auge, scheint er sich vor dem Hintergund zu verschieben – dieses kleine Experiment kann jeder leicht ausführen. Verantwortlich für diese Parallaxe, so die wissenschaftliche Bezeichnung, ist der Abstand zwischen unseren Augen. Er sorgt dafür, dass wir räumlich sehen können, denn mithilfe der Parallaxe schätzt unser Gehirn Entfernungen ab: Je näher der Gegenstand, desto größer ist die Parallaxe.

Auch in der Astronomie kann man mithilfe der Parallaxe Entfernungen bestimmen. Verändert sich nämlich der Beobachtungsort, verschiebt sich auch der Ort eines Himmelskörpers vor dem Sternhintergrund. Für Distanzmessungen zum Erdmond und nahen Planeten reichen bereits zwei entfernte Punkte auf der Erde für eine brauchbare Parallaxe. Aufgrund der Erdrotation entsteht aber auch schon von einem einzelnen Standort aus eine Parallaxe, weil der Ort allein durch die Erddrehung verschiedene Positionen erreicht. Bei der Entfernungsmessung sonnennaher Sterne dient als Basislinie der Radius der Erdbahn um die Sonne. Aufgrund der Erdbewegung beschreiben die Sterne an der Himmelskugel Ellipsen, deren große Halbachse gleich der jährlichen Parallaxe ist. Die Entfernung, bei der die jährliche Parallaxe genau eine Bogensekunde beträgt, bezeichnet man als ein Parsec.

Thuban

α Dra
scheinbare Helligkeit: $3^{m}7$
Entfernung: 310 Lichtjahre
Spektralklasse: A0

Der Alpha-Stern des Drachen – der vorletzte in dessen Schwanz – war vor etwa 4800 Jahren der nördliche Polarstern, hat diese Rolle aber inzwischen verloren. Schuld daran ist die Präzession der Erdachse, die man an jedem rotierenden Kreisel nachvollziehen kann: Drückt man mit dem Finger gegen die Achse, weicht der Kreisel zur Seite aus, und die Kreiselachse beginnt, eine Kreisbewegung auszuführen. Das passiert auch bei der Erde, deren Achse ja gegenüber der Bahnebene gekippt ist: Die Gezeitenkräfte von Sonne und Mond versuchen, die Erdachse aufzurichten. Sie reagiert darauf mit einer langsamen Präzessionsbewegung um die Senkrechte auf der Erdbahnebene, die für eine volle Drehung fast 26 000 Jahre benötigt. Durch die Präzession rücken die Sternbilder innerhalb der Jahrtausende auseinander und der Himmelspol wandert. In 12 000 Jahren wird er bei der Wega im Sternbild Leier liegen.

Katzenaugennebel

scheinbare Helligkeit: $8^{m}1$
Entfernung: 3000 Lichtjahre

Dieser 3000 Lichtjahre entfernte planetarische Nebel mit der einfach zu merkenden Katalogbezeichnung NGC 6543 wurde 1786 von Wilhelm Herschel entdeckt. Da er in der Nähe des Pols der Ekliptik liegt, wird er auch Ecliptic Pole Nebula genannt. Der Katzenaugennebel war im Jahr 1864 der erste planetarische Nebel, dessen Spektrum man untersucht und dabei nachgewiesen hat, dass der Nebel aus Gas und nicht etwa aus weit entfernten Sternen besteht.

Im Teleskop erscheint NGC 6543 als diffuser Nebelfleck mit einem schwachen Sternchen im Zentrum, doch Aufnahmen beispielsweise des Hubble-Weltraumteleskops haben eine äußerst komplexe Struktur enthüllt. Der Zentralstern des Nebels befindet sich in den letzten Stadien seines Daseins und schleudert seine äußere Hülle ins All. Der Sternwind drängt die heiße Materie mit über sechs Millionen Kilometer pro Stunde nach außen, wo sie die

Der Katzenaugennebel liefert eine Vorschau dessen, was einst auch unserer Sonne widerfahren wird, den Tod eines Sterns.

filigrane Struktur von NGC 6543 bildet. Die Hubble-Aufnahme zeigt, dass der innere eigentliche Katzenaugennebel von mindestens elf konzentrischen Sphären umgeben ist, die sich im Bild als Ringe widerspiegeln. Diese Schalenstruktur entsteht, weil der sterbende Stern in einem Rhythmus von 1500 Jahren Teile seiner äußeren Schichten abgestoßen hat. Jede dieser Schalen enthält so viel Masse wie unser gesamtes Planetensystem. Vor etwa 1000 Jahren setzte ein zweiter, noch nicht aufgeklärter Auswurfmechanismus ein, der den inneren Nebel erzeugte.

UGC 10214

scheinbare Helligkeit: $14^{m}4$
Entfernung: 420 Mio. Lichtjahre

Diese Balkenspiralgalaxie, auch Kaulquappengalaxie genannt, erhielt ihren merkwürdigen, 280 000 Lichtjahre langen Schweif durch die Kollision mit einer kleineren Galaxie, die links oben in der Kaulquappe noch zu sehen ist. Interessant ist auch der Hintergrund der Aufnahme, die mit der 2002 im Weltraumteleskop installierten *Advanced Camera for Surveys* gemacht wurde. Hier finden sich doppelt so viele Galaxien wie im berühmten *Hubble Deep Field*, jenem faszinierenden Blick in die Frühphase des Universums aus den 1990er-Jahren.

Mythologie

In der griechischen Mythologie handelt es sich bei dem himmlischen Drachen um Ladon, der die Aufgabe hatte, die goldenen Äpfel im Garten der Hesperiden zu bewachen. Hera hatte den Baum von Zeus geschenkt bekommen und beauftragte zunächst die Töchter des Atlas, die Hesperiden, mit der Bewachung. Diese erwiesen sich jedoch als unzuverlässig, sodass Hera den Drachen einspannte. Ladon war ein Mischgeschöpf aus halb Frau und halb Schlange und besaß in einer Version der Sage hundert Köpfe, andere Quellen wissen davon aber nichts. Der Held Herakles hatte nun als eine seiner zwölf Aufgaben, die ihm von Eurysteus, König von Argos, gestellt worden waren, den Auftrag, die goldenen Äpfel der Hesperiden herbeizuschaffen, da ihr Verzehr ewige Jugend versprach. Herkules tötete den Drachen mit einem Pfeil und bat dann Atlas, die Äpfel für ihn zu pflücken. Er versprach im Gegenzug, solange die Welt für ihn zu tragen. Eine andere Version lässt den Helden das Pflücken selbst erledigen. Die Hesperiden beweinten natürlich den Tod Ladons, und Hera setzte ihn an den Himmel.

Gemini (Gem) – Zwillinge

Paradies fürs Teleskop

Das Sternbild Zwillinge, mit wissenschaftlichem Namen Gemini (Abkürzung Gem), gehört zu den klassischen Tierkreiszeichen und bildet quasi den Abschluss des Winterhimmels: Am nordöstlichen Firmament beschreibt das Sternbild ein lang gezogenes Rechteck, dessen Eckpunkte von den beiden Hauptsternen Castor und Pollux gebildet werden, die nur 4,5° auseinander stehen. Mithilfe dieser nahezu gleich hellen Fixpunkte sind die Zwillinge auch einfach zu finden. Sie gehören zum weiträumigen Wintersechseck, einer am winterlichen Abendhimmel sichtbaren Konstellation, die außerdem noch von Rigel im Sternbild Orion, Aldebaran im Stier, Capella im Fuhrmann, Prokyon im Kleinen Hund und Sirius im Großen Hund markiert wird.
Die Zwillinge bieten dem Amateurastronomen eine Fülle an Beobachtungsobjekten, da sie im südwestlichen Teil in die Wintermilchstraße hineinreichen. Neben Castor und Pollux findet man auch einige Veränderliche in diesem Sternbild, außerdem im westlichen Sternbild den offenen Sternhaufen M 35 sowie den planetarischen Nebel NGC 2392.

Castor

α Gem
scheinbare Helligkeit: 1,̣6
Entfernung: 52 Lichtjahre
Spektralklasse: A2

Der zweithellste Stern der Zwillinge ist ein schöner Doppelstern – in dieser »Schublade« ist er schon lange abgelegt. Bereits das Amateurteleskop zeigt aber, dass es sich bei Castor mindestens um ein Dreifachsystem handelt. Auch das größte Teleskop ändert nichts an diesem Befund, erst eine genaue spektroskopische Analyse verdoppelt dann noch einmal die Zahl der Beteiligten: Die drei Objekte sind in Wahrheit auch Paare, sechs Sterne umkreisen sich also insgesamt. Das ist in dem uns bekannten Teil des Universums eine ziemliche Seltenheit. Die beiden Hauptkomponenten, Castor A und B, um-

Mythologie

Innigere Freunde als die unzertrennlichen Zwillinge Kastor und Polydeukes – latinisiert Castor und Pollux – sind kaum vorstellbar. Sie stritten niemals, teilten Freud und Leid und taten nichts ohne die Zustimmung des anderen. Sie waren sich sehr ähnlich und kleideten sich oft gleich, wie Zwillinge das gerne tun. In der griechischen Mythologie werden beide zusammen als die Dioskuren, die »Söhne des Zeus«, bezeichnet. Ob das tatsächlich zutrifft, ist allerdings umstritten, denn die Umstände ihrer Geburt sind durchaus ungewöhnlich. Die Mutter dürfte bei beiden auf jeden Fall dieselbe sein, nämlich Leda, die Königin von Sparta. Sie bekam eines Nachts Besuch von Zeus, der ihr in Gestalt eines Schwans erschien, weilte allerdings auch bei ihrem Gatten, König Tyndareos. Beide Begegnungen waren im wahrsten Sinne des Wortes fruchtbar. Dass Zeus Polydeukes zeugte, darüber herrscht Einigkeit unter den Griechen, doch bei Kastor scheiden sich die Geister; in der bekanntesten Version der Geschichte ist hier Tyndareos der Vater. Eine Abstammung mit Konsequenzen: Polydeukes war als Zeus' Sohn ein Halbgott, Kastor nur ein Sterblicher. Die Zwillinge schlossen sich Iason und den Argonauten auf der Suche nach dem Goldenen Vlies an. Vor allem Polydeukes' Boxkünste bewährten sich auf dieser Fahrt, denn er streckte den Raufbold Amykos, der sie festhielt, nieder. Auch auf der Heimreise machten sich die Zwillinge nützlich, als sie das Schiff im Sturm retteten. Seither wurden sie als Schutzgötter der Seefahrt verehrt. Unglücklich ging hingegen der Streit mit einem anderen Zwillingspaar um zwei schöne Frauen aus: Kastor, der Sterbliche, wurde von einem der Konkurrenten getötet. Eine andere Überlieferung berichtet von einer gütlichen Einigung bezüglich der Frauen, aber von einem Streit um eine Viehherde mit letztlich dem gleichen Ausgang. Polydeukes trauerte um seinen geliebten Gefährten und bat seinen Vater, ihnen als Sternbild Unsterblichkeit zu verleihen.

laufen einander in 467 Jahren und streben außerdem auseinander, weshalb sie sich Jahr für Jahr immer besser im Teleskop trennen lassen; die Partner jedes dieser Doppelsterne umkreisen sich mit Perioden von 9,21 bzw. 2,93 Tagen. Das dritte Paar hat eine Umlaufzeit von 19,5 Stunden und umläuft zusätzlich den Schwerpunkt des Gesamtsystems einmal in etwa 1150 Jahren. Klingt ganz schön kompliziert …

Pollux

β Gem
scheinbare Helligkeit: 1,̣14
Entfernung: 33,5 Lichtjahre
Spektralklasse: K0

Der hellste Stern in den Zwillingen, der also zu Unrecht die Bezeichnung »β« trägt, ist uns deutlich näher als sein Bruder Castor. Mit einer Oberflächentemperatur von 4865 Kelvin ist er auch deutlich kühler als der etwa 10 000 Kelvin heiße Castor. Trotzdem besitzen beide ungefähr die gleiche absolute Helligkeit. Das liegt daran, dass Pollux ein Riesenstern ist – sogar der dem Sonnensystem nächste. Noch, muss man einschränkend sagen, denn Prokyon im Sternbild Kleiner Hund nähert sich in seiner Entwicklung bereits dem Riesenstadium, und er ist nur gut elf Lichtjahre entfernt.
Die »Spezialität« von Pollux ist sein Planet, ein Gasriese mit der 2,3-fachen Masse von Jupiter, der den Stern in rund 590 Tagen umkreist. Obwohl die Entfernung zwischen ihm und Pollux etwa der Distanz zwischen Sonne und Mars entspricht, ist es an seiner Oberfläche mit 380 °C ungemütlich warm – Pollux leuchtet eben über dreißigmal kräftiger als die Sonne. Befände man sich trotzdem auf dem Pollux-Planeten, würde das Zentral-

gestirn als großer orangener Ball am Himmel stehen und dabei fünfmal mehr Platz beanspruchen als die Sonne an unserem Himmel.

Alhena

γ Gem
scheinbare Helligkeit: 1,̣9
Entfernung: 105 Lichtjahre
Spektralklasse: A0

Der Name dieses Sterns stammt aus dem Arabischen und bedeutet »das Zeichen auf dem Hals des Kamels«. Er bezog sich ursprünglich auf eine Gruppe von Sternen am südwestlichen Ende des Sternbilds, die das lange Rechteck vervollständigen, das bei Castor und Pollux seinen Ausgang nimmt.
Alhena ist ein spektroskopischer Doppelstern mit einer Periode von 12,6 Jahren und der hellste Stern, der jemals von einem Asteroiden bedeckt wurde: 1991 passierte (381) Myrrha den Stern und erlaubte nicht nur die Bestimmung von dessen Durchmesser, sondern auch die Sichtung des Begleiters.

M 35

scheinbare Helligkeit: 5,̣
Entfernung: 3000 Lichtjahre

Der offene Sternhaufen M 35 im westlichen Teil der Zwillinge ist eines der lohnendsten Objekte des Winterhimmels. 200 Sterne in etwa 3000 Lichtjahren Entfernung ballen sich in ihm. Bei guten Beobachtungsbedingungen ist er bereits mit bloßem Auge als schwacher Fleck in der Nähe der drei »Fußsterne« der Zwillinge auszumachen. Das Fernglas vor Augen löst dann bereits 20 bis 30 Sterne aus dem Haufen auf. Jede Vergrößerung der Optik bringt weitere Haufensterne zum Vorschein und lässt verschiedene Strukturen erkennen. So fällt ein lang gezogenes Dreieck im Osten des Haufens auf, dessen Spitze nach Südosten zeigt.
Sternfreunde, die im Besitz eines stärkeren Teleskops sind, können auch den schwächeren Nachbarn von M 35, NGC 2158, erblicken. Der Kontrast ist beeindruckend: M 35 will mit seiner Sternfülle geradezu das Gesichtsfeld sprengen, während sich NGC 2158 nur einige wenige Einzelsterne vor einem diffusen Hintergrund entlocken lassen. Der Grund ist natürlich die Entfernung: NGC 2158 ist 16 000 Lichtjahre entfernt, also mehr als fünfmal so weit wie M 35.

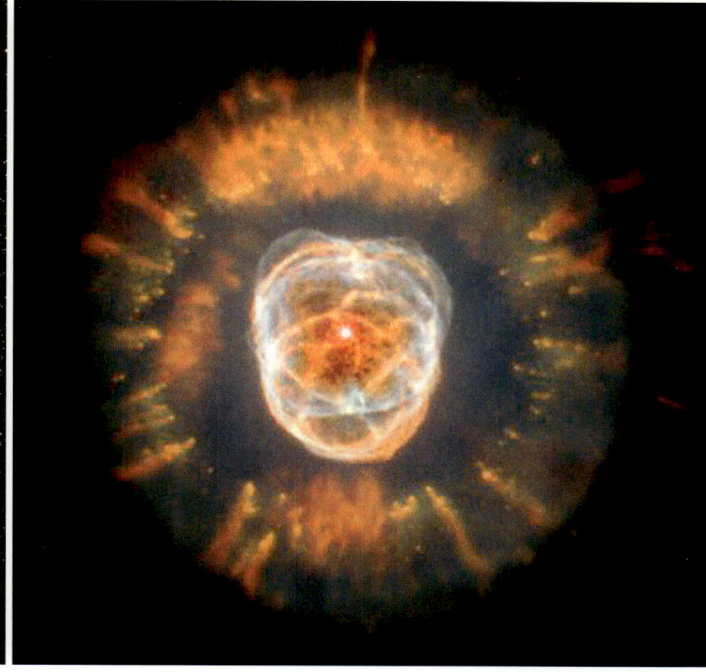

Links: Der offene Sternhaufen M 35
Rechts: Der Eskimonebel ist 2500 Lichtjahre von der Erde entfernt und wurde bereits 1787 erstmals beobachtet.

Eskimonebel

NGC 2392
scheinbare Helligkeit: 9^m
Entfernung: 2500 Lichtjahre

Der 1787 von Wilhelm Herschel entdeckte planetarische Nebel ist zwar nur ein sehr kleiner Nebel, aber der hellste des Winterhimmels. Wer ihn mit dem Fernglas betrachtet, sieht allerdings nur zwei etwa gleich helle Sterne, von denen der südliche aber nicht funkelt – ein Hinweis darauf, dass man es hier nicht mit einem Stern, sondern eben mit NGC 2392 zu tun hat. Erst ein größeres Teleskop zeigt eine Struktur innerhalb des ansonsten strukturlosen Scheibchens, und nur Hobbyastronomen, die ein Teleskop mit mindestens 200 Millimeter Öffnung besitzen, können zum Geheimnis von NGC 2392 vorstoßen und einen schwachen äußeren Ring und eine hellere innere Schale um den Zentralstern ausmachen. Diese Region ist nicht ganz konzentrisch und besitzt mehrere dunkle Stellen, und mit einem richtig großen Teleskop ergeben diese dunkle Stellen zusammen mit dem Zentralstern endlich den Eindruck eines Gesichts, das von dem äußeren Ring wie von einer Kapuze umge-

ben ist. Nun versteht man, warum NGC 2392 auch Eskimonebel genannt wird.

Genauere Untersuchungen ergaben, dass der Zentralstern von NGC 2392 von zwei sich verschieden schnell ausdehnenden Gashüllen umgeben ist, wobei die äußere schneller unterwegs ist. Diese Hüllen werden von der Strahlung des Sterns zum Leuchten angeregt, was natürlich bei der inneren Schale intensiver vor sich geht – sie leuchtet heller.

Die äußere Schale, deren Gas vor etwa 10 000 Jahren vom Zentralstern hinausgeschleudert wurde, gibt den Astronomen immer noch Rätsel auf. Sie enthält merkwürdige streifenförmige Filamente, die sich nach wie vor nicht schlüssig erklären lassen.

Diese farbige Miniatur aus dem 16. Jahrhundert von Giovanni Battista Agnese stellt die zwölf Sternbilder des Tierkreises dar (Venedig, Museo Civico Correr).

Wissenswert **Tierkreis**

Der Tierkreis ist die Zone am Himmel, durch die die Sonne als Folge des jährlichen Erdumlaufs scheinbar wandert. Sie ist von den zwölf Tierkreissternbildern besetzt: Widder, Stier, Zwillinge, Krebs, Löwe, Jungfrau, Waage, Skorpion, Schütze, Steinbock, Wassermann und Fische. Zwar wird auch das Sternbild Schlangenträger von der Ekliptik, wie man die Projektion der scheinbaren Sonnenbahn auf die Himmelskugel nennt, geschnitten, zählt aber nicht zum Tierkreis.

Von diesen beobachtbaren Tierkreissternbildern sind die gleichnamigen Tierkreiszeichen der Astrologie zu unterscheiden. Infolge der Präzession der Erdachse fallen Tierkreiszeichen und -sternbilder nicht mehr zusammen; in den letzten 2500 Jahren haben sie sich quasi um eine Einheit gegeneinander verschoben. Das Zeichen Widder fällt also heute mit dem Sternbild Fische zusammen, das Zeichen Stier mit dem Sternbild Widder usw.

Gemini (Gem)

Paradies fürs Teleskop

Hercules (Her) – Herkules

Held im Kopfstand

Der Herkules ist ein ausgedehntes Sternbild des nördlichen Himmels zwischen Leier, Nördlicher Krone, Schlangenträger und Drache, das am besten im Frühsommer zu beobachten ist, wenn der Herkules im Zenit steht. Im Zentrum des fünftgrößten Sternbilds steht ein markantes Trapez, das den Rumpf des Helden darstellt. In der rechten Hand schwingt er eine Keule, in der Linken hält er Zweige eines Apfelbaums. Herkules steht bei uns meist kopfüber am Himmel, weil seine Beine gegen den Polarstern zeigen. Im Herkules gibt es zwei bekannte Kugelsternhaufen, wobei M 13 als der spektakulärste Haufen des Nordhimmels gilt.

Ras Algethi

α Her
scheinbare Helligkeit: 3^{m}1–3^{m}7
Entfernung: 400 Lichtjahre
Spektralklasse: M5

Der bekannteste Stern im Herkules ist der Rote Überriese Ras Algethi, der mit 400-fachem Sonnendurchmesser einer der größten bekannten Sterne ist. Bereits mit einem kleinen Fernrohr erkennt man, dass Ras Algethi, was »Kopf des Knienden« bedeutet, einen Begleiter hat und ein Doppelsternsystem bildet. Der Hauptstern leuchtet orangerot, der Begleiter grün, was aber nur ein optischer Effekt ist: Bei engen Doppelsternsystem tendiert man dazu, den Begleiter in der Komplementärfarbe zum Hauptstern zu sehen. In Wirklichkeit leuchtet Ras Algethi B in einer ähnlichen Farbe wie unsere Sonne. Nur mit einem sehr starken Instrument sieht man, dass auch dieser Begleiter selbst ein Doppelstern ist. 1795 entdeckte Wilhelm Herschel zudem, dass der Hauptstern von Ras Algethi ein halbregelmäßig veränderlicher Stern ist. Seine Helligkeit schwankt mit einer durchschnittlichen Periode von drei Monaten.

Kornephoros

β Her
scheinbare Helligkeit: 2^{m}8
Entfernung: 160 Lichtjahre
Spektralklasse: G8

Kornephoros, auch Ruticulus genannt, ist zwar der hellste Stern im Herkules, musste seine Alpha-Position aber

Mythologie

Der Ursprung dieses Sternbilds ist so alt, dass selbst die Griechen die Wurzeln nicht kannten und die Formation einfach den »Knienden« nannten. Später wurde die Gestalt mit verschiedenen Figuren der griechischen Mythologie gleichgesetzt, erhalten hat sich die Deutung als Herkules. Angesichts der Tatsache, dass Herakles der bedeutendste griechische und als Herkules auch römische Held ist, mutet diese Zuordnung im Nachhinein durchaus erstaunlich an.
Die Sage von Herakles ist sehr unübersichtlich und ausufernd, da sie stets weitergedichtet wurde. Herakles ist der Sohn des Zeus und der Alkmene, der Frau des Amphitryon. Wie so oft, hatte Zeus diese Frau mit einem Trick verführt, was Hera, Zeus' Gemahlin, nicht gerade mit Sympathie für die Nebenbuhlerin und deren Sohn erfüllte – zumal Zeus auch noch die Frechheit besaß, das Kind an Heras Brust zu legen, während sie schlief. Die Milch einer Göttin – Herakles wurde dadurch unsterblich. Hera versuchte trotzdem, Herakles zu vernichten oder ihm zumindest das Leben zur Hölle zu machen. Nachdem es ihr gelungen war, Herakles in den Dienst von König Eurytheus zu bringen, veranlasste sie diesen, Herakles zwölf scheinbar unlösbare Aufgaben zu stellen. Doch der antike Held meisterte alle mit Intelligenz und Kraft und erlegte unterwegs zahlreiche Untiere, die sich auch am Himmel wiederfinden, wie etwa den Löwen oder den Drachen.

abtreten, weil Ras Algethi zum Kopf des Helden gehört. Der griechische Hauptname des Sterns bedeutet »Keulenträger«. Kornephoros ist ein gelber und mit 4900 Kelvin relativ kühler Riesenstern mit der 175-fachen Leuchtkraft und der dreifachen Masse der Sonne. Wie jeder Riese entwickelt er sich relativ schnell und ist bereits dabei, Helium zu Kohlenstoff und Sauerstoff zu fusionieren. Kornephoros ist allerdings nicht massereich genug, um in einer Supernova zu enden, vielmehr wird von ihm ein Weißer Zwerg übrig bleiben.

M 13

scheinbare Helligkeit: 6^m
Entfernung: ca. 25 000 Lichtjahre

Der 1714 von Edmond Halley entdeckte Kugelsternhaufen M 13 gilt als das schönste Exemplar seiner Art am Nordhimmel. Schon mit dem Fernglas erkennt man viele Details, seine volle Pracht entfaltet er allerdings beim Blick durch ein Fernrohr. M 13 ist daher ein äußerst lohnenswertes Objekt für Amateurastronomen – wie Tautropfen scheinen die Sterne auf einem Spinnennetz zu sitzen. Die genaue Form ist etwas unsicher, da der Kugelsternhaufen keinen genau definierten Rand aufweist, sondern die Sterndichte nach außen hin ständig abnimmt. Seine Entfernung beträgt etwa 25 000 Lichtjahre, sein Durchmesser 150 Lichtjahre. Über 40 000 Sterne kann man in M 13 ausmachen. Viele können gar nicht gezählt werden, da sie im Zentrum zu nahe beieinanderstehen. M 13 leuchtet über 300 000-mal heller als die Sonne, seine Masse beträgt möglicherweise etwa eine halbe Million Sonnenmassen. Obwohl das Zentrum von der Erde aus so dicht gepackt scheint, rücken sich dort die Sterne keineswegs sonderlich eng »auf die Pelle«. Selbst wenn man annimmt, dass im Zentrum von M 13 eine Million Sterne vorhanden sind, hat jeder etwa ein Kubiklichtjahr Platz. Stellt man sich die Sterne als Sandkörner vor, ist jedes Sandkorn mehrere Kilometer vom anderen entfernt – alles andere also als ein Gedränge.

M 13 war bzw. ist das Ziel der sogenannten Arecibo-Botschaft, die 1974 vom Arecibo-Radioteleskop in Puerto Rico losgeschickt wurde. Da M 13 sehr viele Sterne auf relativ engem Raum besitzt, vermutet man dort die Existenz von Planetensystemen und vielleicht auch einer bewohnten Welt. Inhalt dieser binär kodierten Botschaft sind u.a. Angaben zu den Zahlen, den atomaren Bausteinen und der menschlichen Erbsubstanz. Sollt das Signal auf einen Empfänger treffen, ist aber erst in 50 000 Jahren mit einer Antwort zu rechnen – vorausgesetzt, die fremde Zivilisation muss sich auch an die Lichtgeschwindigkeit als Maximalgeschwindigkeit für die Übermittlung von Signalen halten.

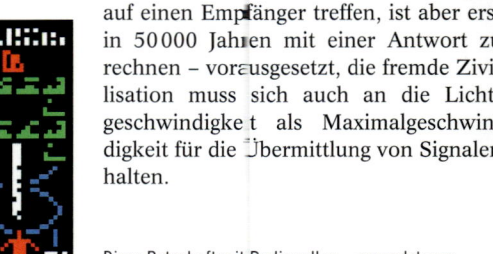

Diese Botschaft mit Radiowellen – gesendet vom Arecibo-Observatorium in Puerto Rico – enthält einfache Hinweise auf die Menschheit und ihren Kenntnisstand, u. a. die Zahlen von eins bis zehn, die DNS und eine Skizze des Sonnensystems.

Wissenswert SETI

Vielleicht ist da draußen irgendwo intelligentes Leben und vielleicht stellt sich außerirdische Zivilisationen auch die Frage, ob es in diesem Universum noch andere vernunftbegabte Wesen gibt, die es zu kontaktieren lohnt. Mehrere Organisationen und Universitäten, beispielsweise die NASA, suchen deshalb mit SETI-Programmen (Search for extraterrestrial intelligence) nach entsprechenden Signalen. Das Absenden eines verschlüsselten Signals wie die Arecibo-Botschaft von 1974 blieb hingegen ein einmaliges Experiment. Computersimulationen verdeutlichen, dass es aussichtsreicher ist, nach einer echten kosmischen Flaschenpost zu suchen, statt Licht- oder Radiowellen zu durchforsten, die sich mit zunehmender Distanz zerstreuen. Die Menschheit hat die Voyager- und Pioneer-Sonden mit Informationen über die Erde versehen. Die Chance, dass Außerirdische sie aus den unendlichen Weiten des Weltraums fischen, ist natürlich klein, aber immer noch größer als die Chance, dass sie unser einziges explizites Funksignal hören.

M 13 ist ein lohnendes Objekt
für Amateurastronomen.

Hydra (Hya) – Wasserschlange

Das größte Sternbild

Das antike Sternbild Wasserschlange – genauer: die Nördliche Wasserschlange – ist mit einer Fläche von 1303 Quadratgrad das größte Sternbild am Himmel. Es erstreckt sich vom Bereich des Krebses bis südlich der Jungfrau und ist anhand einer lang gestreckten Kette relativ heller Sterne gut auszumachen. Leicht zu entdecken sind vor allem der hellste Stern Alphard sowie der aus sechs Sternen gebildete Kopf des Bildes. Seine nördlichsten Teile sind in unseren Breiten im Winter und Frühjahr am Abendhimmel sichtbar.

Die roten Knoten in M 83 sind offensichtlich diffuse Gasnebel, in denen sich noch immer neue Sterne bilden, die blauen Regionen repräsentieren junge Sternpopulationen, die sich erst vor einigen Millionen Jahren gebildet haben.

Alphard

α Hya
scheinbare Helligkeit: 2^m
Entfernung: 180 Lichtjahre
Spektralklasse: K3

Der Hauptstern, gleichzeitig das »Herz« der Wasserschlange, hat seinen Eigennamen aus dem Arabischen, wo er »der Alleinstehende« bedeutet. Alphard ist ein orangeroter Riesenstern mit etwa 400-facher Sonnenleuchtkraft und 40-fachem Sonnendurchmesser. Stünde der Stern anstelle der Sonne, würde er die Merkurbahn halb ausfüllen. Alphard spielt damit in einer Liga mit vielen anderen, aber deutlich bekannteren Sternen, die den Vorteil haben, nicht so weit entfernt zu sein. Dabei ist Alphard sogar leuchtstärker als die meisten anderen Riesen und wird deshalb zu den hellen Riesen gerechnet – Sterne an der Grenze zwischen Riesensternen und Überriesen, die durch eine außerordentlich hohe Leuchtkraft ausgezeichnet sind.

Alphard weist auch eine überdurchschnittliche Häufigkeit von Barium auf, was Astronomen – wie bei allen Barium-Sternen – auf den Materietransfer von einem Begleiter zurückführen. Als Alphard noch ein junger Stern war, beendete dieser Begleiter schon sein Sternenleben und kontaminierte seinen Partner mit den Nebenprodukten der Kernfusion, u.a. mit Barium. Das Element Barium ist also ein Zeuge der Vergangenheit. Von dem Begleiter ist jetzt nur noch ein Weißer Zwerg übrig.

M 48

scheinbare Helligkeit: 6^m
Entfernung: 2200 Lichtjahre

Bei guten atmosphärischen Bedingungen ist M 48 ein bereits mit bloßem Auge sichtbarer offener Sternhaufen. Er wurde bereits 1771 von Charles Messier entdeckt, aber von ihm mit einer falschen Positionsangabe in seinem Katalog eingetragen. Erst im 20. Jahrhundert wurde das vermisste Objekt wiedergefunden. Mit einem Fernglas oder Teleskop kann man etwa 50 Sterne bis zur 13. Größenklasse ausmachen; insgesamt enthält der rund 300 Millionen Jahre alte und 2200 Lichtjahre entfernte Haufen 80 Sterne.

Wissenswert Das Weltall-Alter

Die Erde entstand am 23. Oktober 4004 vor Christus um 9 Uhr vormittags – so berechnet vom irischen Bischof Usher im 17. Jahrhundert anhand biblischer Daten. Die moderne Astronomie verlässt sich eher auf Beobachtungen und Daten und kann das Alter immer besser schätzen. Eine sehr genaue Altersangabe lieferte bereits der Satellit WMAP, aus dessen Präzisionsmessung der kosmischen Hintergrundstrahlung sich ein Alter von 13,7 Milliarden Jahren ergibt. 2010 veröffentlichten Astronomen eine neue Berechnungsmethode, bei der sie die Helligkeitsschwankungen um eine Gravitationslinse mithilfe von Bildern des Weltraumteleskops Hubble auswerteten. Demnach ist das Universum ziemlich genau 13,75 Milliarden Jahre alt – maximal 170 Millionen Jahre älter oder 150 Millionen Jahre jünger. Die Unsicherheit beträgt also nur noch gut ein Prozent. Auch die Krümmung des Raums und den Anteil der dunklen Energie ermittelte das Team.

Mythologie

Die Wasserschlange taucht in zwei Sagen auf. In der ersten und unbekannteren Legende musste die Wasserschlange als Ausrede für den Raben herhalten, der von Apollon ausgeschickt worden war, mit einem goldenen Becher Wasser zu holen. Der Rabe ließ sich aber lieber süße Feigen schmecken und erklärte seine verspätete Rückkehr mit der Wasserschlange, die ihm angeblich den Weg zur Quelle versperrt hatte. Zur Strafe setzte Apollon ihn an den Himmel, mitsamt Becher und Wasserschlange – sie sollten ihn ewig an seine Verfehlung erinnern. Die Wasserschlange der zweiten Sage war das gefährliche Ungeheuer, mit dem es Herakles zu tun hatte. Das mehrköpfige Monster lebte in einem Sumpf nahe der Stadt Lerna und stieß ständig einen fauligen, tödlichen Atem aus. Schlug man der Hydra einen Kopf ab, wuchsen zwei neue und noch hässlichere nach. Herkules versuchte zunächst erfolglos, dem Ungeheuer mit Brandpfeilen, Keule und Schwert beizukommen. Dann bastelte er Brandfackeln und brannte damit die Wunden der Schlange aus – so konnten keine abgeschlagenen Köpfe nachwachsen. Als Hera diese Entwicklung sah, schickte sie den Krebs gegen den verhassten Sohn, doch Herakles konnte ihn zertreten. Schließlich war die Schlange vollständig enthauptet und besiegt, und Herakles nutzte die Gelegenheit, seine Waffen durch das giftige Blut des Ungeheuers noch gefährlicher zu machen.

M 68

scheinbare Helligkeit: 8^m
Entfernung: 30000 Lichtjahre

Der 1780 entdeckte und etwa 30000 Lichtjahre entfernte Kugelsternhaufen M 68 ist für mitteleuropäische Beobachter ein schwieriges Objekt, da er zum einen nicht besonders hell ist und zum anderen weit im Süden steht. In M 68 sind bisher mindestens 42 veränderliche Sterne und 250 Riesensterne nachgewiesen worden.

Die 100000. Aufnahme des Hubble-Weltraumteleskops zeigt die ziemlich gestörte »Edge-on-Galaxie« ESO 510-G13, die ca. 150 Millionen Lichtjahre von uns entfernt ist. Galaxien kommen ja in allen Formen und Größen im Weltall vor, solche wie ESO 510-G13 sind aber höchst seltene Raritäten. Sie besteht aus einem großen sphärischen Kernbereich (bulge), welcher von mehreren verbogenen, verzerrten Staubscheiben umgeben ist. Die Verzerrung ist wahrscheinlich das Resultat einer Wechselwirkung zweier Galaxien.

M 83

scheinbare Helligkeit: 8^m
Entfernung: ca. 15 Mio. Lichtjahre

Die Galaxie M 83 wurde 1751 von dem französischen Astronomen Nicolas Louis de Lacaille von Südafrika aus entdeckt. Für mitteleuropäische Beobachter ist sie die zweithellste Galaxie des Frühlingshimmels, steigt am 50. Breitengrad aber nur zehn Grad über den Horizont. In einem Fernglas erscheint sie als runder nebliger Fleck, erst mit einem größeren Teleskop werden Einzelheiten der Balkenspiralenstruktur sichtbar.

M 83 ist etwa 15 Millionen Lichtjahre von uns entfernt und erstreckt sich über einen Bereich von 40000 Lichtjahren. Damit ist sie zweieinhalb mal so klein wie das Milchstraßensystem, ansonsten – vor allem wegen des zentralen Balkens – unserer Galaxis aber ziemlich ähnlich. Detaillierte Aufnahmen des Milchstraßen-Doppelgängers zeigen ihre Spiralarme, verziert durch zahlreiche rötliche Schnörkel, hinter denen sich riesige Wolken aus glühendem Wasserstoffgas verbergen, angeregt durch die Ultraviolettstrahlung junger Sterne.

NGC 3242

scheinbare Helligkeit: 8^m
Entfernung: 3000 Lichtjahre

Der 1785 von Wilhelm Herschel entdeckte helle planetarische Nebel ist ein dankbares Objekt für Fernglas und Fernrohr, das vor allem durch seine leuchtend grüne Farbe auffällt. Der Nebel besteht aus einer Gashülle, die ein ehemaliger Roter Riese abgestoßen hat – inzwischen ist nur noch ein Weißer Zwerg von ihm übrig. Die ähnliche Größe wie Jupiter im Teleskop und die geisterhafte Erscheinung haben NGC 3242 den Beinamen »Jupiters Geist« eingebracht.

Leo (Maior) – Löwe

Raubtier mit vielen Galaxien

Der Löwe – der wissenschaftliche Name lautet Leo – ist ein markantes Sternbild des nördlichen Himmels, das im Frühjahr am Abendhimmel sichtbar ist. Am besten ist es Anfang März zu sehen: Wenn der Löwe erscheint, naht also der Frühlingsanfang. Die Sonne durchläuft das Sternbild auf ihrer scheinbaren Jahresbahn vom 10. August bis 16. September. Acht Sternbilder umschließen den Löwen: Kleiner Löwe, Luchs, Krebs, Wasserschlange, Sextant, Becher, Jungfrau, Haar der Berenike und Großer Bär. Name und Form stimmen beim Löwen, der neben Orion und Großem Wagen das bekannteste Sternbild ist, sehr gut überein, denn die helleren Sterne bilden den Umriss eines liegenden Raubtiers: α (Regulus), β (Denebola), γ (Algieba) und δ (Zosma) bilden den Rumpf, drei weitere Sterne den Kopf. Der westliche Teil der Konstellation, also Brust, Nacken, Mähne und Kopf, ist auch als eigenes Muster, der Sichel, bekannt.

Da der Löwe zur Ekliptik gehört – Sonne, Mond und Planeten also durch ihn wandern –, zählt er zu den Tierkreiszeichen. Bei Himmelsbeobachtern ist er vor allem wegen seiner Galaxien beliebt, darunter fünf Messier-Objekte, die bereits für kleine und mittlere Fernrohre geeignet sind.

Regulus

α Leo
scheinbare Helligkeit: $1{,}^{\mathrm{m}}4$
Entfernung: 77 Lichtjahre
Spektralklasse: B7

Der Hauptstern des Löwen, Regulus, bildet mit den Sternen Arktur im Bärenhüter und Spika in der Jungfrau das Frühlingsdreieck, eine großräumige Figur, die kurz nach Sonnenuntergang am Frühjahrshimmel in südlicher Richtung sichtbar ist. Auch für Regulus selbst ist die Zahl drei charakteristisch, denn er hat noch zwei Begleiter in vier bzw. 176 Bogensekunden Abstand.

Regulus liegt fast genau in der Ekliptik und wird deshalb regelmäßig vom Mond bedeckt, manchmal, aber wirklich nur manchmal, sogar von einem Planeten. Das nächste Mal wird das im Jahr 2044 der Fall sein, und zwar von der Venus.

Regulus ist ein Hauptreihen-Zwergstern wie unsere Sonne, der im Innern Wasserstoff zu Helium verbrennt. Bedingt durch die hohe Temperatur, leuchtet Regulus jedoch etwa 140-mal stärker als die Sonne. Die Bestimmung der absoluten Leuchtkraft ist jedoch nicht ganz einfach bei Regulus, da der Stern extrem schnell rotiert – am Äquator mit 317 Kilometern pro Sekunde! Das gibt ihm die Form eines Rugbyeis, dessen Durchmesser am Äquator 32 Prozent größer ist als zwischen den Polen.

Mythologie

Nachdem der griechische Held Herakles, noch bekannter unter seinem lateinischen Namen Herkules, in einem Anfall von Wahnsinn seine Kinder getötet hatte, befragte er tief bekümmert das Orakel von Delphi, wie es denn nun weitergehen solle mit ihm. Das Orakel schickte ihn zu König Eurystheus, der Herakles zwölf Aufgaben stellte, deren erfolgreiche Bewältigung Wiedergutmachung verhieß. In der ersten Aufgabe musste Herakles den gefürchteten Löwen von Nemea zur Strecke bringen, der regelmäßig Bewohner der Gegend auf seinen Speiseplan setzte. Gegenwehr schien unmöglich: Die Bestie hatte ein stahlhartes Fell und Krallen, die so scharf wie Diamanten waren, war also unverwundbar. Herakles musste das selbst feststellen, als er dem Löwen mit Pfeil und Bogen beikommen wollte – das Geschoss prallte einfach ab. Also verfolgte Herakles das Tier in seine Höhle, versperrte einen der beiden Ausgänge, ging durch den anderen hinein und erwürgte – schließlich war er ein Held – den Löwen mit bloßen Händen. Dumm war Herakles auch nicht, denn mit dessen eigenen rasiermesserscharfen Klauen zog er das Fell des Löwen ab und trug es fortan als gepanzerten Mantel. Außerdem setzte er sich den weit aufgerissenen Rachen des Löwen auf den Kopf – das dürfte auf andere mächtig Eindruck gemacht haben.

Die Rotation führt dazu, dass die Pole von Regulus wesentlich heißer sind als der Rest. Berücksichtigt man diese Temperaturverteilung, scheint Regulus sogar fast 350-mal heller als die Sonne, woraus man auf seine Masse von 3,5 Sonnenmassen schließen kann. Damit geht Regulus schon seinem Ende als Zwergstern auf der Hauptreihe entgegen.

Denebola

β Leo
scheinbare Helligkeit: $2{,}^{\mathrm{m}}14$
Entfernung: 36 Lichtjahre
Spektralklasse: A3

Denebola, der zweithellste Stern des Löwen, bildet das westliche »Ende« des Sternbilds, was in der Bedeutung seines arabischen Namens zum Ausdruck kommt: »Schwanz des Löwen«.

Denebola ist mindestens ein Doppelsystem – vermutlich hat er noch weitere Begleiter –, die beiden Komponenten lassen sich bereits mit einem Feldstecher trennen. Denebola liegt mit einer Entfernung von 36 Lichtjahren zwar deutlich näher als Regulus an unserem Sonnensystem, allerdings leuchtet er »nur« 14-mal so stark wie die Sonne.

Denebola ist ein ziemlich normaler und ruhiger Hauptreihenstern in der »Blüte« seines Lebens, nur etwas heißer und weißer als die Sonne – seine Lebenszeit wird also kürzer ausfallen. Er ähnelt dem Stern Atair im Adler, ist aber mehr als doppelt so weit von der Erde entfernt.

Algieba

γ Leo
scheinbare Helligkeit: 2^{m}
Entfernung: 125 Lichtjahre
Spektralklasse: K0

Algieba, die »Mähne des Löwen«, ist einer der schönsten Doppelsterne am Himmel und ein dankbares Objekt für Astronomieeinsteiger. Schon ein kleines Fernrohr reicht aus, die beiden Komponenten zu trennen; erstmals gelang dies Wilhelm Herschel im Jahr 1782. Zusammen bildet das Gesamtsystem ein Objekt mit der scheinbaren Helligkeit 2^{m}, wozu vor allem der Hauptstern mit $2{,}^{\mathrm{m}}3$ beiträgt. Beide Komponenten sind Riesensterne, die im Teleskop gelb erscheinen. Manche Beobachter berichten zwar von Farbunterscheiden, diese lassen sich aber auf Überstrahlungseffekte und Farbkontrastwahrnehmungen zurückführen.

M 95, M 96, M 105, NGC 3384

scheinbare Helligkeiten: 10^{m}; $9{,}^{\mathrm{m}}5$; $9{,}^{\mathrm{m}}5$; $9{,}^{\mathrm{m}}9$

Der Löwe enthält mehrere attraktive Galaxien für das Amateurfernrohr. Besonders hübsch ist das Trio aus den Messier-Objekten M 95, M 96 und M 105. Alle drei wurden 1781 von dem französischen Astronomen Pierre Méchain entdeckt und werden heute von den Astronomen als M96-Gruppe bezeichnet. Mit einem Fernglas ist die Beobachtung schwierig, wobei M 105 noch am deutlichsten zu sehen ist. M 96 leuchtet merkbar schwächer, M 95 liegt knapp an der Wahrnehmungsschwelle. Im Fernrohr stellt sich die Sache schon etwas einfacher dar, kann man jeweils den etwas helleren Kern und die rundliche Form der Galaxien erkennen. Die Spiralarme von M 95 und M 96 werden aber selbst in großen Amateurteleskopen nicht sichtbar. Bei M 105 würde man vergeblich nach Spiralarmen suchen, denn hier handelt es sich um eine elliptische Galaxie, also eine Galaxie ohne auffällige Struktur, deren Licht gleichmäßig verteilt ist. Sie ist rund 30 Millionen Lichtjahre von der Erde entfernt und war 2001 Mittelpunkt einer Premiere: Zum ersten Mal beobachtete das Hubble-Weltraumteleskop einzelne Sterne in dieser Entfernung im Infraroten. Dadurch erhält man detaillierte Informationen über die Zusammensetzung von Sternen und somit über deren Entstehungsgeschichte. Die Hubble-Aufnahme bescherte eine Überraschung: M 105 enthält mehr veränderliche Sterne, als man es für derartige elliptische Galaxien erwarten würde.

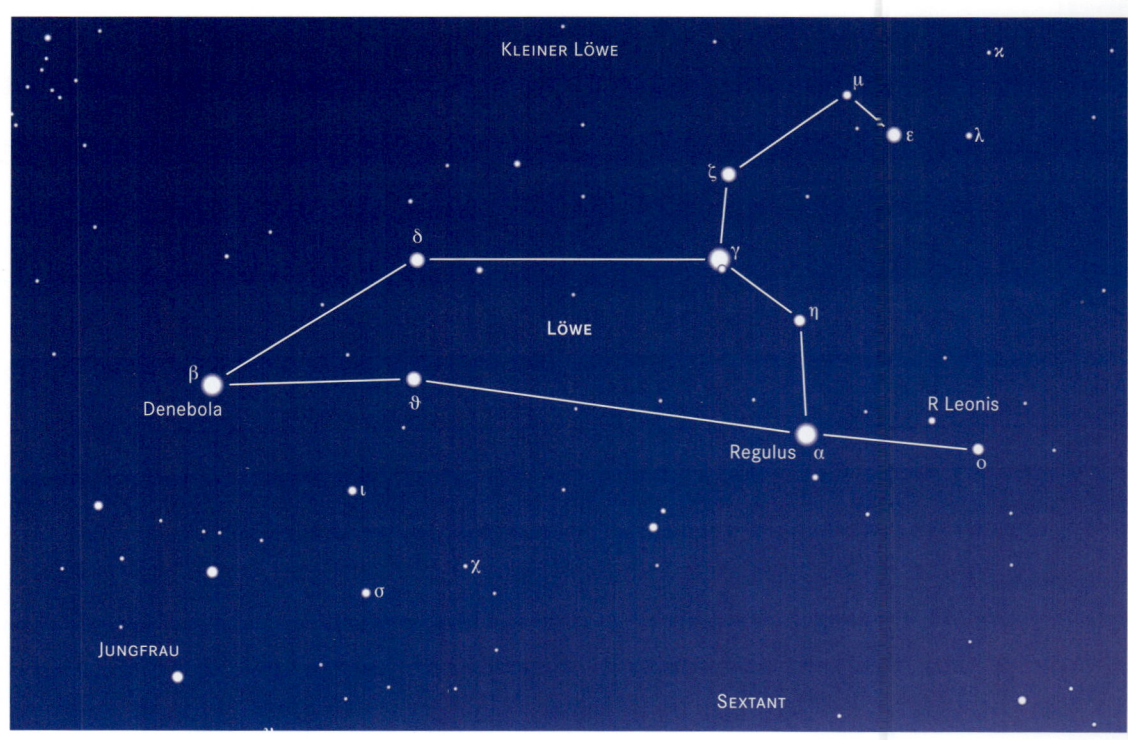

Ein Meteor des Leonidenschwarms über dem US-Bundesstaat Washington im November 2000

NGC 2903
scheinbare Helligkeit: 9^m
Entfernung: 20 Mio. Lichtjahre

Die Spiralgalaxie NGC 2903 wurde 1784 von Wilhelm Herschel entdeckt, von Charles Messier bei der Arbeit an seinem Sternkatalog jedoch übersehen, weshalb sie keine »M-Nummer« trägt. NGC 2903 steht in etwa 20 Millionen Lichtjahren Entfernung zur Erde. »Steht« ist natürlich nicht korrekt, denn alle Galaxien fliegen ja aufgrund der Expansion des Universums auseinander. Bei NGC 2903 beträgt die Fluchtgeschwindigkeit 467 km/s. Bereits ein 10×50-Fernglas präsentiert sie bei dunklem Himmel als winzigen, verschmierten Fleck vor dem »Maul« des Löwen, die Spiralarme bleiben aber Astrofotografen vorbehalten, die über einen 400-mm-Spiegel verfügen.

M 66 ist deutlich größer als der Nachbar M 65 und weist eine gut entwickelte, aber dennoch nicht klar trennbare zentrale Ausbuchtung auf.

NGC 3370
scheinbare Helligkeit: 11^{m}7
Entfernung: 98 Mio. Lichtjahre

Diese 1784 von Wilhelm Herschel entdeckte Galaxie ist ein nützliches Werkzeug für die Astronomen. Denn 1994 beobachteten Forscher in dem Sternsystem eine Supernova, bei der es sich um eine der nächstgelegenen und am besten beobachteten Supernovae aller Zeiten handelte. Solche Sternexplosionen sind für die Astronomie von großer Bedeutung, da sie helfen, die Entfernung weit entfernter Sternsysteme zu bestimmen. Dazu müssen die Supernovae jedoch in näher gelegenen Galaxien »geeicht« werden. Genau das leistet NGC 3370: Mithilfe des Hubble-Teleskops und anderer Instrumente konnten die Astronomen zahlreiche veränderliche Sterne, sogenannte Cepheiden, aufspüren. Sie liefern die Entfernung von NGC 3370 mit hoher Genauigkeit und kalibrieren so die Entfernungsskala für die Supernovae.

Seit den 1990er-Jahren zeigt sich immer deutlicher, dass jede elliptische Galaxie ein Schwarzes Loch im Zentrum besitzt. M 105 macht da keine Ausnahme, sein Schwarzes Loch, um das die Galaxie rotiert, hat eine Masse von etwa 50 Millionen Sonnenmassen.

In unmittelbarer Nähe von M 105 befindet sich noch die ebenfalls elliptische bzw. linsenförmige Galaxie NGC 3384, die 1784 von Wilhelm Herschel entdeckt wurde und auch zur M96-Gruppe gezählt wird. Sie enthält sehr alte Sterne, 80 Prozent von ihnen haben eine Milliarde Jahre oder mehr »auf dem Buckel«.

M 65 und M 66
scheinbare Helligkeiten: 9^{m}5; 9^m

Dieses schöne Galaxienpaar, 30 Millionen Lichtjahre von uns entfernt, gehört zu den Höhepunkten des Frühlingshimmels. Da die beiden 1780 von Pierre Méchain entdeckten Galaxien eng beieinander stehen, können sie bei 50–80-facher Vergrößerung gemeinsam im Gesichtsfeld bewundert werden. Nördlich der beiden Messier-Objekte, von denen M 66 etwas stärker leuchtet, befindet sich eine weitere Galaxie, von NGC 3628 ist aber auch in größeren Fernrohren nur ein schwaches Glimmen zu sehen. Die drei Galaxien bilden zusammen das Leo-Triplett, dieses wiederum den Kern der M66-Galaxiengruppe.

M 65 ist eine linsenförmige Galaxie mit einer Aufhellung zum Kern hin, während der Umriss von M 66 unregelmäßig ist. M 66 zeigt ausgeprägte Staubbänder und zahlreiche hochaktive Sternentstehungsgebiete sowie eine starke Infrarot- und Radiostrahlung. Die ausgeprägte Asymmetrie der Spiralarme wird der gravitativen Wechselwirkung mit den beiden Nachbargalaxien im Leo-Triplett zugeschrieben.

Wissenswert Leoniden

Im Löwen liegt der scheinbare Ausstrahlungspunkt, der sogenannte Radiant, der Leoniden. Dieser Meteorstrom tritt zwischen dem 11. und 20. November auf, mit dem Maximum um den 17. November. Besonders spektakulär sind die Leoniden wegen ihrer hohen Anzahl an Feuerkugeln, die häufig heller als der Vollmond leuchten und lang nachleuchtende Spuren hinterlassen, die manchmal mehrere Minuten lang sichtbar sind, während sie von den Höhenwinden verwirbelt werden. Die Leoniden haben sich aus dem Kometen 1866I Tempel-Tuttle entwickelt; der mit ihnen verbundene Meteorfall tritt auf, wenn die Erde die Bahn des Kometen schneidet und verschiedene Wolken mit sandkorn- bis erbsengroßen Bruchstücken von Tempel-Tuttle passiert. Kommt der Schweifstern der Sonne besonders nahe, was maximal alle 33 bis 34 Jahre eintritt, fallen die Leoniden besonders beeindruckend aus, es kommt zu regelrechten Meteorstürmen. Zuletzt boten die Jahre 1998 bis 2001 besondere Leoniden-Schauspiele mit bis zu 2000 Meteoren pro Stunde. Inzwischen versteht man die Dynamik der Schweifströme, die der Komet bei seinen Durchgängen durch das innere Sonnensystem hinterlassen hat. Man kann diese Bänder den verschiedenen Umläufen zuordnen, kennt ihre Position im All und kann den Hindurchflug der Erde dadurch exakt berechnen. Deshalb weiß man auch, dass die Zeit der spektakulären Leonidenmaxima leider für viele Jahre vorbei ist.

Entfernungsinstrument: NGC 3370

Raubtier mit vielen Galaxien

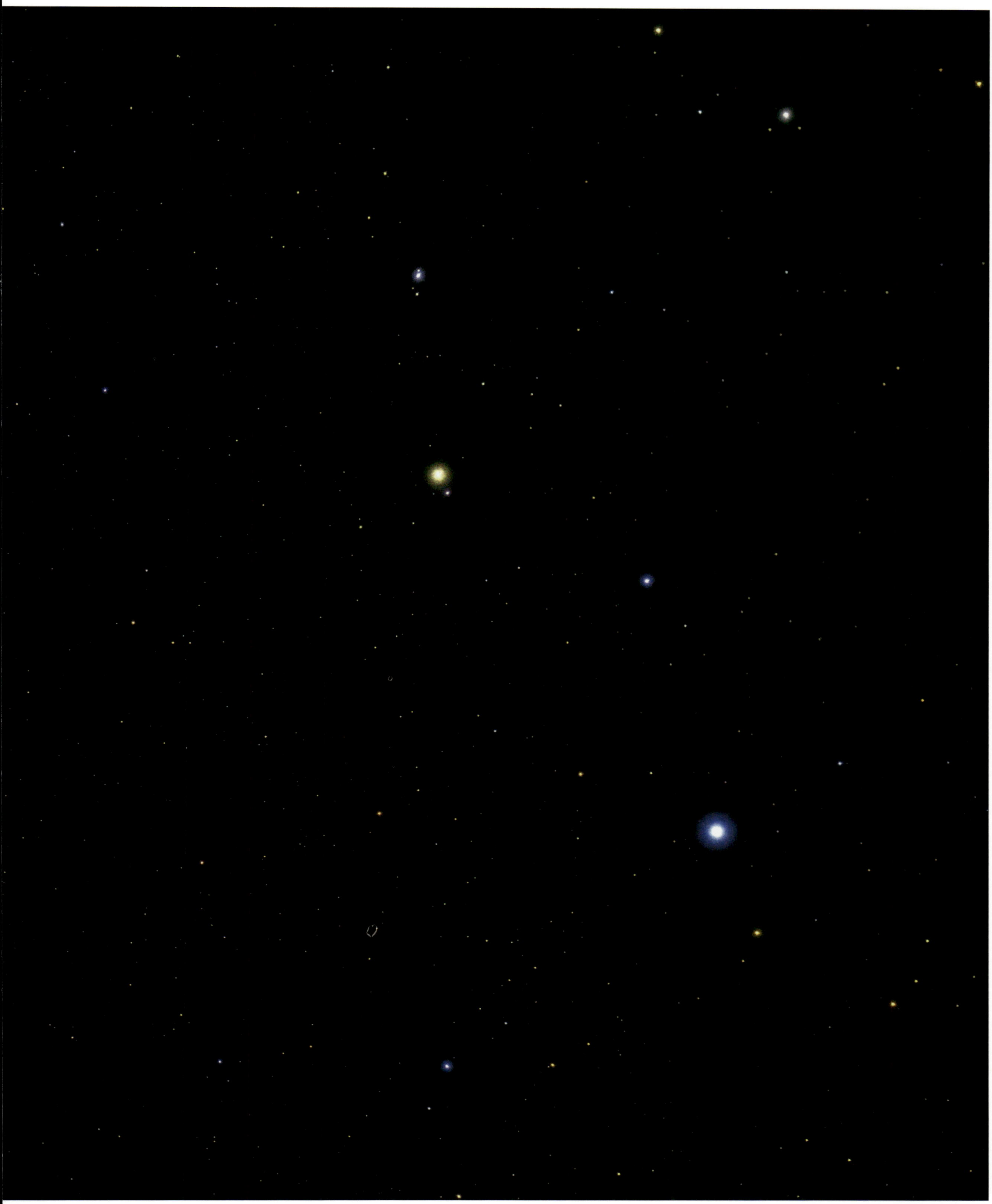

Lyra (Lyr) – Leier

Beliebte Adresse

Das Sternbild Leier mit dem wissenschaftlichen Namen Lyra (Abkürzung Lyr) ist ein kleines, aber markantes Sternbild des Nordhimmels, das teilweise in der Milchstraße liegt und im Sommer in Zenitnähe am Abendhimmel zu sehen ist. Am auffälligsten in der Leier ist der helle Hauptstern Wega, vier weitere Sterne bilden ein Parallelogramm und stellen eine antike Lyra dar. Trotz ihrer geringen Größe ist die Leier eine sehr beliebte Adresse bei Hobbyastronomen. Vor allem der berühmte Ringnebel, aber auch der doppelte Doppelstern Epsilon Lyrae ziehen die Teleskopblicke auf sich.

Wega

α Lyr
scheinbare Helligkeit: 0^m
Entfernung: 25,3 Lichtjahre
Spektralklasse: A0

Der hellste Stern in der Leier ist der fünfthellste Stern am Himmel überhaupt und der zweithellste Stern der Nordhemisphäre. Er bildet mit Atair im Sternbild Adler und Deneb im Sternbild Schwan das Sommerdreieck. Für die Astronomen ist die Wega vor allem ein Standardstern, der als Referenz für ganz unterschiedliche astronomische Phänomene herangezogen wird. Der vermeintlich einfach aufgebaute und langsam rotierende Stern definiert zunächst die Sternklasse mit einer Oberflächentemperatur von 10 000 Kelvin. Immer wieder wird die Wega auch zum Testen von Sternmodellen herangezogen. Schließlich ist schon länger bekannt, dass die Wega von einer Gas- und Staubscheibe umgeben ist – vielleicht entstehen hier eines Tages Planeten. Eventuell existiert bereits ein neptunähnlicher Planet, mit dem manche Wissenschaftler bestimmte Eigenschaften der Scheibe erklären – nachgewiesen ist er allerdings nicht. Da die Wega nur 25 Lichtjahre von der Sonne entfernt ist, gilt sie als das Paradebeispiel für einen Stern mit Staubscheibe.

Es gab aber schon länger den Verdacht, dass Wega so normal nicht ist. Die Spektrallinien sind seltsam geformt, und eigentlich war der Stern viel zu hell im Vergleich zu ähnlichen Sternen – es sei denn, er rotiert doch wesentlich schneller. Genau das wurde 2006 festgestellt. Wega dreht sich sogar so schnell – 272 km/s am Äquator! –, dass er fast zerreißen würde. Die enorme Rotation blieb so lange unentdeckt, weil seine Drehachse genau in Richtung Erde zeigt. Auch die Annahmen über Alter und Zusammensetzung von Wega mussten revidiert werden – Wega ist kein Vorbild mehr.

Wega war nach der Sonne der erste Stern, der fotografiert wurde, und zwar 1850 in Form einer Daguerreotypie von den amerikanischen Astronomen William Cranch Bond und John Adams Whipple am großen Refraktor des Harvard-College-Observatoriums.

Mythologie

Die Leier war in der Mythologie das Instrument des berühmten Sängers Orpheus. Hermes hatte die Leier erfunden und sie zunächst Apollon überlassen müssen. Der war sehr erzürnt über einen Viehdiebstahl durch Hermes gewesen, konnte aber durch den Klang der Leier besänftigt werden. Apollon übergab das Instrument dann Orpheus, der mir seiner Kunst sogar Felsen und Flüsse verzaubern konnte. Orpheus schloss sich der Expedition Jasons und der Argonauten an, um das Goldene Vlies zurückzuholen, und konnte den verführerischen Gesang der Sirenen, der schon viele Seefahrer in den Tod gelockt hatte, übertönen. Selbst Hades, der Gott der Unterwelt, war betört vom Klang der Leier, als Orpheus seine an einem Schlangenbiss verstorbene Gattin Eurydike retten wollte. Beim Verlassen der Unterwelt blickte Orpheus jedoch verbotenerweise zurück, weshalb Eurydike doch in der Unterwelt bleiben musste. Nach Orpheus' Tod wurde die Leier an den Himmel versetzt.

Wissenswert Spektren

Zur Untersuchung von Sternen spalten Astronomen deren Licht in ein Spektrum auf, wobei die bekannten Regenbogenfarben erscheinen. An bestimmten Stellen werden sie von feinen dunklen Linien unterbrochen. Diese entstehen, wenn Atome in den äußeren Schichten eines Sterns Teile des Lichts schlucken. Durch das Spektrum gewinnt man also wichtige Hinweise auf die chemische Zusammensetzung eines Sterns.

Je nach Aussehen der Spektren ordnen Astronomen alle Sterne in Spektralklassen ein, die mit den Buchstaben O, B, A, F, G, K und M gekennzeichnet werden (leicht zu merken mit dem Hilfssatz »**O**h, **B**e **A** **F**ine **G**irl, **K**iss **M**e!«). Im Detail ergeben sich noch Unterschiede, die durch eine weiterführende Klassifizierung mit den Ziffern 0 bis 9 berücksichtigt werden. Je weiter in Richtung O ein Stern einzuordnen ist, umso heißer ist seine Oberfläche, während es bei Annäherung an das M-Ende immer kühler wird. Unsere Sonne ist als G2-Stern etwa in der Mitte platziert.

Sheliak

β Lyr
scheinbare Helligkeit: $3{,}^m3–4{,}^m2$
Entfernung: 800 Lichtjahre
Spektralklasse: B7

Sheliak ist ein Doppelsternsystem und gleichzeitig ein Bedeckungsveränderlicher, d.h. die beiden Komponenten verdecken sich regelmäßig und vermindern dann die Helligkeit, im Falle von Sheliak mit einer Lichtwechselperiode von 12,94 Tagen. Zudem ist der Stern der Prototyp einer bestimmten Unterklasse der bedeckungsveränderlichen Sterne, der Beta-Lyrae-Sterne. Die beiden Komponenten stehen so eng beieinander, dass sie sich gegenseitig zur »Eiform« verformen. Dadurch vollzieht sich die Helligkeitsschwankung eher kontinuierlich.

Epsilon Lyrae

ε Lyr
scheinbare Helligkeit: $3{,}^m9$
Entfernung: 160 Lichtjahre
Spektralklasse: A8

Epsilon Lyrae ist nicht nur ein Doppelstern, was bereits ein Fernglas offenbart, sondern sogar ein doppelter Doppelstern, also ein Vierfachsystem, wie sich ab etwa 100-facher Vergrößerung zeigt. Die beiden Komponenten des Paares Epsilon[1] umrunden sich in etwa 1200 Jahren, die beiden Sterne von Epsilon[2] in rund 585 Jahren. Vor allem aber ist er ein Augenprüfer, denn die Entfernung der beiden Paare am Himmel liegt gerade bei der Auflösungsgrenze des menschlichen Auges.

M 57

scheinbare Helligkeit: $8{,}^m5$
Entfernung: ca. 2000 Lichtjahre

Der berühmte Ringnebel M 57, der im Jahr 1779 von Antoine Darquier bei der Beobachtung eines Kometen entdeckt wurde, ist der Überrest eines Sterns, der vor etwa 20 000 Jahren seine äußere Hülle in Form eines Sternwinds abgestoßen hat. Wir blicken quasi von oben auf den etwa 2000 Lichtjahre entfernten »Rauchring«, der im Raum allerdings keinen Ring, sondern eine komplizierte bipolare Struktur bildet. Mittels genauer spektrometrischer Untersuchungen konnte man zwei deutlich getrennte expandierende Gaslappen von M 57 unterscheiden. Der eine zeigt dabei genau in unsere Richtung, der andere von uns weg.

Im Zentrum des planetarischen Nebels steht ein bläulicher Zwergstern, der eventuell ein Veränderlicher ist, vielleicht aber auch von einer dünnen Gasschicht verdeckt wird, wodurch die Sichtbedingungen auf der Erde von den atmosphärischen Bedingungen abhängen könnten. Der Zentralstern produziert eine starke ultraviolette Strahlung, welche die helle Fluoreszenz der dünnen Gase des Nebels hervorruft.

M 57 kann bereits mit einem kleinen Teleskop beobachtet werden und steht etwa in der Mitte der Verbindungslinie der Sterne β und γ Lyrae.

Der berühmte Ringnebel M57
wird oft als der Prototyp
eines planetarischen Nebels
angesehen.

Ophiuchus – Schlangenträger

Geteiltes Unglück

Das eigentlich 13. Sternbild des Tierkreises mit wissenschaftlichem Namen Ophiuchus (Abkürzung Oph) ist ein ausgedehntes, aber eher unauffälliges Sternbild der Äquatorzone, das in unseren Breiten im Sommer am Abendhimmel sichtbar ist. Obwohl der Schlangenträger auf der Ekliptik liegt, stieg er jedoch nie zum Tierkreiszeichen auf – um die Unglückszahl 13 zu vermeiden. Von Mitteleuropa aus ist es das größte Sternbild des Sommerhimmels. Es liegt zwischen Herkules und Skorpion und teilt das Sternbild Schlange – das einzige Sternbild mit diesem Schicksal – in zwei Teile. Die Milchstraße reicht sowohl in den östlichen als auch den südlichen Bereich des Schlangenträgers hinein. Sowohl im Schlangenträger selbst als auch in seiner Umgebung gibt es viele Kugelsternhaufen, offene Sternhaufen und planetarische Nebel sowie einige schöne Doppelsterne.

Barnards Pfeilstern

scheinbare Helligkeit: 9,^{m}5
Entfernung: 5,9 Lichtjahre
Spektralklasse: M4

Sterne stehen zwar für das Unveränderliche, doch nichts im Universum steht wirklich still. Besonders Sterne, die uns relativ nahe stehen, zeigen eine beträchtliche Eigenbewegung. Der Stern mit der größten bisher gemessenen Eigenbewegung ist Barnards Pfeilstern, 1916 von dem amerikanischen Astronomen Edward Emerson Barnard entdeckt. Er verschiebt seine Position um zehn Bogensekunden pro Jahr, was u.a. auf die geringe Sonnenentfernung von knapp sechs Lichtjahren zurückzuführen ist. In hundert Jahren beträgt die Veränderung etwa 15 Bogenminuten, was dem halben Vollmonddurchmesser entspricht. Für Amateurastronomen ist die Bewegung leicht nachzuvollziehen, schon zwei detailgenaue Beobachtungszeichnungen im Abstand von einem Jahr sollten die Positionsänderung zeigen. Ohne Teleskop ist er allerdings nicht zu sehen, denn Barnards Pfeilstern ist ein roter Zwerg, der trotz seiner Nähe nur schwach leuchtet.

RS Ophiuchi

RS Oph
scheinbare Helligkeit: ca. 12,^{m}5–4,^{m}5
Entfernung: 2000–5000 Lichtjahre
Spektralklasse: OB und M2

Der Weiße Zwerg des Doppelsternsystems RS Ophiuchi hätte schon längst zur Ruhe kommen sollen, doch er befindet sich in einer engen Umlaufbahn um einen Roten Riesen und saugt ständig Materie von seinem übergewichtigen Partner ab und sammelt sie auf seiner Oberfläche. Doch die enorme Schwerkraft des Weißen Zwergs übt einen so starken Druck auf das angehäufte Material aus, dass sich irgendwann eine atomare Kettenreaktion entzündet, die den Stern stark aufleuchten lässt und die

Mythologie

Die Griechen identifizierten in ihrer Mythologie den Schlangenträger mit Asklepios, dem Stammvater der Heilkunst. Er wuchs bei Cheiron, dem weisen Kentaur, auf, der den Knaben wie einen eigenen Sohn erzog und in die Geheimnisse der Jagd und des Heilens einwies. Asklepios erlernte die Heilkunde mit derartiger Perfektion, dass er selbst Tote zum Leben erwecken konnte. Auf Kreta beispielsweise verhalf er dem ertrunkenen Königssohn wieder zum Leben; dabei benutzte er ein Heilkraut, das ihm eine Schlange gebracht hatte. Eine weitere Wiederbelebung wird von Hippolytos überliefert, dem Sohn des Theseus, der bei einem Sturz aus seinem Wagen umkam. Hades, der Gott der Unterwelt, war von Asklepios' Fähigkeiten natürlich wenig begeistert und befürchtete, dass ihm die Toten ausgehen. Er beschwerte sich bei Zeus, der daraufhin den begnadeten Heiler mit einem Blitz niederstreckte. Da Asklepios aber aus Mitleid gehandelt hatte, wurde er dennoch in den Olymp aufgenommen und an den Himmel versetzt.

Materie ins All schleudert. Anschließend beginnt das Spiel von neuem. Man bezeichnet deshalb RS Ophiuchi als wiederkehrende Nova. 1898, 1933, 1958, 1967, 1985 und 2006 – also etwa alle 20 Jahre – wurden Ausbrüche beobachtet. Obwohl die grundlegenden physikalischen Prozesse in Novae bekannt sind, weiß man erst wenig über Struktur, Dynamik und Masse der durch die Explosion ins Weltall ausgestoßenen Materie.

M 10 / M 12

scheinbare Helligkeit: 7^m
Entfernung: 15 000 bzw. 20 000 Lichtjahre

Der etwa 15 000 Lichtjahre entfernte Kugelsternhaufen M 10 und sein 20 000 Lichtjahre entfernter Nachbar M 12 bilden ein interessantes Paar. Beide wurden 1764 von Charles Messier entdeckt. M 12 erscheint etwas größer, aber auch etwas dunkler. M 10 ist zudem stärker zum Zentrum hin konzentriert als M 12, während M 12 einen für Kugelsternhaufen untypischen recht unregelmäßigen Umriss zeigt. Wie es bei den meisten Kugelsternhaufen der Fall war, glaubte Messier zunächst, dass diese »Nebel« keine Einzelsterne enthielten. Etwa zwei Jahrzehnte später erkannte Wilhelm Herschel die wahre Natur als eine Gruppierung vieler Tausender Einzelsterne.

NGC 6369

scheinbare Helligkeit: 11^m
Entfernung: ca. 4000 Lichtjahre

Der 1784 von Wilhelm Herschel entdeckte planetarische Nebel NGC 6369, auch »Little Ghost« genannt, ist etwa 4000 Lichtjahre von der Erde entfernt. Nach dem Zusammenbruch des Zentralsterns entstand hier ein nahezu perfekter Ringnebel mit einem Durchmesser von einem Lichtjahr. Für die Ionisierung des Gases, die den Nebel zum Leuchten bringt, sorgt die ultraviolette Strahlung des Weißen Zwergs, der nach der Sternexplosion zurückgeblieben ist. In dem Bild des Hubble-Weltraumteleskops sind die Elemente Sauerstoff, Wasserstoff und Stickstoff mit den Farben blau, grün und rot eingefärbt.

NGC 6633

scheinbare Helligkeit: 5^m
Entfernung: 1000 Lichtjahre

Vermutlich entdeckte der Schweizer Astronomen Philippe Loys de Chéseaux diesen offenen Sternhaufen bereits 1746, sicher überliefert ist hingegen die (Wieder-)Entdeckung durch Caroline Herschel im Jahr 1783. NGC 6633 ist bereits mit bloßem Auge sichtbar, steht allerdings in einem hellen Milchstraßenausläufer. Er umfasst etwa 30 Sterne und ist schätzungsweise 660 Millionen Jahre alt.

Caroline Herschel (* 1750, † 1848) war eine bedeutende Astronomin – auch als Sängerin hätte sie vermutlich Karriere gemacht –, die anfangs ihren Bruder Wilhelm unterstützte. Schon bald machte sie eigene Entdeckungen. Die Entdeckung ihres ersten Kometen im Jahr 1786 brachte ihr eine jährliche Pension des englischen Königs ein. Weitere Entdeckungen folgten bis 1797; im Laufe ihres Lebens entdeckte Caroline acht Kometen. Damit gehörte sie zu den erfolgreichsten Kometenjägern ihrer Zeit.

Große Teile des Schlangenträger sind von Dunkelwolken durchzogen. Ein besonders auffällige Struktur zeigt der **Pfeifennebel** (links).

IC 4665

scheinbare Helligkeit: 4,^{m}2
Entfernung: 1000 Lichtjahre

IC 4665, möglicherweise schon 1746 von dem Schweizer Astronomen Philippe Loys de Chéseaux als »Sternhaufen mit zwei Hauptsternen« beschrieben, dann aber zunächst wieder in Vergessenheit geraten und erst im zweiten Index-Katalog (IC II) offiziell verzeichnet, ist ein heller, aber wenig konzentrierter offener Sternhaufen, der ideal für das Fernglas ist. Zwanzig 6^m bis 8^m helle Sterne sind über ein etwa ein Grad großes Feld verstreut. Selbst mit bloßem Auge ist der ungefähr drei Grad westlich von Barnards Pfeilstern liegende Sternhaufen schon als Nebelschimmer zu erkennen. Im Teleskop verliert sich der Haufencharakter – vielleicht übersah ihn Charles Messier deshalb.

Planetarische Nebel wie NGC 6369 (Aufnahme des Weltraumteleskops Hubble) entstehen am Lebensende eines sonnenähnlichen Sterns.

Orion (Ori)
Der Jäger am Himmel

Orion ist sicher das bekannteste Sternbild am nördlichen Winterhimmel - und ohne Zweifel auch eines der schönsten. Bereits Ende August ist es zu sehen, Ende März verschwindet es wieder. Im Januar steht Orion um Mitternacht hoch im Süden. Nordöstlich schließt sich das Sternbild Gemini an, nordwestlich Taurus. In südwestlicher Richtung findet man Eridanus, im Süden Lepus und östlich Monoceros. Orion enthält viele bemerkenswerte Objekte, z. B. den großen und schon mit bloßem Auge sichtbaren Orionnebel und den berühmten Pferdekopfnebel, dessen Beobachtung aber schwierig und großen Teleskopen vorbehalten ist. Der hellste Stern ist Rigel, gefolgt von Beteigeuze. Das wichtigste Erkennungsmerkmal des Orion ist allerdings die auffällige Reihe der Sterne Alnitak, Alnilam und Mintaka, die den sogenannten Gürtel des Orion bilden. Zusammen mit Rigel, Beteigeuze, Bellatrix und Saiph bilden sie zwei auffällige Trapeze, die im Norden von einem Dreieck aus drei Sternen, dem Kopf des Orion, gekrönt werden.

Beteigeuze

α Ori
scheinbare Helligkeit: 0ᵐ–1ᵐ3
Entfernung: ca. 640 Lichtjahre
Spektralklasse: M2

Beteigeuze – zweithellster Stern im Orion und auch als Schulterstern Orions bezeichnet – gehört zu den Roten Riesensternen, seine Farbe ist bereits mit bloßem Auge zu erkennen. Der Sterngigant ist etwa 10 000-mal leuchtkräftiger als die Sonne und besitzt etwa 660-fachen Sonnendurchmesser, sodass noch die Bahn des Mars um die Sonne in ihm Platz hätte! Beteigeuze gehört zu den wenigen Sternen, deren Radius mithilfe der Interferometrie bestimmt werden konnte. Dabei stellte sich heraus, dass seine Größe und damit auch seine Helligkeit schwankt – Beteigeuze ist ein sogenannter Veränderlicher. Auch ist er neben Mira im Sternbild Cetus der einzige Stern, der mit derzeitiger Teleskoptechnik von der Erde aus als Fläche sichtbar ist. Vermutlich wird Beteigeuze in einigen Tausend Jahren als Supernova enden und einige Wochen lang den Himmel taghell erleuchten.

Der Name des Sterns stammt aus dem Arabischen und bedeutet etwa »Hand der Riesin«.

Rigel

β Ori
scheinbare Helligkeit: 0ᵐ1
Entfernung: ca. 800 Lichtjahre
Spektralklasse: B8

Rigel ist der hellste Stern im Orion und dessen westlicher Fußstern. Dass er nur als »Nummer 2« gezählt wird, liegt daran, dass Beteigeuze ein veränderlicher Stern ist und Rigel ab und an in der Helligkeit übertrifft. Rigel gehört zum Wintersechseck, einer weiträumigen Konstellation am winterlichen Abendhimmel in Form eines annähernd regelmäßigen Sechsecks, zu dem neben Rigel noch Aldebaran (Stier), Capella (Fuhrmann), Castor und Pollux (Zwillinge), Prokyon (Kleiner Hund) und Sirius (Großer Hund) gehören. Rigel ist ein blauweißer Überriese und besitzt bei etwa 80-fachem Sonnendurchmesser über 100 000-fache Sonnenleuchtkraft. Er ist ein sehr heißer Stern mit einer Oberflächentemperatur von 11 000 Kelvin. Im Gegensatz zu Beteigeuze ist Rigel ein Mehrfachsternsystem, d.h. er besitzt einen Begleitstern, der selbst wiederum ein Doppelstern ist. Rigel liegt in seiner Sternentwicklung bereits »im Sterben« und verbrennt im Inneren Helium zu Kohlenstoff und Sauerstoff. Wie Beteigeuze wird auch er in einer Supernova explodieren.

Alnilam

ε Ori
scheinbare Helligkeit: 1ᵐ7
Entfernung: 1 300 Lichtjahre
Spektralklasse: B0

Alnilam ist der mittlere der drei Gürtelsterne des Orion und ebenfalls ein Riesenstern, und zwar was für einer: 375 000-mal heller als die Sonne! Damit zählt Alnilam zu den leuchtkräftigsten Sternen, die wir kennen. Natürlich

liegen die drei Gürtelsterne nicht auf einer Reihe, die beiden anderen sind 915 bzw. 800 Lichtjahre entfernt. In fast allen Kulturen wird der Gürtel mit einer männlichen Figur in Verbindung gebracht, zumal diese auffällige Konstellation auf beiden Erdhälften beobachtet werden kann. Beim Aufgang stehen die Gürtelsterne etwa senkrecht zum Horizont, beim Untergang hingegen parallel. Das ist nicht verwunderlich, denn jedes Sternbild – also auch der Gürtel – dreht sich relativ zum Horizont des Beobachters.

Bellatrix

γ Ori
scheinbare Helligkeit: 1ᵐ64
Entfernung: 240 Lichtjahre
Spektralklasse: B2

Könnten Sternbilder sprechen, würden sie Orion vermutlich zurufen: »Das ist unfair«! Denn Orion ist nicht nur eines von lediglich drei Sternbildern, die zwei Sterne der 1. Größe aufzuweisen haben, sondern es ist auch in der Liste der Sterne 2. Größe mit Rang sieben – Alnilam – und Rang drei vertreten: Bellatrix. Der Name ist lateinisch und bedeutet »die Kriegerin«. Bellatrix ist der westliche der beiden Schultersterne des Orion. Sie ist ein bläulicher Riesenstern mit einer Oberflächentemperatur von 21 500 Kelvin und strahlt etwa 6 400-mal heller als die Sonne – vor allem wegen der hohen Temperatur und weniger wegen der Größe, denn der Durchmesser von Bellatrix ist nur sechsmal so groß wie der Sonnendurchmesser und damit viel kleiner als das Ausmaß eines klassischen Roten Riesen. Ihren Wasserstoffvorrat dürfte Bellatrix schon aufgebraucht haben; in einigen Millionen Jahren wird sie eher unspektakulär als Weißer Zwerg

Mythologie

In der griechischen Mythologie ist Orion ein Jäger von riesiger und zudem wundervoller Gestalt, Sohn des Meeresgottes Poseidon und legendärer Held. Schon früh wurde er als Sternbild gedacht. Mehrere Überlieferungen konkurrieren um die »Geschichte hinter dem Sternbild«. Da ist zum einen Orions Jagdeifer: Keines der Tiere war vor ihm sicher. Als er allerdings laut verkündete, dass er sie alle erjagen werde, wurde es der Jagdgöttin Artemis, die diese Konkurrenz auf ureigenstem Gebiet nicht leiden konnte und mochte, zu bunt. Sie schickte ihm den Skorpion, der ihn mit seinem Stachel tötete. Die Götter aber waren ihm daraufhin, was eher selten passiert, sehr wohlgesonnen, versetzten ihn unter die Sterne und erhoben ihn zum achten Tierkreiszeichen. Aber auch Orion erfuhr die Apotheose und flieht nun am Himmel auf immer vor dem Getier: Wenn Skorpion aufsteigt, sinkt Orion. Nach einer andern Überlieferung verfolgte Orion die Plejaden, die sieben Töchter des Atlas. Als Zeus dies nicht mehr mit ansehen konnte, setzte er sie als Sternbilder an den Himmel, wo Orion sie noch heute verfolgt, aber niemals erreicht. In einer weiteren Version wurde Orion von Oinopion, dessen Frau oder Tochter er nachstellte, geblendet, bis er nach einer Wanderung übers Meer zum Aufgang der Sonne das Augenlicht zurückerhielt.

enden – für eine Supernova wird es vermutlich nicht reichen. Bellatrix wurde lange Zeit als Standard für die Bestimmung der Helligkeit von Sternen benutzt; inzwischen stellte sich aber heraus, dass auch Bellatrix ein wenig variiert.

Alnitak

ζ Ori
scheinbare Helligkeit: 1ᵐ7
Entfernung: 800 Lichtjahre
Spektralklasse: O9

Alnitak ist der östlichste der Gürtelsterne des Orion. Wie Alnilam, Rigel und Mintaka (δ Ori, das westliche Ende des Gürtels) ist auch Alnitak ein Blauer Riese – jedenfalls seine Hauptkomponente, denn Alnitak ist ein Doppelstern. Sein Begleiter wurde erst vor einigen Jahren ent-

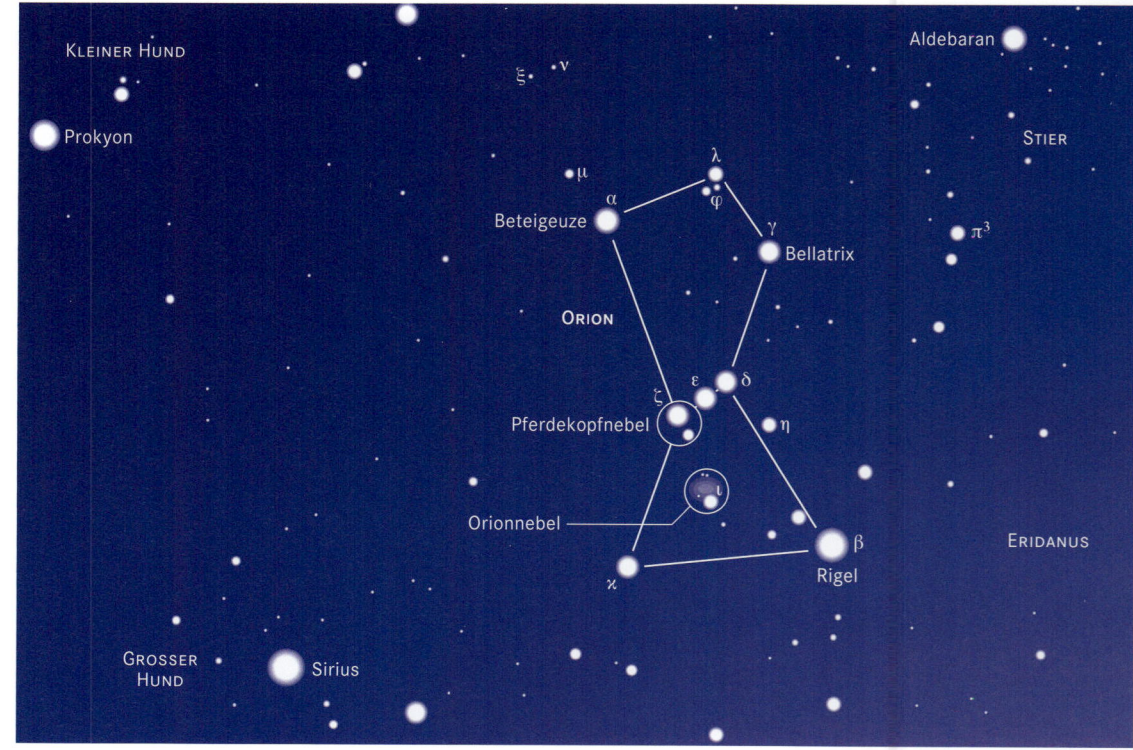

Bei dem Dunkelnebel Barnard 33 handelt es sich um eine Ansammlung von kaltem Gas und Staub, deren Form an einen Pferdekopf erinnert.

Wissenswert Dunkelwolken

Eine Dunkelwolke wie der Pferdekopfnebel ist ein Gebiet der interstellaren Materie, in dem sich diese besonders dicht ballt: Das Licht der dahinter liegenden Sterne wird deshalb geschluckt. Die Form dieser Dunkelwolken ist meist sehr unregelmäßig. Die größten Dunkelwolken sind mit bloßem Auge als dunkle Flecken gegen den helleren Hintergrund der Milchstraße wahrnehmbar und verursachen deshalb scheinbar sternarme oder sternleere Gebiete. Dunkelwolken hoher Dichte bezeichnet man als Globulen; sie werden als Urzustand eines entstehenden Sterns angesehen. Natürlich ist die Dichte viel geringer als etwa bei der Erde, doch an den lichtschluckenden Staubpartikeln lagern sich immer mehr Atome an – es wachsen Moleküle. Da diese Moleküle nicht durch Licht von außen gestört werden, wachsen sie im Innern der Dunkelwolke immer enger zusammen. Irgendwann fangen sie an, sich heftig aneinander zu reiben, bis wieder so hohe Temperaturen entstehen, dass Kerne verschmelzen – ein neuer Stern entsteht.
Der amerikanische Astronom Edward Barnard (*1857, †1923) war ein Pionier der Astrofotografie und der Erste, der im Jahr 1905 Dunkelwolken beobachtete. Er stellte einen ganzen Katalog dieser Objekte auf – der Pferdekopfnebel hat darin die Nummer B 33.

deckt. Alnitak erscheint dem Auge 10 000-mal heller als die Sonne. Allerdings strahlt seine 31 000 Kelvin heiße Oberfläche vor allem im Ultravioletten ab und damit für das Auge nicht sichtbar. Berücksichtigt man das, klettert seine Leuchtkraft auf das 100 000-fache der Sonnenleuchtkraft. Wäre die Erde ein Planet im Alnitak-System, müsste sie 300-mal weiter weg von Alnitak als jetzt von der Sonne sein, soll das Leben auf ihr nicht verbrennen. Alnitak hat etwa den 20-fachen Durchmesser der Sonne und ist wie alle massiven Sterne mit 6 Millionen Jahren noch ziemlich jung. Seine Ende in Form einer Supernova steht jetzt schon fest.

Orionnebel

M 42
scheinbare Helligkeit: 4^{m}0
Entfernung: 1 350 Lichtjahre

Der 1610 entdeckte Orionnebel steht knapp unterhalb der drei Gürtelsterne. Man findet ihn recht einfach, wenn man von Alnilam, dem mittleren Gürtelstern, 4,5 Grad nach Süden schwenkt. Da man ihn schon mit bloßem Auge als kleine Aufhellung erkennt, ist er das ideale Objekt für Einsteiger. Mit einem Fernglas kann man einzelne Sterne ausmachen, mit einem 80-mm-Fernrohr lassen sich bei 20–30-facher Vergrößerung die Flügel des Nebels erahnen. Ein 200–400-mm-Teleskop zeigt hingegen faszinierende Details. Eingebettet in den Nebel befindet sich ein junger Sternhaufen mit dem als Trapez bekannten Mehrfachstern ϑ^1 Orionis als Zentrum. Seine heißen Komponenten und andere junge Sterne, die hier entstehen, bringen das umgebende interstellare Gas zum Leuchten – erst dadurch wird der Orionnebel sichtbar.

Der nördliche Teil des Orionnebels ist vom Rest durch eine dunkle Staubspur getrennt und wird deshalb unter einer eigenen Katalognummer (M 43) geführt.

Pferdekopfnebel

Barnard 33

Der Pferdekopfnebel, in der Nähe von Alnitak zu finden, ist eines der berühmtesten astronomischen Objekte. Kein Wunder also, dass er anlässlich des elften Geburtstags des Hubble-Weltraumteleskops von den Astronomen zum Jubiläumsmotiv gewählt wurde. Er ist Teil einer riesigen dunklen Wolke aus Gas und Staub, die ständig in Bewegung ist und sich vor dem Hintergrund eines deutlich heller leuchtenden Wasserstoff-Emissionsnebels mit der Katalognummer IC 434 abzeichnet.

Dieser hinter dem Pferdekopf liegende Emissionsnebel strahlt in einem Wellenlängenbereich, den wir als dunkelrot wahrnehmen. Das nachtadaptierte Auge ist dafür nahezu blind – für die visuelle Beobachtung eignet sich der Pferdekopfnebel also nicht. Astrofotografen haben hingegen leichtes Spiel: Spezielle Filme und CCDs funktionieren bei dieser Farbe ausgezeichnet. Beobachter in einigen Tausend Jahren werden sich allerdings dennoch einen neuen Namen für die Dunkelwolke überlegen müssen, da der Nebel allmählich seine charakteristische Form verlieren wird.

Der Pferdekopfnebel wurde bereits 1918 von dem amerikanischen Astronomen Edward Barnard katalogisiert. Deshalb ist er auch unter dem Namen Barnard 33, kurz B33, bekannt.

Der Orionnebel ist ein Entstehungsgebiet für neue Sterne.

Der Pferdekopfnebel ist einer der berühmtesten Nebel.

Mosaikbild des zentralen Teils des Orionnebels
auf der Grundlage von 81 Einzelbildern;
im Zentrum sind die Trapezsterne zu sehen
(Aufnahme vom Dezember 1999, VLT)

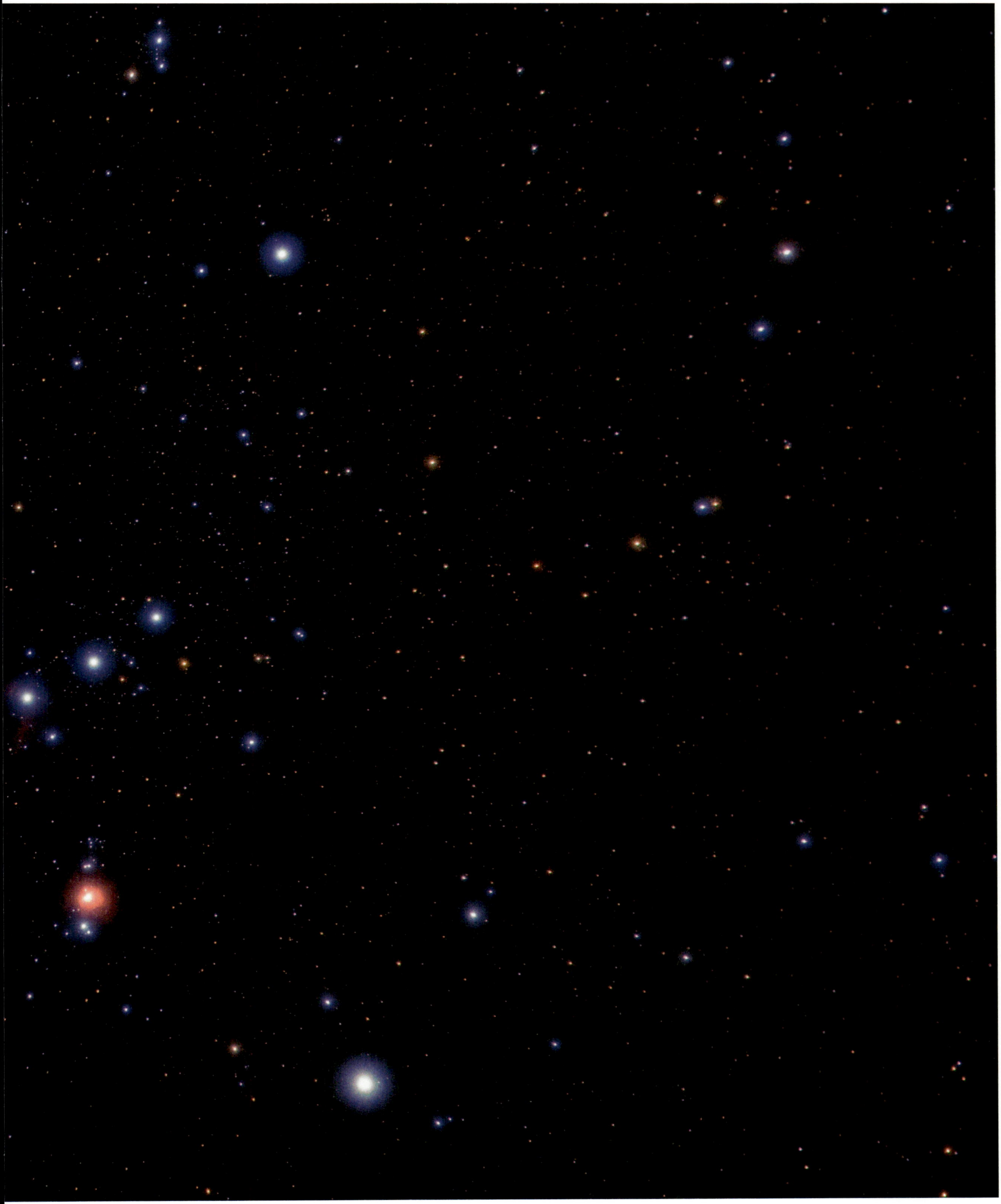

Pegasus (Peg)

Himmelspferd mit geteiltem Stern

Der Pegasus ist ein ausgedehntes, auffälliges Sternbild des Nordhimmels, das in unseren Breiten im Herbst am Abendhimmel sichtbar ist. Es grenzt an das Sternbild Schwan und liegt in der Nähe des Himmelsäquators. Am markantesten ist das Pegasus-Rechteck, wobei der Eckstern Alpheratz auch zum Sternbild Andromeda gehört. Der Kopf des geflügelten Pferdes wird durch die Sterne Epsilon und Theta Pegasi gebildet – die Griechen haben das Fabelwesen kopfüber an den Himmel gesetzt. Im Pegasus findet man mehrere Galaxien, darunter Stephans Quintett, und den glanzvollen Kugelsternhaufen M 15.

Enif

ε Peg
scheinbare Helligkeit: 2$^{\rm m}$4
Entfernung: 700 Lichtjahre
Spektralklasse: K2

Der hellste Stern im Pegasus, dessen Eigenname aus dem Arabischen stammt und »Nase« bedeutet, ist ein orangeroter Überriese mit 6700-facher Sonnenleuchtkraft und 150-fachem Sonnendurchmesser, der – an die Stelle der Sonne gesetzt – etwa die Umlaufbahn der Venus ausfüllen würde. Dass er nicht den Alpha-Status besitzt, liegt an prominenten Pegasus-Viereck, dessen Sterne die ersten vier Plätze α bis δ der Rangordnung besetzen. Enif besitzt zwei Begleiter und zeigt gelegentlich heftige Ausbrüche, die noch nicht erklärt werden können.

51 Pegasi

51 Peg
scheinbare Helligkeit: 5$^{\rm m}$45
Entfernung: 50 Lichtjahre
Spektralklasse: G2

Dieser sonnenähnliche Stern ist eigentlich kein spektakuläres Objekt und in dunklen Nächten gerade noch mit freiem Auge zu erkennen. Sein Alter wird auf acht Milliarden Jahre geschätzt, womit er drei Milliarden Jahre älter als die Sonne ist. Berühmt geworden ist 51 Pegasi durch die Entdeckung des ersten extrasolaren Planeten im Jahr 1995 durch die Schweizer Astronomen Michel Mayor und Didier Queloz – ein Meilenstein in der astronomischen Forschung. Gemütlich geht es auf 51 Pegasi b – so seine Bezeichnung – allerdings nicht zu, obwohl relativ wenig Fakten über den Planeten bekannt sind. Die meisten Astronomen halten ihn jedoch für einen jupiterähnlichen Gasriesen, der seinen Stern in sehr geringem Abstand umkreist: Sein Abstand entspricht dem Zwanzigstel der Distanz zwischen der Erde und unserer Sonne. Entsprechend hoch, nämlich über 1000 Kelvin, ist die Oberflächentemperatur von 51 Pegasi b.

M 15

scheinbare Helligkeit: 6$^{\rm m}$5
Entfernung: ca. 33 000 Lichtjahre

Der 1746 von dem italienisch-französischen Astronomen Jean-Dominique Maraldi entdeckte und schätzungsweise 33 000 Lichtjahre entfernte Kugelsternhaufen M 15 ist bereits mit bloßem Auge als winziges Nebelfleckchen zu sehen. Schon mit einem kleinen Teleskop fällt auf, wie stark die Helligkeit von M 15 zum Zentrum hin zunimmt: Von allen Kugelsternhaufen unserer Milchstraße hat M 15 die höchste Sterndichte in der Kernregion. Es ist aber unklar, ob allein die gegenseitige Anziehungskraft der Sterne für diese Zusammenballung verantwortlich ist oder ob im Zentrum von M 15 ein supermassives Objekt steckt, also beispielsweise ein Schwarzes Loch.

M 15 war der erste Kugelsternhaufen, in dem ein planetarischer Nebel entdeckt wurde (1928). Außerdem enthält er über 100 Veränderliche sowie neun Pulsare, die von Supernova-Explosionsen in der Jugend des Sternhaufens übrig blieben. Der interessanteste von ihnen ist PSR 2127+11 C, ein Doppelsystem aus zwei Neutronensternen.

Stephans Quintett

Entfernung: ca. 300 Mio. Lichtjahre

Geburt und Tod liegen im Universum nahe beieinander. Einen eindrucksvollen Beleg dafür liefert Stephans Quintett, eine Galaxiengruppe in ca. 300 Millionen Lichtjahren Entfernung, die erstmals von Edouard M. Stephan im Jahr 1877 beobachtet wurde und die erste kompakte Gruppe von Galaxien war, die man entdeckt hat. Der Ausschnitt einer Hubble-Aufnahme, die viele Details des Quintetts offenbart, zeigt gleich drei kollidierende

Mythologie

Pegasus (oder Pegasos) war in der griechischen Mythologie das Kind von Medusa und Poseidon. Medusa war in ihrer Jugend noch eine wunderschöne Frau, doch ihre Entjungferung durch Poseidon fand ausgerechnet im Tempel der Athene statt, die diese Schändung ihrer heiligen Hallen dadurch bestrafte, dass sie Medusa in ein Ungeheuer verwandelte, das Schlangen anstelle von Haaren hatte und dessen Blick Menschen in Stein verwandelte. Nachdem Perseus Medusa enthauptet hatte, sprang Pegasus aus dem Körper hervor, breitete seine Schwingen aus und flog zum Berg Helikon, dem Sitz der Musen. Manchmal wird Pegasus als das Ross des Perseus dargstellt, doch sein tatsächlicher Reiter war der Held Bellerophontes. Er war der Einzige, der Pegasus mit Hilfe des goldenen Zaumzeugs, das ihm die Göttin Athene geschenkt hatte, zähmen konnte. Gemeinsam besiegten Bellerophontes und sein Ross die Chimaira, ein Ungeheuer, das laut Homer vorne ein Löwe, hinten eine Schlange und in der Mitte eine Ziege war. Als Bellerophontes noch weitere Heldentaten gelangen und er ein wenig übermütig wurde und versuchte, den Himmel zu erstürmen, stürzte er zur Erde zurück, während Pegasus die Reise vollenden konnte und für Zeus die Blitze tragen durfte.

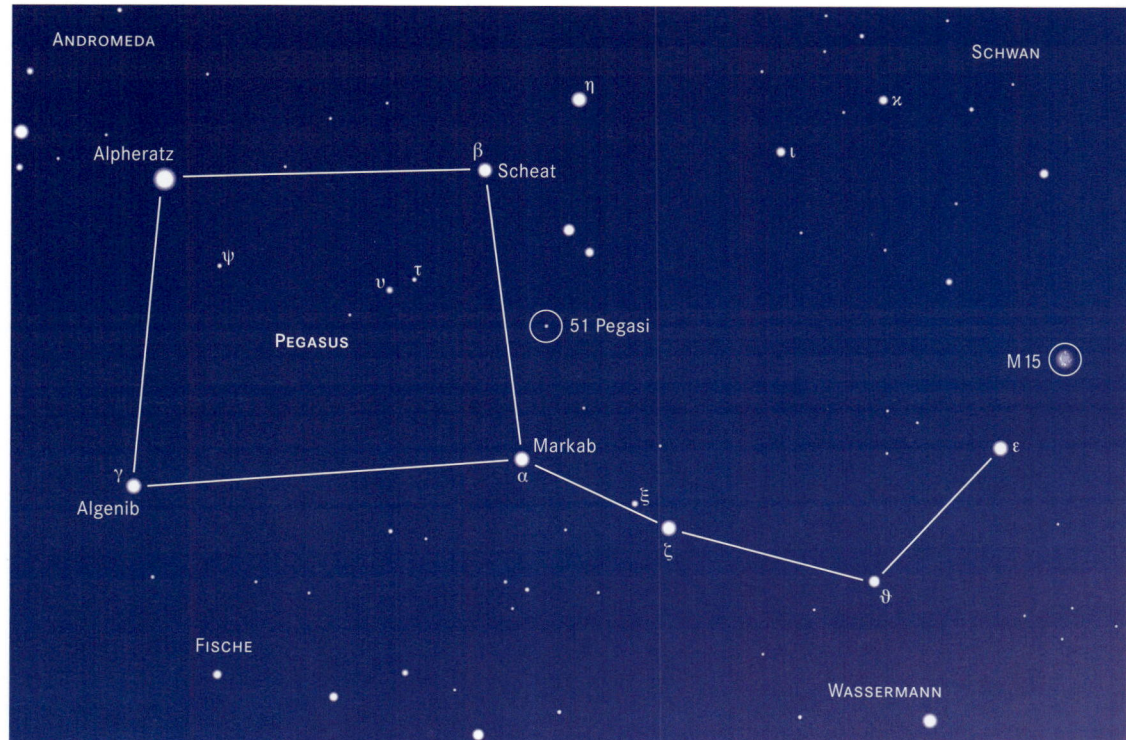

Einblick ins frühe Universum:
Stephans Quintett

Wissenswert **Exoplaneten**

Seit einigen Jahren halten Astronomen intensiv Ausschau nach Planeten außerhalb unseres Sonnensystems, den sogenannten extrasolaren Planeten, kurz auch Exoplaneten. Was keine einfache Sache ist, denn die Exoplaneten sind weit weg, befinden sich in der Nähe von hellen Sternen und leuchten nicht selbst. Da müssen die Planetenjäger also schon einige Tricks anwenden, um fündig zu werden. Ein Exoplanet verrät sich beispielsweise indirekt über die Anziehung des Sterns, den er umkreist. Denn wenn der Planet an dem Stern zieht, pendelt der Stern ein wenig um den gemeinsamen Schwerpunkt. Dieses Pendeln wiederum schlägt sich im Spektrum des Sterns nieder. Manchmal haben Astronomen aber auch Glück und beobachten einen Exoplaneten, wenn er an seinem Stern vorbeizieht. Obwohl der vorbeiziehende Planet das Licht des Sterns nur minimal abschwächt, können Astronomen aus einer solchen »Sternfinsternis« ziemlich viel über Größe und Masse des Planeten lernen. Obwohl sich Exoplaneten also nicht gerade auf dem Präsentierteller zur Schau stellen, konnten bisher fast 800 von ihnen entdeckt werden – die meisten davon jedoch unwirtliche Gasriesen. Interessant sind vor allem kleine, erdähnliche Exoplaneten. Nach ihnen sucht u.a. das 2009 gestartete Weltraumteleskop Kepler.

Galaxien: In der Bildmitte befindet sich NGC 7319, oben rechts sind die Überreste der Galaxien NGC 7318b und NGC 7318a zu sehen. Das Gebiet oben links bezeichnen die Astronomen als nördliche Starburst-Region; es enthält viele kleine Sternhaufen, die bei der kosmischen Karambolage entstanden sind.

Stephans Quintett ist für Astronomen deshalb so interessant, weil hier Vorgänge ablaufen, die typisch für die Frühphase des Universums sind, als Galaxien viel häufiger zusammenstießen als heute. Mithilfe der Hubble-Aufnahme war es möglich, das Alter der Sternhaufen in der Galaxiengruppe zu bestimmen. Es liegt zwischen zwei Millionen und mehr als einer Milliarde Jahre, was auf eine turbulente Geschichte von Stephans Quintett hindeutet. Obwohl die letzte Kollision der Galaxien schon etwa 20 Millionen Jahre zurückliegt, sind überraschenderweise noch vor zwei Millionen Jahren neue Sternhaufen entstanden, eventuell angestoßen durch den Tod von massereichen Sternen in älteren Haufen.

M 15 hat über
500 000 Mitglieder.

Perseus (Per)

Haufenweise Sternhaufen

Perseus ist ein markantes, von der Milchstraße durchzogenes Sternbild des Nordhimmels, das bei uns im Winter hoch am Abendhimmel sichtbar ist. Man findet es zwischen Andromeda und Fuhrmann. Zahlreiche lohnende Beobachtungsobjekte warten hier auf den Amateurastronomen, unter anderem viele Sternhaufen, aber auch einige schwache Nebel und Galaxien.
Perseus ist in unseren Breiten zum Teil zirkumpolar, d. h. es enthält viele Sterne, die bei ihrer täglichen Bewegung an der Himmelssphäre nicht unter dem Horizont verschwinden und prinzipiell immer sichtbar sind – nur im Winter jedoch präsentiert sich Perseus vollständig.

Die offenen Sternhaufen h Persei und χ Persei (NGC 869 und NGC 884)

Mirfak

α Per
scheinbare Helligkeit: 1,ᵐ8
Entfernung: 600 Lichtjahre
Spektralklasse: F5

Der hellste Stern im Perseus ist ein gelber Überriese, der 5000-mal so leuchtstark wie die Sonne ist. Er wird auch mit Algenib bezeichnet, was allerdings eine Verwechslungsgefahr mit sich bringt, denn im Sternbild Pegasus gibt es einen gleichnamigen Stern.

Algol

β Per
scheinbare Helligkeit: 2,ᵐ1–3,ᵐ4
Entfernung: 93 Lichtjahre
Spektralklasse: B8

Algols Bekanntheit verdankt sich seiner Unbeständigkeit, denn er ist der veränderliche Stern schlechthin. Die Entdeckung der Helligkeitsveränderungen wird dem italienischen Astronomen Geminiano Montanari im Jahr 1667 zugeschrieben, doch bereits die Namensgeber müssen etwas geahnt haben, denn der arabische Name leitet

Mythologie

Perseus ist einer der ganz großen Helden in der an Heroen ja nicht gerade armen griechischen Mythologie. Kein Wunder also, dass die Mitwirkenden seiner Sage in sechs Sternbildern dargestellt werden.
Perseus ist der Sohn des Zeus und der Danae, die von ihrem Vater allerdings in den Kerker gesperrt worden war, weil ein Orakel ihn vor seinem Enkel gewarnt hatte. Trotzdem schaffte es Zeus, Danae in Form eines Goldregens zu schwängern. Nachdem Perseus geboren war, musste Danaes Vater das Kind samt Mutter loswerden und setzte sie auf dem Meer aus. Beide wurden jedoch gerettet und landeten bei einem Fischer. Dessen Bruder aber, König Polydektos, begehrte Danae, ihr inzwischen herangewachsener Sohn beschützte sie jedoch. Polydektos stellte Perseus daraufhin eine vermeintliche Falle und verlangte von ihm, das Haupt der schrecklichen Medusa – ihr furchtbarer Blick verwandelte jeden in Stein – zu besorgen. Perseus jedoch bediente sich seiner verwandtschaftlichen Beziehungen zur Götterwelt, bekam von Athene einen Bronzeschild, von Hephaistos ein Diamantschwert, von Hermes Flügelsandalen und von Hades einen Helm, der ihn unsichtbar machte. Derart ausgerüstet, gelangte Perseus ungesehen zu Medusa und schlug ihr den Kopf ab – das Sternbild zeigt den Helden mit dem Haupt. Perseus steckte den Kopf ein und floh auf dem Flügelross Pegasos in das Land des Königs Kepheus, dessen Tochter Andromeda einem Meeresungeheuer – verewigt im Sternbild Walfisch – geopfert werden sollte. Perseus rettete Andromeda jedoch in letzter Sekunde und heiratete sie. Die beiden Geliebten liegen am Himmel nebeneinander, in der Nähe sieht man Andromedas Eltern Kepheus und Kassiopeia. Der Walfisch und Pegasos vervollständigen das Bild.

sich von einem Wüstendämon ab, der unter stets wechselnder Gestalt erscheint. In der Tat lässt sich der Unterschied zwischen Helligkeitsmaximum und -minimum – immerhin 1,3 Größenklassen, was einem Faktor drei entspricht – schon mit bloßem Auge erkennen. Der Ruf von Algol litt schon immer unter seiner Wechselhaftigkeit, bis heute betrachten die Astrologen ihn als Unglücksstern.

1783 erklärte der englische Astronom John Goodricke die Helligkeitsveränderungen mit der Doppelsternnatur von Algol: Der Lichtwechsel zum Minimum, das etwa 10 Stunden anhält, wird durch die gegenseitige Bedeckung der beiden Algol-Sterne, die einander sehr eng umkreisen, hervorgerufen. Nach dem Eintritt des Minimums kann man seine Uhr stellen: alle zwei Tage, 48 Minuten und 46 Sekunden.

Algol ist der Prototyp einer Unterklasse der Bedeckungsveränderlichen, der sogenannten Algolsterne. Charakteristisch für ihre Vertreter sind die periodischen Minima bei Bedeckung, aber unveränderte Helligkeit, wenn von der Erde aus beide Komponenten zu sehen sind. Diesen Helligkeitsverlauf unterscheidet die Algolsterne von den Beta-Lyrae-Sternen.

Algol ist aber nicht nur wegen seines Vorbildcharakters berühmt, sondern auch wegen eines scheinbaren Widerspruchs, dem sogenannten Algol-Paradoxon. Normalerweise ist bei einem Doppelsternsystem der massereichere Stern der weiter entwickelte – bei Algol ist es jedoch gerade umgekehrt. Die Auflösung des Widerspruchs liegt darin, dass der jetzt masseärmere Stern ursprünglich der massereichere war und im Laufe seiner Entwicklung an Größe zunahm, bis er sein kritisches Volumen ausfüllte – ab dann strömte Materie in der Größenordnung von 200 Millionen Sonnenmassen auf den nahen Begleiter über. Um das Doppelsternsystem kreist in einem Abstand von 2,7 Astronomischen Einheiten noch ein weiterer Begleiter, der für einen Umlauf 681 Tage benötigt.

Doppelsternhaufen NGC 869/884

scheinbare Helligkeit: 5,ᵐ3 bzw. 6,ᵐ1
Entfernung: ca. 8000 Lichtjahre

Perseus ist reich an Sternhaufen, die Krone gehört jedoch ohne Zweifel dem 8000 Lichtjahre entfernten Doppelsternhaufen h Persei (NGC 869) und χ Persei (NGC 884) in der nordwestlichen Ecke des Sternbilds. Schon mit bloßem Auge sind die beiden Sternhaufen, die 200 bzw. 110 Sterne enthalten, als neblige Objekte zu erkennen. Um sie zu finden, startet man am besten in der Kassiopeia und verlängert die Linie γ–δ Cas um den Faktor zwei nach Südosten. Im Fernrohr – insbesondere bei großem Gesichtsfeld – bieten sie einen prächtigen Anblick und funkeln wie Diamanten auf schwarzem Samt, selbst für lichtgeplagte Städter. Welcher der beiden Haufen der schönere ist, kann man kaum entscheiden. NGC 869 und NGC 884 liegen nur wenige hundert Lichtjahre voneinander entfernt und enthalten Sterne, die viel jünger und heißer sind als die Sonne. Sie zeigen aber nicht nur eine »körperliche« Nähe, sondern sind auch etwa gleich alt, was anhand des Alters ihrer Einzelsterne festgestellt wurde. Das ist ein Indiz dafür, dass die Haufen wahrscheinlich in derselben Sternbildungsregion entstanden sind.

M 34

scheinbare Helligkeit: 5,⁵
Entfernung: 1400 Lichtjahre

Der vermutlich 1764 von Charles Messier, eventuell aber schon über 100 Jahre früher von dem Italiener Giovanni Batista Hodierna entdeckte Sternhaufen M 34 im Westen des Sternbilds ist ein recht locker gestreuter Haufen in 1400 Lichtjahren Entfernung mit etwa 100 Mitgliedern, die sich auf einem Gebiet mit 14 bis 18 Lichtjahren Durchmesser verteilen. Bereits im 10×50-Fernglas lassen sich knapp 20 Einzelsterne auflösen. Mit einem 70-mm-Glas sind es schon 40 bis 50 Sterne, einige davon hübsche Doppelsterne.

M 76

scheinbare Helligkeit: 10^m
Entfernung: 4000 Lichtjahre

Der 1780 von dem französischen Astronomen Pierre Méchain entdeckte planetarische Nebel M 76 zeigt sich erst im Großfeldstecher sicher. Dabei zeigt sich M 76 in Barrenform mit einer angedeuteten Zweiteilung mit deutlich sichtbaren helleren Kernen, die dazu führte, dass man im 18. Jahrhundert zwei Nebel in M 76 sah, später aber zeigen konnte, dass es sich nur um ein Objekt handelt. Seine besondere Struktur verleiht dem Nebel den Beinamen »Kleiner Hantelnebel«. Um den Barren herum befindet sich eine Halo aus dem Material, dass der ehemalige Rote Riese im Zentrum einst abgestoßen hat. Heute erscheint der Zentralstern als Doppelsternsystem, eine der beiden Komponenten befindet sich jedoch 20 000 Lichtjahre hinter dem Nebel. Die beiden Sterne stellen also nur ein optisches Doppelsternsystem dar.

California-Nebel

NGC 1499
scheinbare Helligkeit: 5^m
Entfernung: 1 000 Lichtjahre

1885 entdeckte der amerikanische Astronom Edward Barnard diesen schwachen Nebel, der diffus aus einer Entfernung von 1 000 Lichtjahren leuchtet. In sehr dunklen Nächten kann er sogar mit bloßem Auge beobachtet werden, die charakteristische Form, die an den US-Bundesstaat Kalifornien erinnert und dem Nebel den entsprechenden Beinamen gab, offenbart sich allerdings erst im Teleskop mit Filter.

NGC 1499 ist ein Emissionsnebel, seine Wasserstoffmassen werden durch einen nahen, heißen Stern zum Leuchten angeregt. Trifft die Ultraviolettstrahlung auf ein Wasserstoffatom, schlägt sie ein Elektron aus dessen Atomhülle. Der freie Platz muss durch ein anderes Elektron gefüllt werden, wobei Strahlung abgegeben wird – das typische rote Leuchten entsteht.

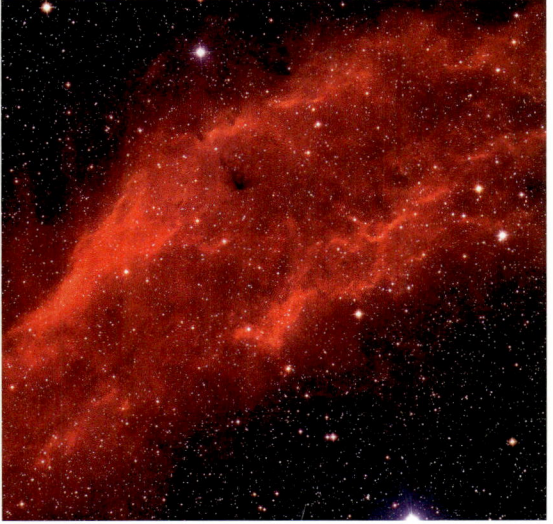

Sternhaufen M 34

Melotte 20

scheinbare Helligkeit: 1,²
Entfernung: 600 Lichtjahre

Dieser bereits mit bloßem Auge sichtbare Sternhaufen in 600 Lichtjahren Entfernung gruppiert sich um Mirfak, den Hauptstern im Perseus. Seinen Namen verdankt er dem britischen Astronomen Philbert J. Melotte, der den Haufen 1915 in seinen Katalog aufnahm; oftmals wird auch die Bezeichnung Perseus-Bewegungshaufen benutzt, da sich die Mitglieder des Sternhaufens gemeinsam in Richtung Pegasus durch den Raum bewegen. In den Standard-Katalogen wie Messier und NGC ist er nicht vertreten und vielleicht deshalb auch nicht so bekannt. Allerdings war er schon den antiken Astronomen aufgefallen, und ein Blick durch den Feldstecher lohnt auf jeden Fall.

Melotte 20 gehört zu einer Klasse von offenen Sternhaufen, die von jungen, massereichen und heißen Sternen der Spektraltypen O und B dominiert werden und deshalb OB-Assoziationen genannt werden. Leider sind solche Sternhaufen sehr instabil, weil die Mitgliedssterne in relativ kurzer Zeit auseinanderdriften und nach und nach kaum noch vom umgebenden Sternfeld unterscheidbar sind. Zusätzlich sorgen die starken Sternwinde von O- und B-Sternen dafür, dass der Haufen im Laufe der Zeit mehr und mehr Masse verliert, und verstärken dadurch den Auflösungstrend. Vor allem massearme Sterne können durch die geringere Anziehungskraft des Sternsystems nicht mehr gehalten werden und erzeugen durch ihre Dissipation in den umgebenden Raum einen erneuten Masseverlust des Sternhaufens – also ein sich selbst verstärkender Prozess der Selbstauflösung. Diese Dissipation tritt bei allen Sternhaufen aufgrund einer statistischen Geschwindigkeitsverteilung auf, wird aber speziell in OB-Assoziationen durch die starken Sternwinde verstärkt.

Perseushaufen

Erst in den 1920er-Jahren wurde den Astronomen klar, dass unser Milchstraßensystem nicht einmalig im Universum ist – unzählige Galaxien bevölkern das All. Zunächst dachte man, dass sie gleichmäßig verteilt sind, doch in den 1930er-Jahren fiel dem Astronomen Fritz Zwicky auf, dass sie sich zu Haufen sammeln. Heute weiß man: Galaxienhaufen, die sich wiederum zu Superhaufen gruppieren mit unvorstellbaren Leerräumen dazwischen, bestimmen die Struktur des Universums.

Auch Perseus enthält einen Galaxienhaufen, den Perseushaufen in etwa 300 Millionen Lichtjahren Entfernung. Mitten drin steckt die Galaxie NGC 1275, die unter Astronomen auch als Quelle für intensive Röntgen- und Radiostrahlung bekannt ist und gerade auf Kollisionskurs mit einer anderen Galaxie liegt. Durch diesen kosmischen Verkehrsunfall entsteht eine Vielzahl neuer Sterne. Die Kollision der Galaxien dürfte dazu führen, dass immer mehr Gas ins Zentrum der Galaxie gelangt, wo sich – die beobachtete Strahlung deutet darauf hin – ein sehr massereiches Schwarzes Loch befinden könnte.

Der Perseushaufen enthält etwa 500 Galaxien.

Perseiden

Die Perseiden, deren Radiant im Sternbild Perseus in der Nähe des Sterns η Persei liegt, sind einer der beständigsten und auffälligsten jährlichen Meteorströme. Früher wurden sie auch als »Laurentiusschwarm« oder »Laurentiusstränen« bezeichnet, nach der Legende die Schweißtropfen des römischen Märtyrers Laurentius. Die Perseiden bestehen aus den Auflösungsprodukten des Kometen 109 P/Swift-Tuttle, dessen Bahn die Erdbahn immer um den 12. August herum kreuzt – zwei Tage nach Laurentius' Namenstag. Der gesamte Aktivitätszeitraum der Perseiden erstreckt sich vom 17. Juli bis zum 24. August. Die Zahl der Meteore wird immer dann größer, wenn sich der Komet der Erde nähert, wie es 1992 der Fall war. Dann kann der Meteorschauer ein Maximum von ca. 110 Meteoren pro Stunde erreichen.

Die erste Beobachtung der Perseiden gelang in China am 17. Juli des Jahres 36 n. Chr., die nächste belegte Beobachtung fand im Juli 714 statt. Aus der Folgezeit existieren zahlreiche chinesische, japanische und koreanische Berichte. In Europa wurde der Schauer erstmals im Jahre 811 und seitdem immer wieder beobachtet. Im 19. Jahrhundert wurden die Perseiden als starker, jährlicher Meteorstrom erkannt und nun systematisch beobachtet.

Zwischen 1864 und 1866 berechnete der italienische Astronom Giovanni Schiaparelli die Bahn des Perseidenstroms und entdeckte, dass sie mit der Bahn des Kometen Swift-Tuttle nahezu identisch ist. Damit gelang ihm der erste Beweis für den Zusammenhang zwischen einem Meteorstrom und einem periodischen Kometen.

Wissenswert Charles Messier

Der französische Astronom, geboren am 26. Juni 1730 in Badonviller und gestorben am 12. April 1817 in Paris, zählt zu den Pionieren der Kometenforschung, ist aber vor allem durch seinen Katalog kosmischer Objekte berühmt geworden. Aus einer ärmlichen Familie stammend, begann er seine Laufbahn als Beobachtungsassistent an der Sternwarte im Pariser Hôtel de Cluny. 1758 suchte Messier wie viele andere auch nach dem Kometen Halley. Er beobachtete ihn zwar nicht als Erster, hatte aber sein Arbeitsgebiet, die Kometenforschung, gefunden. In den folgenden Jahren gelangen ihm fast 20 Entdeckungen.

Bei seiner Suche hatte Messier des öfteren erleben müssen, dass er durch unbekannte kosmische Nebelflecke getäuscht wurde, die er zunächst für Kometen hielt. So beschloss er, diese Nebel zu katalogisieren, deren Natur ihm damals allerdings noch unbekannt war.

Messier betrat damit weitgehend Neuland; die Nebelflecke waren als Forschungsgebiet nicht anerkannt. Erst Wilhelm Herschel führte Messiers Katalog weiter und zeigte erstmals ein Forschungsinteresse an den Objekten selbst.

Haufenweise Sternhaufen

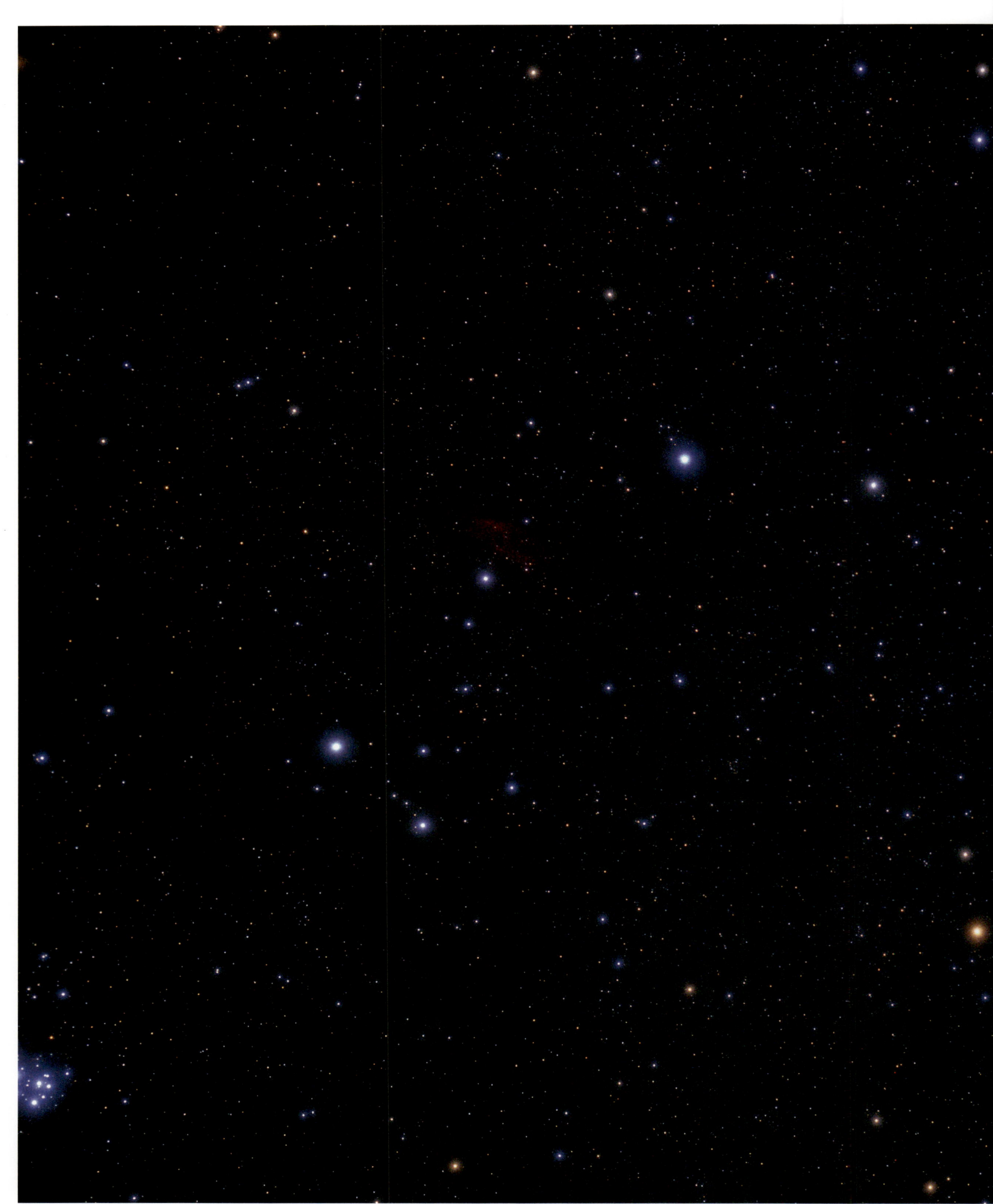

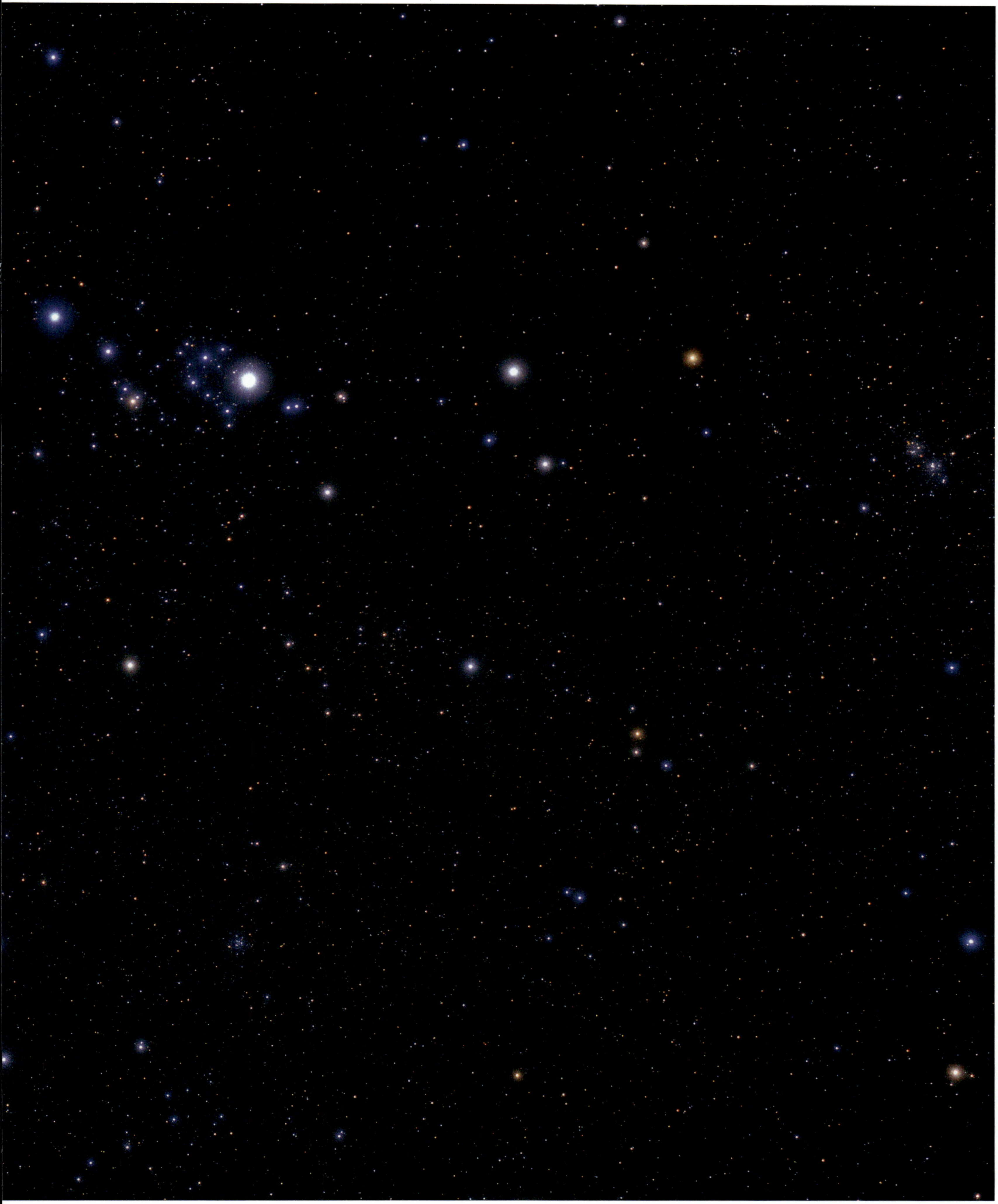

Sagittarius (Sag) – Schütze
Richtung Zentrum

Das Sternbild Schütze, mit wissenschaftlichem Namen Sagittarus (Abkürzung Sag), ist das am weitesten südlich liegende Tierkreissternbild, das in unseren Breiten im Sommer am Abendhimmel sichtbar ist. Vielen gilt es als das Sommersternbild schlechthin. Aber selbst dann ist es aufgrund seiner großen Ausdehnung und seiner sehr südlichen Lage in Deutschland nicht vollständig sichtbar. Der Schütze umfasst den hellsten Teil der Milchstraße. Seine Hauptsterne lassen sich zur Silhouette einer Teekanne verbinden, weshalb auch hierzulande die amerikanische Bezeichnung »Teapot« üblich ist. Es sind aber nicht so sehr die Sterne, die den Schützen so attraktiv machen, sondern die vielen Deep-Sky-Objekte, mit denen das Sternbild aufwarten kann. Allein fünfzehnmal ist Messiers Katalog vertreten – so oft wie in keinem anderen Sternbild. Die Fülle verwundert nicht, denn im Südwesten des Schützen befindet sich die Richtung zum galaktischen Zentrum. Omeganebel, Lagunennebel, Trifidnebel – klangvolle Namen, deren »Besuch« mit dem Teleskop zu den unverzichtbaren Klassikern der Himmelsbeobachtung zählt.

Der Lagunennebel ist eine Mischung aus Reflexions- und Emissionsnebel.

Lagunennebel
M 8
scheinbare Helligkeit: 6ᵐ0
Entfernung: ca. 5 200 Lichtjahre

Der Lagunennebel steht im Süden des Sternbilds Schütze und ist eigentlich nicht zu verfehlen, denn bei klarem, dunklem Himmel ist er als deutlicher Nebelfleck bereits mit bloßem Auge zu erkennen. Ursprünglich vermerkte Messier unter der Katalognummer M 8 nur den zentralen Sternhaufen NGC 6530, der 1654 von dem italienischen Astronomen Giovanni Battista Hodierna entdeckt worden war und dessen hellster Stern im Wesentlichen den Nebel zum Leuchten bringt. Der unregelmäßig geformte Nebel um den Haufen herum, den man heute mit M 8 verbindet, wurde von Messier extra erwähnt.

Mythologie

Der Schütze gibt hinsichtlich seiner Bedeutung Anlass zur Verwirrung. Oft wird mit ihm einer der bekanntesten Kentauren, der unsterbliche Dichter Cheiron, gleichgesetzt. Er hatte eine ganze Reihe von Helden und Göttern unter seinen Fittichen, unter anderem Achilles und Herkules. Vor allem konnte er gut mit Pfeil und Bogen umgehen und schoss auch einen Pfeil auf einen Skorpion – das Sternbild neben dem Schützen. Doch der Kentaur Cheiron ist schon im Sternbild Kentaur am Himmel verewigt.
Beim Schützen übernahmen die Griechen vermutlich ein Sternbild sumerischer Herkunft. Eratosthenes bezweifelte, dass es sich überhaupt um einen Kentauren handelt, denn diese benutzten gar keinen Bogen. Er beschrieb den Schützen vielmehr als zweibeiniges Geschöpf mit dem Schwanz eines Satyrn und behauptete, dass es sich dabei um Krotos, Sohn des Pan und der Eupheme, der Amme der neun Musen, handele. Krotos erfand die Kunst des Bogenschießens und ritt oft zur Jagd aus. Die Musen mochten seine Gesellschaft sehr, sangen für ihn und baten Zeus, dass er Krotos an den Himmel setze, damit er ihnen das Bogenschießen vorführen könne. Auch einen Kranz hat man ihm im Spiel hingeworfen – das Sternbild Südliche Krone.

Der etwa 5 200 Lichtjahre entfernte galaktische Nebel M 8 ist ein Geburtsort neuer Sterne aus interstellarem Gas und Staub. Er enthält einige Dutzend junger heißer Sterne, die »vor kurzem« aus dem Nebel entstanden sind. Sein auffallendstes Merkmal ist jedoch ein dunkler Balken, der den Nebel scheinbar in zwei Hälften teilt, wie eine Lagune zwischen zwei Inseln – daher auch der Name des Nebels.

Omeganebel
M 17
scheinbare Helligkeit: 6ᵐ
Entfernung: 6000 Lichtjahre

Auch der 1745 von dem Schweizer Jean-Philippe Loys de Cheseaux entdeckte Omeganebel ist ein Ort, an dem neue Sterne entstehen. Er ist leicht am Himmel zu erkennen, da kein auffälliger Sternhaufen stört. Mit einem Fernglas ist ein kleiner, länglicher Nebel zu sehen, Details offenbaren sich bereits in mittleren und größeren Öffnungen. Warum Wilhelm Herschel für M 17 den Namen Omeganebel prägte, wird aber auch dann nicht einsichtig, vielmehr liefert der Zweitname Schwanennebel im umkehrenden Fernrohr eine ausgezeichnete Beschreibung.

Der etwa 6000 Lichtjahre entfernte Omeganebel leuchtet in einem rötlichen Licht mit rosa Schattierungen. Die hellste Region erscheint weiß, was jedoch auf eine Reflexion des Lichts der hellen Sterne am Staub in dieser Region zurückzuführen ist. Die Ausdehnung des Nebels scheint 15 Lichtjahre zu betragen, allerdings enthält die gesamte Gaswolke, die sich mindestens über 40 Lichtjahre erstreckt, große Anteile an dunkler und verdunkelnder Materie.

Wissenswert **Das galaktische Zentrum**

Früher dachte man, die Erde stehe im Mittelpunkt des Universums. Dann nahm die Sonne diesen Platz ein – zumindest, was unsere Galaxis angeht. Heute stehen weder Sonne noch Erde im Zentrum des Milchstraßensystems, sondern liegen ziemlich am Rand, in einem der Spiralarme. Das ist gut so, denn in fast allen Galaxien, auch in unserer kosmischen Heimat, befindet sich im Zentrum ein extrem massereiches Schwarzes Loch. Es verrät sich durch seine Schwerkraftwirkung auf die umliegenden Sterne. In den 1990er-Jahren begann man deshalb, die Bewegungen im zentralen Sternhaufen genau zu studieren. An der Europäischen Südsternwarte beispielsweise hat man 16 Jahre lang die Bahnen von 28 Sternen im galaktischen Zentrum verfolgt. Einer der Sterne lief in der Beobachtungszeit mehr als einmal um das Schwarze Loch und kam bis auf wenige Lichtstunden an das Schwarze Loch heran! An seiner Existenz lassen die Beobachtungsdaten eigentlich keinen Zweifel mehr. Auch seine Masse kennt man jetzt ziemlich genau: vier Millionen Sonnenmassen. Einen weiteren wichtigen Hinweis liefert die schon seit den 1930er-Jahren bekannte Radiostrahlung aus dem galaktischen Zentrum. Heute können Astronomen diese Strahlung mithilfe der Interferometrie-Technik – mehrere Radioteleskope werden quasi zu einem zusammengeschaltet – sehr genau messen. Sie stammt aus dem Materiegürtel, der das Schwarze Loch umkreist. Die Daten liefern eine untere Grenze für die Materiedichte im Zentrum – und schließen die meisten Alternativen zu einem Schwarzen Loch aus.

Trifidnebel
M 20
scheinbare Helligkeit: 7ᵐ
Entfernung: 6000 Lichtjahre

Für den etwa 6000 Lichtjahre entfernten Trifidnebel, von Messier unter der Nummer M 20 in seinen Katalog aufgenommen, braucht man schon eine glasklare Sommernacht bis zum Horizont, um ihn erfolgreich beobachten zu können. In Norddeutschland etwa gelangt M 20 nur 15 Grad über den Horizont – die richtigen Bedingungen

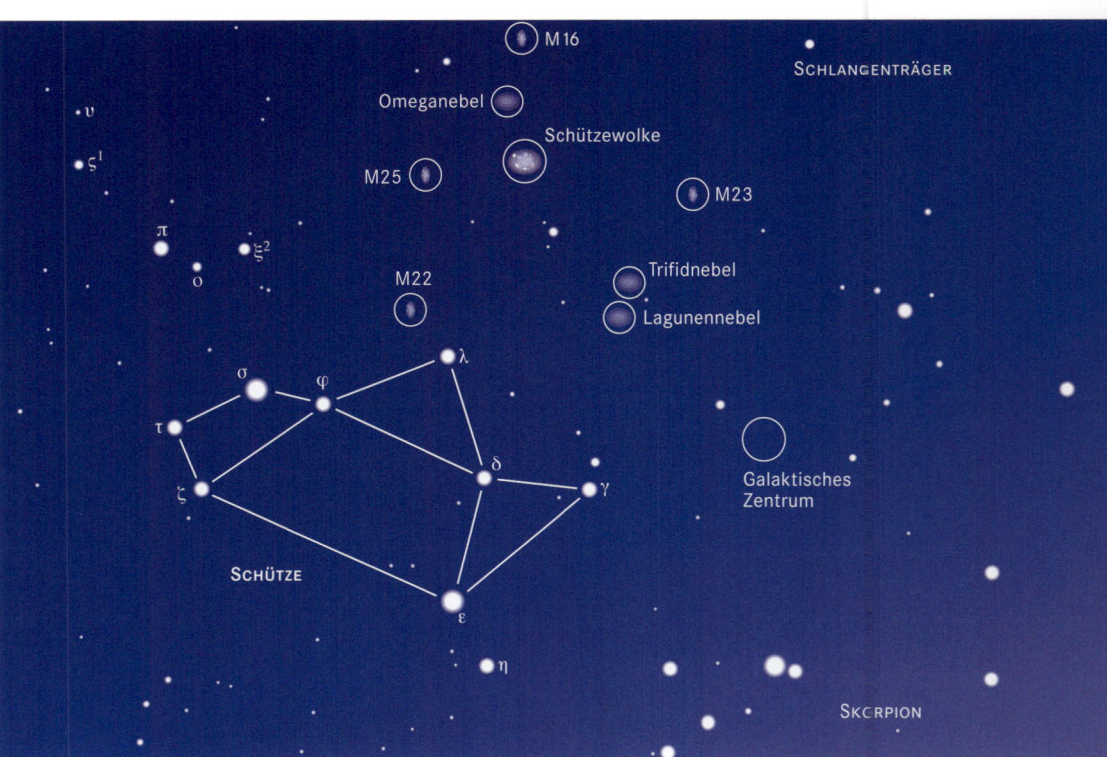

sind hier daher nur sehr selten anzutreffen. Charakteristisch für Emissions- und Reflexionsnebel sind die merkwürdigen Dunkelwolken, die M 20 dreiteilen – die entsprechende lateinische Vokabel »trifidus« stand deshalb Pate bei der Namensvergabe. Ein Mehrfachsternsystem im Innern ruft das vorzugsweise rote Leuchten des Nebels hervor, außerdem verstecken sich im Zentrum noch einige, nur im Infraroten sichtbare, massereiche Protosterne. Zusätzlich ist der Trifidnebel komplett in eine riesige blau leuchtende Staubwolke eingehüllt.

M 22

scheinbare Helligkeit: 5^{m}5
Entfernung: 10 000 Lichtjahre

Der 1665 von dem deutschen Amateurastronomen Abraham Ihle entdeckte Kugelsternhaufen M 22 ist einer der hellsten und bemerkenswertesten Kugelsternhaufen überhaupt. Er wird nur von ω Centauri und 47 Tucanae übertroffen – diese beiden Kugelsternhaufen sind jedoch ausschließlich auf der Südhalbkugel zu beobachten. Für Mitteleuropa ist also M 22 die Nummer Eins.

M 22, etwa 10 000 Lichtjahre von der Erde entfernt, ist gut mit bloßem Auge zu erkennen – je weiter im Süden, desto besser. Allerdings stört der helle Milchstraßenhintergrund etwas. Um Einzelsterne auszumachen, braucht man ein Teleskop. Insgesamt gehören über 500 000 Sterne zu M 22, die sich auf ein Gebiet mit 75 Lichtjahren Durchmesser verteilen. Eine weitere Besonderheit: M 22 enthält einen kleinen planetarischen Nebel – damit kann sonst nur noch der Kugelsternhaufen M 15 im Pegasus aufwarten.

M 25

scheinbare Helligkeit: 5^m
Entfernung: 4 600 Lichtjahre

Der auffallende Sternhaufen M 25, 1746 von dem schweizerischen Astronomen Philippe Loys de Cheseaux entdeckt, kann mit bloßem Auge gesehen werden und ist ein klassisches Fernglasobjekt. Bereits ein kleines Teleskop löst 50 Sterne in loser Anordnung auf. Die Entfernung von M 25 beträgt etwa 4 600 Lichtjahre, sein Alter liegt bei 90 Millionen Jahre.

M 54

scheinbare Helligkeit: 8^m
Entfernung: 80 000 Lichtjahre

Dieser Kugelsternhaufen ist der schwierigste Messier-Kugelsternhaufen und in Mitteleuropa wegen seiner südlichen Position kaum zu beobachten. Das Besondere an M 54 ist aber, dass er gar nicht zu den Kugelsternhaufen unserer Galaxis gehört, sondern zu einer Zwerggalaxie, die britische Astronomen erste 1994 entdeckten. Die Sagittarius-Zwerggalaxie ist nur rund 80 000 Lichtjahre entfernt und war bis zur Entdeckung der noch näher stehenden Canis-Major-Zwerggalaxie im Jahre 2003 die nächste Nachbargalaxie des Milchstraßensystems.

Als Astronomen bestimmte Riesensterne aus ihren Daten filterten, die in der Milchstraße nur selten vorkommen, stellte sich heraus, dass sich die Sagittarius-Zwerggalaxie einmal um die Milchstraße windet und bereits seit zwei Milliarden Jahren nach und nach Sterne und Sternhaufen an die Milchstraße verliert – unsere Galaxis »frisst« ihren Nachbarn langsam auf.

Der Omeganebel ist ein Sternentstehungsgebiet.

Sagittarius (Sag) – Schütze

Richtung Zentrum

Ansicht der Milchstraße im Sternbild Schütze.

Der rote Teil von M 20 ist ein Emissionsnebel, der schwächere blaue Teil ein Reflexionsnebel.

Scorpius (Sco) – Skorpion

Mörder des Orion – trotzdem prachtvoll

Der Skorpion ist neben dem Schützen das herausragende Sternbild des Sommers. Am besten lässt es sich im Frühsommer beobachten. Das Sternbild kulminiert Anfang Juni – dann überquert es um Mitternacht den Meridian und nimmt seinen höchsten Punkt am südlichen Himmel ein. Aufgrund seiner südlichen Lage steht es allerdings tief über dem Horizont, und das auch nur teilweise – um einige der schönsten Objekte zu sehen, muss man also auf die Südhalbkugel reisen, wo der Skorpion hoch am Himmel prangt. Die Umrisse des vollen Sternbilds, gebildet aus hellen Sternen erster oder zweiter Größenklasse, erinnern tatsächlich sehr stark an die Gestalt eines Skorpions mit dem »Herz« um den hellsten Stern Antares herum – nur das Muster des Orion hinterlässt einen ähnlich überzeugenden Eindruck. Die Scheren des Skorpions sind auch in unseren Breiten zu bestaunen, der Rumpf und der Stachel bleiben hingegen unter dem Horizont verborgen.

Da sich das Band der Milchstraße durch den Skorpion zieht, gehört das Tierkreissternbild trotz der Südlage zu den prächtigsten des Nordhimmels. Neben dem bemerkenswerten Hauptstern Antares ist der Skorpion für seine zahlreichen Sternhaufen aller Art bekannt und beliebt, darunter mehrere Messier-Objekte.

Der offene Sternhaufen M7 – bestehend aus etwa 80 Sternen – ist bei dunklem Himmel auch mit bloßem Auge zu erkennen.

Antares

α Sco
scheinbare Helligkeit: $0{,}^{\mathrm{m}}9 – 1{,}^{\mathrm{m}}8$
Entfernung: 600 Lichtjahre
Spektralklasse: M1

Der hellste Stern des Skorpions bildet dessen »Herz« und trägt entsprechend auch die lateinische Bezeichnung Cor Scorpii. Der griechische Name bedeutet hingegen so viel wie »Rivale des Ares« und spielt auf die rötliche Farbe des Sterns an – Ares ist die griechische Entsprechung des römischen Gottes Mars. Außerdem liegt Antares fast auf der Ekliptik, auf der sich auch der Planet Mars aufhält.

Antares ist ein roter Überriese mit etwa 300-fachem Sonnendurchmesser – die Erdbahn hätte also in ihm Platz. Gleichzeitig ist seine Oberflächentemperatur mit ca. 3100 °C nur etwa halb so hoch wie die der Sonne. Daher die rötliche Farbe: So wie ein Stück Eisen beim Erhitzen erst rot, dann orange und schließlich weiß glüht, so leuchten »kühlere« Sterne eher rötlich-orange. Trotzdem strahlt er ungeheure Energiemengen ins All ab, im sichtbaren Bereich leuchtet er über 10 000-mal so hell wie die Sonne. Als Überriese steht Antares schon auf der Zielgeraden seines Sternenlebens, das »bald« mit einer gewaltigen Supernova-Explosion enden wird. Für die Erde stellt das übrigens keine Gefahr dar. Zwar wird die Belastung mit kosmischer Strahlung einige 1000 Jahre nach der Explosion in unserem Sonnensystem deutlich zunehmen, doch das Magnetfeld unseres Planeten wird uns – oder was immer auf der Erde dann lebt – davor schützen.

Mythologie

Der Skorpion hat Orion getötet – diese Tatsache ist in der griechischen Mythologie relativ unstrittig. Über die genaueren Umstände dieser Gewalttat sind aber mehrere Versionen in Umlauf. Eratosthenes bietet in seiner Sammlung hellenistischer Mythen zwei Geschichten an. Der ersten zufolge hat der Himmelsjäger Orion, dieser schöne Mann, in den sich selbst Göttinnen verliebten, versucht, Artemis, die Göttin der Jagd, zu vergewaltigen. Daraufhin schickte Artemis den giftigen Skorpion aus, um Orion zu töten. Die zweite Sage – Eratosthenes führt sie beim Sternbild Orion auf – nennt Gaia, die Mutter Erde, als Auftraggeberin des Skorpions. Der Jäger hatte ihren Zorn geweckt, da er sich rühmte, jedes Tier zur Strecke bringen zu können – Orion neigte zur Prahlerei. In beiden Fällen musste Orion also für seinen Hochmut büßen. Wahrscheinlich gehört dieser Mythos zu den ältesten der griechischen Gedankenwelt, unterstützt durch die himmlischen Abläufe: Die Sternbilder Skorpion und Orion liegen sich gegenüber – wenn der Jäger untergeht, geht sein Widersacher auf.

Antares ist zusätzlich von einem Nebel umgeben, den man im Normalfall gar nicht sehen würde. Erst ein Begleiter von Antares, ein bläulicher Hauptreihenstern, bringt ihn zum Leuchten.

M 4

scheinbare Helligkeit: 6^{m}
Entfernung: 7000 Lichtjahre

Für Amateurastronomen ist der Kugelsternhaufen M 4 nicht sonderlich attraktiv – zu weit südlich. Selbst auf der Südhalbkugel ist die Freude getrübt, weil M 4 nah am hellen Stern Antares steht. Sein Pluspunkt: M 4 ist der in unseren Breiten am einfachsten aufzulösende Kugelsternhaufen. Da er einen sehr geringen Konzentrationsgrad hat, sind auch die Sterne im Zentrum einzeln auflösbar. M 4 wurde erstmals von Jean-Philippe Loys de Chéseaux im Jahre 1746 beobachtet, im Mai 1764 beschrieb ihn Messier als einen Haufen sehr kleiner Sterne, welcher mit kleineren Teleskopen mehr wie ein Nebel erscheint. Er blieb der einzige Kugelsternhaufen, den der Franzose mit seinen kleinen Fernrohren in einzelne Sterne auflösen konnte.

M 4 ist etwa 7000 Lichtjahre von uns entfernt und gehört damit zu den dem Sonnensystem am nächsten gelegenen Kugelsternhaufen überhaupt. Er bewegt sich mit einer Geschwindigkeit von etwa 65 km/s von uns weg und umfasst schätzungsweise einige Hunderttausende von Sternen, die mit erdgebundenen Teleskopen sichtbar sind. Außerdem werden in M 4 noch etwa 40 000 Weiße

Zwerge vermutet. 75 dieser »Sternleichen« konnte das Hubble-Weltraumteleskop aufspüren. Da die Weißen Zwerge sich in den ältesten Gebilden unserer Galaxis, nämlich den Kugelsternhaufen, befinden, können die Astronomen aus ihrer Abkühlungstemperatur Rückschlüsse auf das Alter unserer Milchstraße und des Kosmos ziehen.

Interessanterweise zeigt M 4 keine perfekte Symmetrie wie andere Kugelsternhaufen, sondern enthält eine merkwürdige quer durch das Zentrum verlaufende Reihe von Vordergrundsternen, aufgereiht wie auf einer Perlenschnur. Lange Zeit hielt man M 4 deshalb für einen offenen Sternhaufen, doch große Teleskope machen die enorme Anzahl an Mitgliedssternen sichtbar.

Schmetterlingshaufen

M 6
scheinbare Helligkeit: $4{,}^{\mathrm{m}}5$
Entfernung: 1800 Lichtjahre

Der schöne Schmetterlingshaufen mit der Nummer 6 im Messier-Katalog gehört zu den hellsten Sternhaufen in unserer Umgebung und hat eine Größe von 20 Lichtjahren. Zusammen mit M 7 bildet er ein schönes Sternhaufen-Paar, das die helle Sommermilchstraße abschließt,

Katzenpfotennebel

Katzenpfotennebel
NGC 6334
Entfernung: 5500 Lichtjahre

Nebel werden ja gerne mit vertrauten Formen assoziiert und entsprechend benannt. Oft braucht man einige Fantasie, um die Verbindung nachzuvollziehen, in vielen Fällen ist die Bezeichnung aber äußerst treffend. NGC 6334 gehört wohl eher zu der letzteren Kategorie, denn seine Umrisse erinnern in der Tat an eine Katzenpfote. Oder eine Bärentatze – auch dieser Name ist für NGC 6334 geläufig. Der Katzenpfotennebel ist ein Emissionsnebel, strahlt also selbst das Licht aus, das ihn sichtbar macht. Die Quelle der ultravioletten Strahlung, welche das Gas von NGC 6334 anregt, sind Sterne mit der zehnfachen Masse der Sonne, die vor wenigen Millionen Jahren geboren wurden.

In der Nähe des Katzenpfotennebels befindet sich ein weiterer Emissionsnebel, NGC 6357. Die beiden leuchtenden Nebel liegen vor umfangreichen Dunkelwolken, die sich in ca. 10 000 Lichtjahren Entfernung befinden. Zu ihren Gemeinsamkeiten zählt die auffällige rote Farbe, die dadurch entsteht, dass die blauen Anteile des Lichtes durch interstellaren Staub herausgefiltert werden. Das ist ein ähnlicher Effekt wie beim Abendrot: Nicht die Sonne ändert ihre Farbe, sondern das blaue Licht wird in der Atmosphäre stärker als das rote Licht gestreut und absorbiert.

Wissenswert Weiße Zwerge

Das Schicksal unserer Sonne und ähnlicher Sterne ist jetzt schon vorgezeichnet: Sie werden als Weißer Zwerg enden. In erster Linie ist die Masse eines Sterns ausschlaggebend dafür, wie er »stirbt«. Am Ende seiner Entwicklung, wenn er seinen Kernbrennstoff aufgebraucht und sich zum Roten Riesen aufgebläht hat, stößt ein Stern seine äußere Hülle ab, während der Kern in sich zusammenfällt. Zurück bleibt, falls die Masse des Sterns unter 1,44 Sonnenmassen lag, ein Weißer Zwerg. Massereichere Sterne hinterlassen einen Neutronenstern oder – wenn der Kollaps nicht aufzuhalten ist – gar ein Schwarzes Loch. Obwohl der Weiße Zwerg, der aus der Sonne hervorgeht, noch etwa 60 Prozent ihrer Masse besitzt, wird er nur etwa so groß wie die Erde sein. Die Dichte ist enorm: etwa eine Tonne pro Kubikzentimeter. Die Oberflächentemperatur eine Weißen Zwergs beträgt anfangs etwa 10 000 Kelvin, doch im Laufe von Jahrmilliarden kühlt er immer weiter ab und verliert an Leuchtkraft, da er ja keine Energie mehr erzeugt.

Etwa 10 000 Weiße Zwerge sind in unserer Galaxis bekannt, der bekannteste und nächste ist der Begleiter von Sirius, dem hellsten Stern am Nachthimmel.

M 4 gehört zu den dem Sonnensystem am nächsten gelegenen Kugelsternhaufen.

bevor sie hinter dem Horizont versinkt. Deswegen ist er in unseren Breiten leider nur schwer zu beobachten. M 6 besteht aus etwa 80 Sternen, die vor 50 bis 100 Millionen Jahren aus der gleichen Gaswolke entstanden sind, also etwa am gleichen Ort. Die Anziehungskraft der Sterne untereinander ist jedoch – anders als bei Kugelsternhaufen – sehr gering. Dazu ist der Raum, den M 6 einnimmt, einfach zu groß: Der mittlere Abstand zwischen den Sternen beträgt mehr als eineinhalb Lichtjahre. Auffallend an M 6 ist die merkwürdige Anordnung der Sterne in zwei breiten Flügeln nach Nordosten und Südwesten – ihr verdankt der Sternhaufen seinen Namen. Der größte Stern des Schmetterlinghaufens, der etwa 1800 Lichtjahre von der Erde entfernt ist, ist ein gelb-orangefarbener Riesenstern und halbregelmäßig Veränderlicher mit einem Zyklus von etwa 850 Tagen. Er befindet sich an der nordöstlichen Flügelspitze des Schmetterlings.

Die Entdeckung von M 6 wird gewöhnlich dem italienischen Astronomen Giovanni Battista Hodierna vor dem Jahr 1654 zugeschrieben. Allerdings war er schon in der Antike bekannt. Der Erste, der in M 6 einen Sternhaufen erkannte, war aber vermutlich der Schweizer Jean-Philippe de Chéseaux im Jahr 1746.

M 7
scheinbare Helligkeit: 3ᵐ5
Entfernung: 900 Lichtjahre

Der seit dem Altertum bekannte offene Sternhaufen M 7 ist das südlichste Himmelsobjekt, das Messier in seinen Katalog aufnahm. Ptolemäus erwähnte ihn bereits 130 v. Chr. und beschrieb ihn als den »Nebel, der dem Stachel des Skorpion folgt«. In Norddeutschland ist er praktisch unbeobachtbar, auf der Südhalbkugel steht er hingegen

hoch am Himmel. Wer aber die Anstrengung nicht scheut, einen Alpengipfel zu erklimmen und dort sein Biwak aufzuschlagen, kann M 7 durchaus als deutlichen Nebelfleck mit bloßem Auge erblicken und im Fernglas seine volle Pracht bewundern.

Die Entfernung zu M 7 beträgt etwa 900 Lichtjahre. Der Haufen enthält 80 Sterne und ist ungefähr 260 Millionen Jahre alt.

Einigen Weißen Zwergen gelingt es, nochmals die Kernfusion »anzuwerfen« und wieder zum Riesen anzuwachsen, bevor sie dann endgültig ausbrennen. Dazu gehört der Stern H 1504 + 65, der mit einer Temperatur von 200 000 Kelvin als heißester Stern überhaupt gilt.

Scorpius (Sco) – Skorpion

Mörder des Orion – trotzdem prachtvoll

NGC 6231

scheinbare Helligkeit: 3,^{m}5
Entfernung: 5000 Lichtjahre

Der offene Sternhaufen NGC 6231, unabhängig voneinander von mehreren Astronomen, u.a. dem französischen Astronomen Nicolas Louis de Lacaille – Namensgeber von 15 Sternbildern – 1752 entdeckt, ist in Mitteleuropa nicht sichtbar. Wer aber mindestens nach Sizilien oder Athen reist, wird einen der hellsten Sternhaufen bewundern können, der auch für das bloße Auge kein Problem darstellt. Der Haufen ist mit einem geschätzten Alter von 3,2 Millionen Jahren noch sehr jung. Er besteht hauptsächlich aus Überriesen und befindet sich etwa einen Monddurchmesser nördlich des Sterns Zeta Scorpii, der aufgrund derselben Entfernung und Bewegungsrichtung ebenfalls zu NGC 6231 gehört.

NGC 6281

scheinbare Helligkeit: 5,^{m}4
Entfernung: 1900 Lichtjahre

Auch der offene Sternhaufen NGC 6281 ist ein Objekt für die Südhalbkugel. Theoretisch steigt er auch in Süddeutschland knapp über den Horizont, geht aber im Dunst unter. Mit einem kleinen Teleskop erkennt man die eigentümliche, unregelmäßig dreieckige Form von NGC 6281. Die beiden hellsten Sterne des Haufens leuchten orange.

NGC 6302, aufgenommen mit dem Hubble-Weltraumteleskop

NGC 6302

scheinbare Helligkeit: 9,^{m}6
Entfernung: 4000 Lichtjahre

Der vor allem im englischen Sprachraum auch als Bug-Nebel (Käfer-Nebel) bekannte planetarische Nebel, 1880 von dem amerikanischen Astronomen Edward Barnard entdeckt, bildete sich aus der abgestoßenen Hülle eines alternden Sterns mit der Bezeichnung HD 155520. NGC 6302 steht in einer aufgrund von Dunkelwolken eher sternarmen Region und kann unter seltenen günstigen Bedingungen von einem Alpenstandort aus beobachtet werden.

Der Zentralstern, der den Nebel zum Leuchten bringt, wird durch einen Staubring verdeckt. Trotz einer Oberflächentemperatur von 250000 Kelvin kann sein Licht nicht nach außen dringen. Die Chemie dieses rätselhaften Ringes – wie lange er überleben kann, bevor ihn der extrem heiße Zentralstern verdampft, weiß bislang niemand – ist sehr ungewöhnlich, man beobachtet dort Kohlenwasserstoffe, Karbonate, Wassereis und Eisen. NGC 6302 ist das einzige bekannte Objekt mit diesen Eigenschaften um einem heißen Stern. Der interessanteste Fund sind die Karbonate, die im Sonnensystem als Zeichen dafür gelten, dass es in der Vergangenheit einst flüssiges Wasser gegeben haben muss. Auf der Erde bilden sich Karbonate, wenn im Wasser gelöstes Kohlendioxid sich mit anderen Stoffen verbindet und Sedimente bildet. Aber in planetarischen Nebeln wie NGC 6302 gibt es kein flüssiges Wasser. Also muss es noch andere Prozesse zur Bildung der Karbonate geben.

Taurus (Tau) – Stier

Verstaubtes Sternbild

Das Sternbild Stier mit wissenschaftlichem Namen Taurus (Abkürzung Tau), von dem am Himmel nur der Kopf zu sehen ist, ist ein zum Tierkreis gehörendes Sternbild des Nordhimmels, das an Orion angrenzt und in unseren Breiten im Winter am Abendhimmel sichtbar ist. Die Sonne durchläuft das Sternbild auf ihrer scheinbaren Jahresbahn vom 13. Mai bis 21. Juni. Der Stier wird nur im östlichen Bereich von der Milchstraße gestreift, während große Teile des Sternbilds von dunklen Staubmassen verhüllt werden. Deshalb leidet der Stier an einer gewissen Sternarmut, besitzt aber zwei auffällige offene Sternhaufen, darunter die berühmten Plejaden.

Aldebaran

α Tau
scheinbare Helligkeit: 0ᵐ7–0ᵐ9
Entfernung: 66 Lichtjahre
Spektralklasse: K5

Der hellste Stern des Stiers und dessen Auge ist ein unregelmäßiger Veränderlicher und zudem ein Doppelstern. Der Hauptstern ist ein Roter Riese mit 36-fachem Sonnendurchmesser und 94-facher Sonnenleuchtkraft, der Begleiter ein roter Zwergstern. Aldebaran bildet zusammen mit Capella im Fuhrmann, Rigel im Orion, Sirius im Großen Hund, Prokyon im Kleinen Hund und Pollux in den Zwillingen das große Wintersechseck. Außerdem scheint er im Sternhaufen der Hyaden zu liegen, physikalisch gehört er jedoch nicht dazu.

T Tauri

scheinbare Helligkeit: 9ᵐ4
Entfernung: 580 Lichtjahre
Spektralklasse: G5

T Tauri, 1852 von dem britischen Astronomen John Russell Hind entdeckt, ist der Prototyp einer Klasse von Veränderlichen, den T-Tauri-Sternen. Bei ihnen handelt es sich um sehr junge und massearme Sterne, die noch nicht die Hauptreihe erreicht haben, sondern sich noch in der letzten Kontraktionsphase befinden. In ihren Zentren findet noch keine oder erst seit kurzem eine Kernfusion statt. T-Tauri-Sterne befinden sich deshalb noch nicht im Gleichgewicht und neigen zu mehr oder weniger heftigen Ausbrüchen. Sie treten gewöhnlich in Gruppen im Inneren von dichten, interstellaren Wolken auf.

Wissenswert Am Puls des Sterns

Bereits in den 1930er-Jahren dachten Astronomen über die Existenz von Neutronensternen nach – extrem dichte und schnell rotierende Objekte jenseits der Vorstellungskraft. An der Oberfläche eines typischen Neutronensterns mit nur 20 Kilometern Durchmesser ist die Schwerkraft 200 Milliarden Mal und das Magnetfeld 1000 Milliarden Mal stärker als auf der Erde. Brächte man einen Kubikzentimeter dieses Materials auf die Erde, so würde dieser im Mittel 650 Millionen Tonnen wiegen! Durch das starke Magnetfeld wird die Drehung der Kugel abgebremst, wobei ihre Rotationsenergie in verschiedenste Formen elektromagnetischer Strahlung verwandelt wird. Der erlittene Energieverlust pro Sekunde würde ausreichen, den gesamten Energieverbrauch auf der Erde für die komplette Lebenszeit des Universums zu decken. Drei Jahrzehnte später wurden Neutronensterne tatsächlich entdeckt: Im Sommer 1967 beobachteten die Cambridger Astronomen Anthony Hewish und Jocelyn Bell gepulste Radiosignale, die sich mit erstaunlicher Genauigkeit wiederholten. Diese zufällige Entdeckung wurde bald durch die unerwartete Erkenntnis erklärt, dass es sich um rotierende Neutronensterne handeln müssen. Sie wurden, da sie uns als pulsierende Radioquellen erscheinen, Pulsare getauft. Heute sind über 1700 Pulsare mit Rotationsdauern zwischen einer Millisekunde und mehreren Sekunden bekannt.

Plejaden

Viele T-Tauri-Sterne weisen Spektren auf, die auf eine dünne Gashülle um den Stern herum hindeuten.

T-Tauri ist mit einem Reflexionsnebel, dem Hindschen Nebel oder T-Tauri-Nebel, der auffällige Helligkeitsschwankungen zeigt, vergesellschaftet.

Plejaden

scheinbare Helligkeit: 1ᵐ5
Entfernung: 380 Lichtjahre

Die Plejaden, auch Siebengestirn genannt und in Messiers Katalog unter der Nummer M 45 geführt, sind ein Vorzeigesternhaufen am Himmel, sichtbar von Mitte September bis Ende April am nördlichen Himmel. Der Name Siebengestirn ist dabei irreführend, denn sechs der insgesamt mindestens 1200 Sterne sollten bei klarem Himmel eigentlich immer zu sehen sein, manche Beobachter kommen bei sehr guten Bedingungen auch auf neun, und sogar von vierzehn sichtbaren Sternen wurde schon berichtet. Die Anordnung der 380 Lichtjahre entfernten Plejaden erinnert ein wenig an den Großen Wagen, auffällig ist aber auch eine Sternkette, die M 45 in südöstliche Richtung verlässt. Die Plejaden werden

Mythologie

Zeus begehrte die schöne Europa, Tochter des phönizischen Königs Agenor. Um seinen Seitensprung einzuleiten, verwandelte er sich in einen prächtigen weißen Stier und legte sich am Strand, an dem Europa gerne spielte, zu Füßen der Königstochter. Europa empfand keine Furcht und setzte sich vertrauensvoll auf den Rücken des Stiers, der daraufhin ins Wasser watete und in Richtung Kreta schwamm – die Entführung hatte geklappt. An Land offenbarte Zeus seine Identität und verführte Europa. Sie wurde die Mutter von dreien seiner Söhne, darunter Minos, der König von Kreta, der in Knossos einen berühmten Palast errichtete und Stierspiele abhielt. Die Hyaden waren in der griechischen Mythologie die Töchter des Atlas. Sie beweinten den Tod ihres Bruders Hyas und waren untröstlich – deshalb wurden sie an den Himmel versetzt. Eventuell geht die Bezeichnung auch auf das alte griechische Wort hyein für »regnen« zurück, weil der Aufgang des Sternhaufens ein Vorzeichen für Regen sein sollte.

von mehreren schwachen Reflexionsnebeln durchzogen, deren Staub das Sternlicht reflektiert und dadurch matt bläulich leuchtet. Der hellste dieser Nebel ist NGC 1435 um den Stern Merope herum.

Die Plejaden galten in fast allen Kulturen als besondere Sterne, beispielsweise bei den Babyloniern, die die magische Zahl vierzig damit begründen, oder im Werk Hesiods. Eine Gruppe von sieben Sternen auf der Himmelsscheibe von Nebra und eine Gruppe von sechs Punkten einer Zeichnung in den Höhlen von Lascaux oberhalb des Auerochsen werden ebenfalls mit den Plejaden identifiziert.

Hyaden

scheinbare Helligkeit: 1ᵐ
Entfernung: 150 Lichtjahre

Die Hyaden, auch Regengestirn genannt, sind ein offener Sternhaufen in etwa 150 Lichtjahren Entfernung, der etwa 350 Sterne umfasst. Die Hyaden sind ca. 625 Millionen Jahre alt und bereits sehr locker verteilt, sie enthalten keinen Staub und kein Gas mehr. Für die Astronomen sind die Hyaden ein sehr wichtiger Sternhaufen, denn sie spielen bei der Bestimmung kosmischer Entfernungen

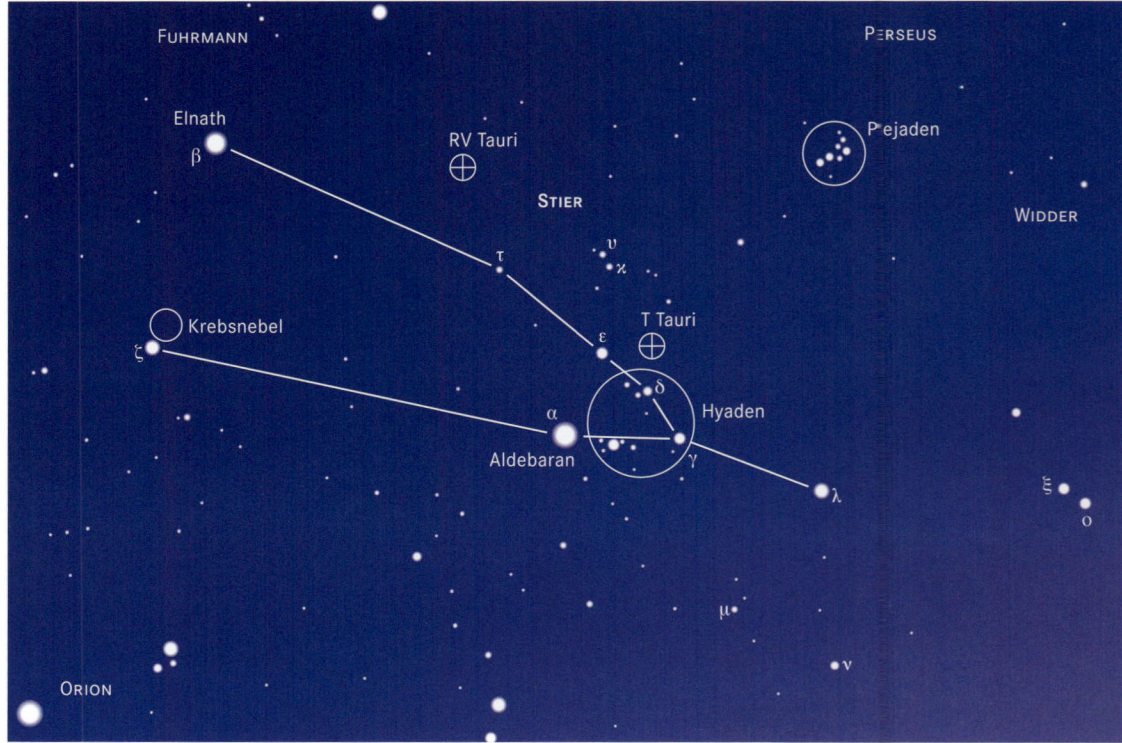

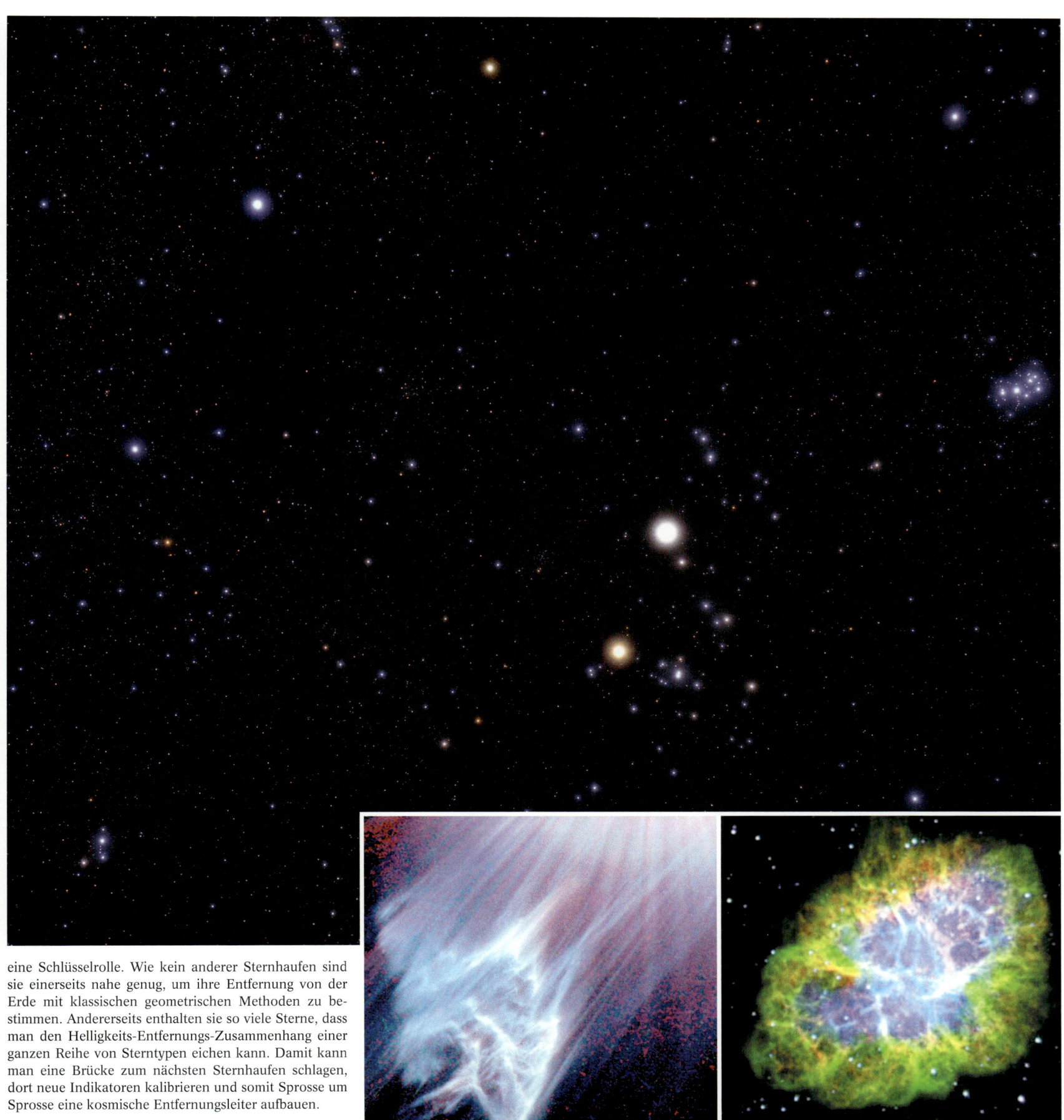

eine Schlüsselrolle. Wie kein anderer Sternhaufen sind sie einerseits nahe genug, um ihre Entfernung von der Erde mit klassischen geometrischen Methoden zu bestimmen. Andererseits enthalten sie so viele Sterne, dass man den Helligkeits-Entfernungs-Zusammenhang einer ganzen Reihe von Sterntypen eichen kann. Damit kann man eine Brücke zum nächsten Sternhaufen schlagen, dort neue Indikatoren kalibrieren und somit Sprosse um Sprosse eine kosmische Entfernungsleiter aufbauen.

Krebsnebel
M 1
scheinbare Helligkeit: $8^{m}_{.}5$
Entfernung: 6 300 Lichtjahre

Barnards Merope-Nebel ist eine Gaswolke, die durch den in der Nähe stehenden Stern Merope beleuchtet wird. Merope gehört zu den Plejaden.

Diese Aufnahme zeigt den Krebsnebel, Überrest der Supernova des Jahres 1054, im sichtbaren Licht.

Der Krebsnebel, in Messiers Katalog das erste Objekt, ist der mit fast 1500 Kilometern pro Sekunde expandierende gasförmige Rest einer Supernova, die im Jahr 1054 aufleuchtete. Der stellare Überrest der Supernova ist der Pulsar PSR B0531+21, der mit einer Periode von 33 Milli-

sekunden Strahlungsimpulse aussendet. Als man diesen Pulsar 1968 entdeckte, war unklar, wie das Phänomen zu erklären sei. Heute weiß man, dass es sich bei Pulsaren um schnell drehende Neutronensterne handelt, deren starkes Magnetfeld in schmalen Strahlen konzentriert ist.

Der Eigenname von M 1 wurde 1844 von dem irischen Astronomen Lord Rosse geprägt, den die filigrane Struktur an einen Krebs erinnerte. Als Radioquelle trägt der Krebsnebel die Bezeichnung Taurus A, als Röntgenquelle die Bezeichnung Taurus X-1.

Ursa Maior (UMa) – Großer Bär

Mehr als nur der Wagen

Der Große Wagen ist wohl das bekannteste Muster am Himmel – wenn man nachts an den Himmel schaut, wird man unweigerlich versuchen, das Gefährt zu finden. Oftmals wird deshalb der Große Wagen mit dem Sternbild, das ihn enthält, gleichgesetzt. Doch der Große Bär – eigentlich »Bärin« nach dem lateinischen Namen Ursa Maior – umfasst ein viel größeres Areal als der Große Wagen. Letzterer wird zwar durch die hellsten Sterne des Sternbilds markiert, bildet aber nur das Hinterteil der Bärin, wobei die »Deichselsterne« mit dem Schwanz identisch sind. Augenfällig sind die vom Wagen nach Süden weisenden Tatzen des Tiers.

Bekanntlich kann man mit Hilfe des Großen Wagens den Polarstern finden: Verlängert man die Verbindungslinie zwischen den beiden hinteren Sternen α und β UMa des Wagens um das Fünffache, gelangt man zum nördlichen Himmelspol und gleichzeitig zum Hauptstern des Kleinen Bären. Das geht übrigens das ganze Jahr: der Große Wagen sowie der größte Teil des restlichen Sternbilds sind bei uns immer sichtbar, wenn ihn nicht gerade Wolken verdecken. Optimale Beobachtungsmöglichkeiten bietet der Frühling, dann steht der Große Bär hoch im Zenit.

Da sich der Große Bär weit abseits der Milchstraße befindet, ist er kaum von Objekten unserer Galaxis bevölkert. Extragalaktische Objekte finden sich hingegen in großer Zahl, unter anderem die beiden Galaxien M 81 und M 82, die zu den schönsten Galaxien des gesamten Himmels gehören. Auch M 101 gehört zu den Deep-Sky-Highlights.

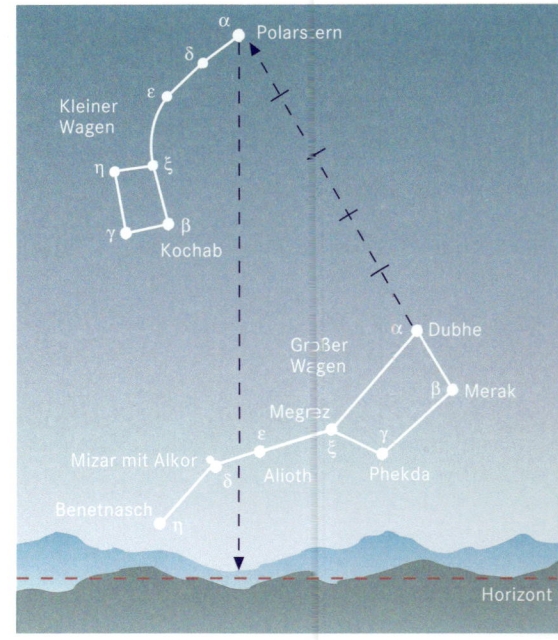

Auffinden des Polarsterns

Dubhe
α UMa
scheinbare Helligkeit: 1,8
Entfernung: 125 Lichtjahre
Spektralklasse: F7

Der Alpha-Stern des Großen Bären ist nur sein zweithellster und bildet die rechte obere Ecke vom Kasten des Großen Wagens. Er ist ein Mehrfachsystem: Der Riesenstern Dubhe A mit 200-facher Sonnenleuchtkraft wird innerhalb von 44 Jahren von Dubhe B in einem Abstand von 23 Astronomischen Einheiten (AU) und von dem ungewöhnlichen Dubhe C in einer Entfernung von 8000 AU umrundet. Dubhe C selbst hat auch noch einen masseärmeren Begleiter. Er benötigt für einen Umlauf 6,4 Tage. Der Name Dubhe leitet sich aus dem arabischen zahr ad-dubb ab, was »Rücken des Bären« bedeutet. Im Gegensatz zu den anderen Sternen des Großen Wagens gehören Dubhe sowie Benetnasch nicht zum Ursa-Maior-Haufen.

Mythologie

Die griechische Mythologie kennt zwei Gestalten, die mit der Bärin gleichgesetzt werden: die Zeus-Geliebte Kallisto und die Eschennymphe Adrasteia. Zu beiden Damen gibt es zudem mehrere Erzählungen, insbesondere zu Kallisto. Kallisto war die Lieblingsjagdgefährtin der Artemis und hatte der Jagdgöttin ein Keuschheitsgelübde abgelegt. Durch einen Trick – er nahm die Gestalt der Artemis an – konnte Zeus die arglose Kallisto jedoch verführen, worauf diese von Artemis verbannt wurde. Hera, die Gemahlin des Zeus, war auch nicht begeistert und verwandelte Kallisto aus Rache in eine Bärin. Viele Jahre durchstreifte Kallisto die Wälder, immer auf der Flucht vor den Jägern. Eines Tages begegnete sie ihrem Sohn Arkas und wäre beinahe durch seinen Speer getötet worden, doch Zeus griff ein und versetzte beide an den Himmel – Kallisto als Großen Bären, Arkas als Bärenhüter. Das verärgerte Hera noch mehr, weshalb sie die Meeresgötter Tethys und Okeanos bat, dem Bären ein Bad in ihren Gewässern zu verweigern. Daher gelangt der Bär niemals unter den Horizont – zumindest in unseren Breiten.
So weit die bekannteste Version der Kallisto-Sage, die Ovid im zweiten Buch seiner »Metamorphosen« überliefert hat. Bei Eratosthenes wird Kallisto durch die enttäuschte Artemis verwandelt, bei Apollodores von Zeus selbst, um sie vor Hera zu verbergen. Hera durchschaute aber den Trick und machte Artemis auf die Bärin aufmerksam, woraufhin die Jagdgöttin ihrem Beruf nachkam und Kallisto erlegte.

Merak
β UMa
scheinbare Helligkeit: 2,3
Entfernung: 80 Lichtjahre
Spektralklasse: A1

Merak ist der untere Kastenstern des Großen Wagens und bildet mit Dubhe die Auffindhilfe für den Polarstern. Merak ist ein »normaler« Zwergstern der Hauptreihe, der noch Wasserstoff zu Helium verbrennt. Zwei Merkmale unterscheiden ihn von anderen Sternen. Zum einen ist Merak ein »Wega-ähnlicher« Stern, der übermäßig viel Strahlung im Infrarotbereich abgibt, hervorgerufen durch eine Staubscheibe um den Stern herum. Möglicherweise besitzt er auch ein Planetensystem. Zum anderen gehört Merak zusammen mit etwa 100 weiteren Sternen – darunter bis auf Dubhe und Benetnasch alle Sterne des Großen Wagens – zum Ursa-Maior-Haufen, auch Bärenstrom genannt. Er wurde jedoch nicht in die Standardkataloge, etwa dem von Messier, aufgenommen. Der größte und hellste offene Sternhaufen des Nachthimmels ist bereits seit der Antike bekannt und zudem ein Bewegungssternhaufen: alle Sterne besitzen eine ähnliche Eigenbewegung von etwa 14 km/s. Auch weitere Sterne in anderen Sternbildern wurden mit dem Haufen in Verbindung gebracht, u.a. Sirius im Sternbild Großer Hund. Unser Sonnensystem befindet sich mitten in diesem Strom.

Mizar
ζ UMa
scheinbare Helligkeit: 2
Entfernung: 80 Lichtjahre
Spektralklasse: A2

Mizar bildet zusammen mit Benetnasch und Alioth die Deichsel des Großen Wagens. Mizar ist ein visueller Doppelstern: Seine Komponenten sind in einem Fernrohr zu trennen. Ende des 19. Jahrhunderts wurde zudem erkannt, dass beide Komponenten wiederum Doppelsterne sind, allerdings machen sie sich nur spektroskopisch bemerkbar: Die Spektrallinien des Systems verschieben sich periodisch.

Knapp oberhalb von Mizar liegt das Sternchen Alkor, auch das Reiterlein genannt. Das Paar ist seit dem Altertum bekannt. Alkor gilt als eine Art »kosmischer Sehtest«: Wer ihn klar von Mizar unterscheiden kann, hat gute Augen mit einem Auflösungsvermögen von 30 bis 120 Bogensekunden. Auch andere Sternpaare können als »Augenprüfer« dienen, u.a. der Doppelstern Algedi im Sternbild Steinbock.

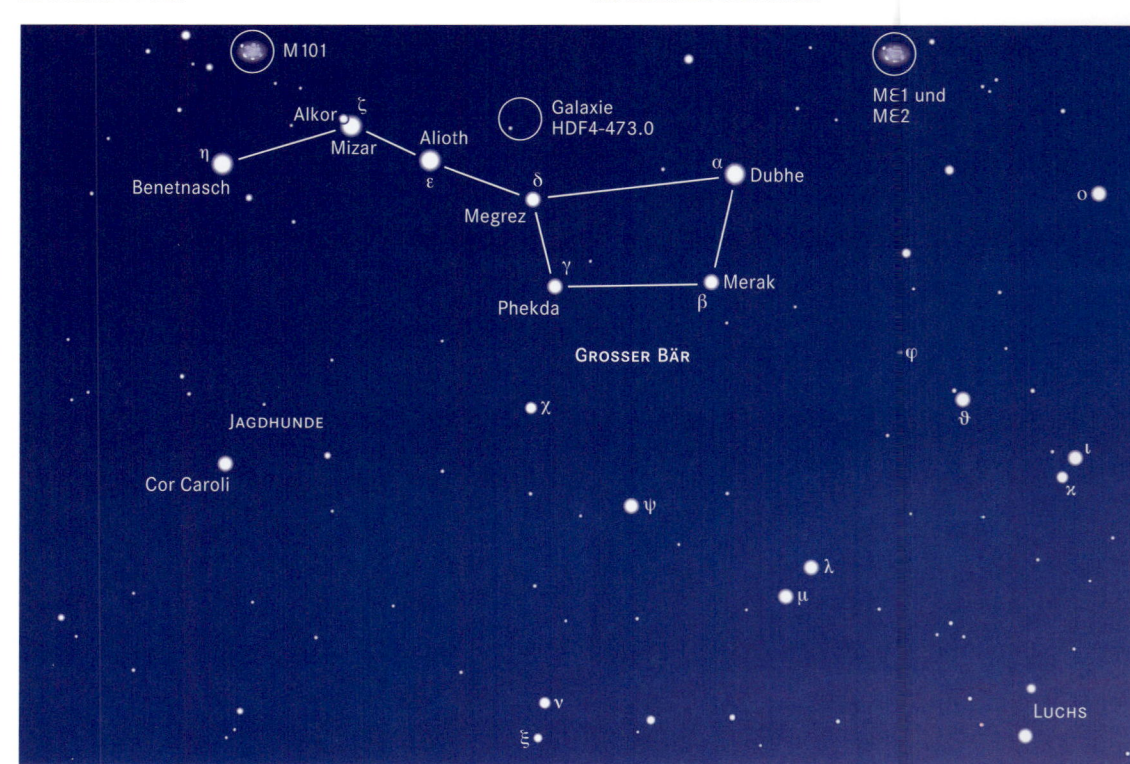

Links: Schärfer als je zuvor: Hubble-Aufnahme von M 101 **Rechts:** Die Galaxie M 81, aufgenommen im Infrarotbereich mit dem Spitzer Space Telescope

Restliche Sterne des Großen Wagens

Neben Dubhe und Merak bilden noch Phekda (γ UMa, scheinbare Helligkeit 2ᵐ4, Entfernung 84 Lichtjahre) und Megrez (δ UMa, 3ᵐ3, 81 Lichtjahre) den Kasten des Großen Wagens. Die weiteren »Deichselsterne« sind Alioth (ε UMa, 1ᵐ8, 82 Lichtjahre) und Benetnasch (η UMa, 1ᵐ9, 102 Lichtjahre). Alioth ist der hellste Stern des Großen Bären, seine Helligkeit schwankt jedoch, da er ein Veränderlicher vom Typ der Alpha-Canum-Venaticorum-Sterne ist. Diese Sterne haben ein starkes Magnetfeld, das Sternflecken – vergleichbar den Sonnenflecken – erzeugt. Dadurch verändert sich die Helligkeit des Sterns. Als einziger Stern des Großen Bären leuchtet er hellblau, ist demnach also ein noch »junger« Stern.

M 81

scheinbare Helligkeit: 7ᵐ
Entfernung: 12 Mio. Lichtjahre

Die Spiralgalaxie M 81 ist eine der hellsten Galaxien am Nordhimmel und als kleines diffuses Fleckchen bereits im Fernglas sichtbar. Entdeckt wurde sie 1774 von dem deutschen Astronomen Johann Elert Bode, der u.a. 1801 den ersten größeren Sternatlas mit 17 240 Sternen herausgab. Zu M 81 gehören schätzungsweise 250 Milliarden Sterne, was ungefähr mit unserer Galaxis vergleichbar ist. Von der Erde aus blicken wir schräg auf die 12 Millionen Lichtjahre entfernte Galaxie, die relativ lockere Spiralarme besitzt, deren Windungen man auf Aufnahmen des Hubble-Weltraumteleskops bis in die Zentralregion hinein verfolgen kann. Die Spiralarme bestehen aus massereichen jungen Sternen, die sich erst vor wenigen Millionen Jahren gebildet haben. Die Zentral-

Die Starburst-Galaxie M82, aufgenommen mit einem schmalbändigen Filter, der u. a. die Emission im Bereich der H-Alpha-Linie umfasst; die vom Starburst hervorgerufenen Sternwinde sind deutlich sichtbar.

region enthält überwiegend alte, rote Sterne und ist bedeutend größer als der »Bulge« des Milchstraßensystems. Auch das Schwarze Loch von M 81 ist mit 70 Millionen Sonnenmassen wesentlich massereicher als das Pendant in unserer Heimatgalaxie.

M 81 ist die Hauptgalaxie einer ganzen Gruppe von etwa 60 Galaxien, der sogenannten M 81-Gruppe. Sie ist der direkte Nachbar unserer Lokalen Gruppe, zu der neben dem Milchstraßensystem auch die Andromedagalaxie gehört. M 81-Gruppe und Lokale Gruppe wiederum gehören mit einigen anderen Galaxiengruppen zum Virgo-Superhaufen, dessen Zentrum der Virgo-Galaxienhaufen bildet. Das Universum besitzt eine ausgeprägte hierarchische Struktur …

M 82

scheinbare Helligkeit: 8ᵐ5
Entfernung: 14 Mio. Lichtjahre

Die Nachbargalaxie von M 81 könnte kaum einen stärkeren Kontrast bieten. Während sich M 81 als regelmäßig geformte Spirale präsentiert, macht M 82, die wir von der Seite sehen, einen merkwürdigen zigarrenförmigen Eindruck. Lange Zeit hielt man M 82 für eine irreguläre Galaxie, neuere Untersuchungen haben jedoch Spiralarme ans Licht gebracht. Vermutlich gehört M 82 zum Typus der Balkenspiralgalaxien, deren Arme aus einem länglichen Zentralbereich entspringen.

Am Aussehen von M 82 ist die Schwestergalaxie, die nur 200 000 Lichtjahre entfernt ist, schuld. Denn M 81 löste durch eine nahe Begegnung vor einigen Hundert Millionen Jahren einen sogenannten »Starburst« bei M 82 aus: Eine Phase besonders aktiver Sternentstehung, die praktisch explosionsartig einsetzte und die gesamte Galaxie erfasste. Die vielen massereichen, heißen Sterne von M 82 erzeugen nicht nur bläuliche und ultraviolette Strahlung, sondern auch einen schnellen »Superwind«, der in einem weit geöffneten Doppelkegel in den intergalaktischen Raum strömt. Zudem sind die heißen Sterne so kurzlebig, dass immerzu einige von ihnen als Supernovae explodieren, wodurch zusätzlich eine turbulente Gasausströmung hervorgerufen wird.

M 101

scheinbare Helligkeit: 8ᵐ
Entfernung: ca. 27 Mio. Lichtjahre

Diese wunderbare Spiralgalaxie, 1781 von Pierre Méchain entdeckt, gehört zu den eindrucksvollsten und größten Exemplaren ihrer Art. Ihren Beiname »Feuerrad-Gala-

Wissenswert Galaxien in Haufen

So wie die Sterne zu Galaxien gehören, gehören Galaxien meist zu Galaxienhaufen. Bis zu 1000 Galaxien können solche Haufen enthalten. Bei kleineren Anhäufungen spricht man von Galaxiengruppen. Auch das Milchstraßensystem gehört zu einer Gruppe, der Lokalen Gruppe. Zu ihr werden Objekte im Umkreis von fünf bis sieben Millionen Lichtjahren gezählt. Neben der Galaxis bildet der Andromedanebel das zweite Hauptzentrum der Lokalen Gruppe. Beide Galaxien zusammen enthalten etwa 95 Prozent der sichtbaren Materie der Lokalen Gruppe. Viele Galaxienhaufen sind Röntgenquellen, deren Strahlung von einem dünnen und heißen Gas stammt, das vom gemeinsamen Gravitationsfeld aller Haufenmitglieder im zentralen Bereich des Haufens gesammelt und durch die Bewegung der Galaxien geheizt wird. Das aus dem Bewegungsverhalten der Haufengalaxien und der Dichteverteilung des intergalaktischen Gases abgeleitete Gravitationsfeld der Haufen deutet allerdings darauf hin, dass der Großteil der Haufenmasse aus Dunkler Materie besteht.

Auch Galaxienhaufen sind oft durch die Schwerkraft aneinander gebunden und bilden sogenannte Superhaufen. So gehört unsere Galaxis zum Virgo-Superhaufen. Die Superhaufen scheinen im Universum eine geheimnisvolle Wabenstruktur zu bilden, die neben den Galaxienansammlungen auch unvorstellbare Leerräume enthält.

xie« trägt sie völlig zu Recht. M 101 ist etwa 27 Millionen Lichtjahre entfernt und erstreckt sich über rund 170 000 Lichtjahre. Zum Vergleich: Der Durchmesser unserer Galaxis beträgt 100 000 Lichtjahre.

2006 veröffentlichten ESA und NASA eine Aufnahme des Hubble-Weltraumteleskops, die die Feuerrad-Galaxie schärfer als je zuvor zeigt. Auch keine andere Galaxie hatte Hubble bis dato so hoch aufgelöst abgebildet: 16 000 × 12 000 Pixel! Ein spontaner Schnappschuss ist die Aufnahme jedoch nicht, sondern eine Kombination aus 51 Bildern, die zwischen 1994 und 2003 entstanden, inklusive einiger Aufnahmen mit erdgebundenen Teleskopen.

Die Galaxie enthält nach Schätzungen von Wissenschaftlern eine Billion Sterne. Etwa jeder zehnte davon, also rund 100 Milliarden Sterne, könnten nach Temperatur und Lebensdauer unserer Sonne gleichen.

Ursa Minor (UMi) – Kleiner Bär

Kleines Sternbild, berühmter Stern

Der Kleine Bär, auch Kleiner Wagen und in der Wissenschaft Ursa Minor genannt, wird vom Polarstern beherrscht, der den letzten Deichselpunkt darstellt. Ansonsten ist der Kleine Bär ein unscheinbares, in unseren Breiten immer sichtbares Sternbild.

Polaris
α UMi
scheinbare Helligkeit: 2^m
Entfernung: 430 Lichtjahre
Spektralklasse: F7

Der hellste Stern des Kleinen Bären ist der bekannte Polarstern. Er steht nur 45 Bogenminuten, also weniger als ein Grad, vom nördlichen Himmelspol entfernt. Das gesamte Firmament scheint sich um diesen Punkt, der die Verlängerung der Erdachse darstellt, zu drehen. Der Fußpunkt des Polarsterns am Horizont gibt deshalb auch die Nordrichtung an. Man findet den Polarstern am einfachsten vom Sternbild Großer Bär aus: Verlängert man die gedachte Verbindungslinie zwischen den hinteren Kastensternen des Großen Wagens um etwa das Fünffache, stößt man direkt auf den Polarstern.

Zahlreiche Namen sind für den Polarstern überliefert, beispielsweise Stella Polaris oder Nordstern. Aus dem Arabischen stammt die Bezeichnung Alrukaba, was »der Reiter« bedeutet, die Griechen nannten ihn Phoenicem, »den Phönizischen«.

Der Polarstern ist ein Pulsationsveränderlicher mit sehr kleiner und in den letzten Jahrzehnten immer mehr abnehmender Helligkeitsschwankung mit einer Periode von knapp vier Tagen. Er ist zudem die Hauptkomponente eines spektroskopischen Doppelsterns, der in einem Abstand von 18 Bogensekunden eine weitere Komponente besitzt, die innerhalb von etwa 30 Jahren einen Orbit um den Hauptstern beschreibt. Dieser ist ein Überriese mit 100-fachem Sonnendurchmesser und 2000-facher Sonnenleuchtkraft, der Begleiter ein Zwergstern. Mit Hilfe des Hubble-Weltraumteleskops konnten die beiden Sterne inzwischen auch optisch getrennt werden.

Alpha Ursae Minoris war jedoch nicht immer der Polarstern und wird diese Rolle irgendwann wieder abgeben müssen. Schuld daran ist die Erdachse, die nicht stabil im Raum steht, sondern eine langsame Kreiselbewegung mit einer Periode von 25 800 Jahren ausführt. Noch bewegt sich der Polarstern zum Himmelspol hin und wird im Jahr 2102 den geringsten Abstand von ihm erreichen, also den Höhepunkt seiner »Polarstern-Karriere«. Danach allerdings wird er sich vom Himmelspol entfernen und in etwa 13 000 Jahren die Wega als Nachfolger haben – dieser Stern in der Leier war auch schon der Vorgänger und der Polarstern der Steinzeit.

Seit 2008 ist der Polarstern das Ziel des Beatles-Songs »Across the universe«, den die NASA anlässlich ihres 50. Geburstags auf die 430 Jahre lange Reise schickte. Für die Nasa war es nicht der erste Beatles-Hit, den sie ins Weltall sendet. Unter anderem wurde im November 2005 das Lied »Good Day Sunshine« während eines Konzerts von Paul McCartney zur Internationalen

Mythologie

Der Kleine Bär hat keinen eigenen mythologischen Hintergrund bei den Griechen, da er ursprünglich zum Sternbild Drache gehörte. Vermutlich war es der Astronom Thales von Milet im 6. Jahrhundert vor Christus, der das Sternbild entweder erfand oder von den Phöniziern übernahm, die den Kleinen Bären zur Orientierung benutzten. Der Kleine Bär ist zwar schwächer als der Große, er liegt jedoch näher am Pol und zeigt die Nordrichtung zuverlässiger an.
Bei den nordischen Völkern wurde der Kleine Bär als »Kleiner Streitwagen« oder »Thors Thron« bezeichnet.

Wissenswert **Präzession**

Die Erde ist eine Kugel – das stimmt fast, denn in Wirklichkeit ist sie ein wenig abgeplattet. Die Drehung der Erde sorgt dafür, dass am Äquator – übertrieben ausgedrückt – ein Wulst entsteht, an dem die Gezeitenkräfte von Mond und Sonne angreifen und dem Kreisel Erde ein Drehmoment mitgeben. Diese Kraft versucht die Erdachse aufzurichten, die gegenüber der Senkrechten zur Erdumlaufbahn um 23,44 Grad gekippt ist. Übt man auf einen Kreisel jedoch eine Kraft aus, weicht er zur Seite aus – die Drehachse fängt an zu präzedieren. Für die Erdachse hat das zur Folge, dass sie sich mit 50,4 Bogensekunden auf einem Kegelmantel um den Pol der Ekliptik bewegt. Um genau diesen Betrag ändern sich dann auch die Koordinaten der Fixsterne. Ein voller Umlauf dauert etwa 25 800 Jahre, nach diesem Zeitraum haben die Sterne wieder ihren ursprünglichen Platz erreicht.
Der Präzession ist übrigens noch eine zweite Schwankung mit wesentlich kürzerer Periode überlagert, die Nutation. Deswegen beschreibt die Rotationsachse der Erde keinen glatten, sondern einen gewellten Kegel.

Eine Kamera, die auf den Polarsten gerichtet wird, ermöglicht diese Aufnahme der scheinbar um den Polarstern kreisenden Sterne.

Raumstation ISS gesendet – dort kam es allerdings nach Sekundenbruchteilen an. Außerdem nutzte die NASA nach eigenen Angaben »Here Comes the Sun«, »Ticket to Ride« und »A Hard Day's Night«, um Astronautencrews im Orbit zu wecken.

Kochab
β UMi
scheinbare Helligkeit: $2^m.1$
Entfernung: 125 Lichtjahre
Spektralklasse: K4

Der zweithellste Stern des Kleinen Bären hieß im Arabischen ursprünglich »Stern des Nordens« und galt den arabischen Astronomen vor 3000 Jahren als Polarstern.

Inzwischen hat er sich vom Himmelspol entfernt, sodass er die Rolle an den jetzigen Polarstern abgeben musste. Im nördlichen Australien geht Kochab nach wie vor niemals unter, ist also als Zirkumpolarstern zu beobachten.

Kochab gehört zum Kasten des Kleinen Wagens und ist ein orangeroter Riesenstern, der die Wasserstoff-Phase bereits hinter sich gelassen hat und in seinem Kern Helium verbrennt. Er hat etwa 50-fachen Sonnendurchmesser und 500-fache Sonnenleuchtkraft. Mit bloßem Auge ist er gut zu erkennen.

Dass er uns nicht heller scheint als der Polarstern, der viel weiter entfernt ist, liegt daran, dass die Oberflächentemperatur von Kochab 4000 Kelvin beträgt – bei dieser Temperatur strahlt der Stern den Großteil seiner Strahlung als Infrarotlicht ab, das wir nicht sehen können.

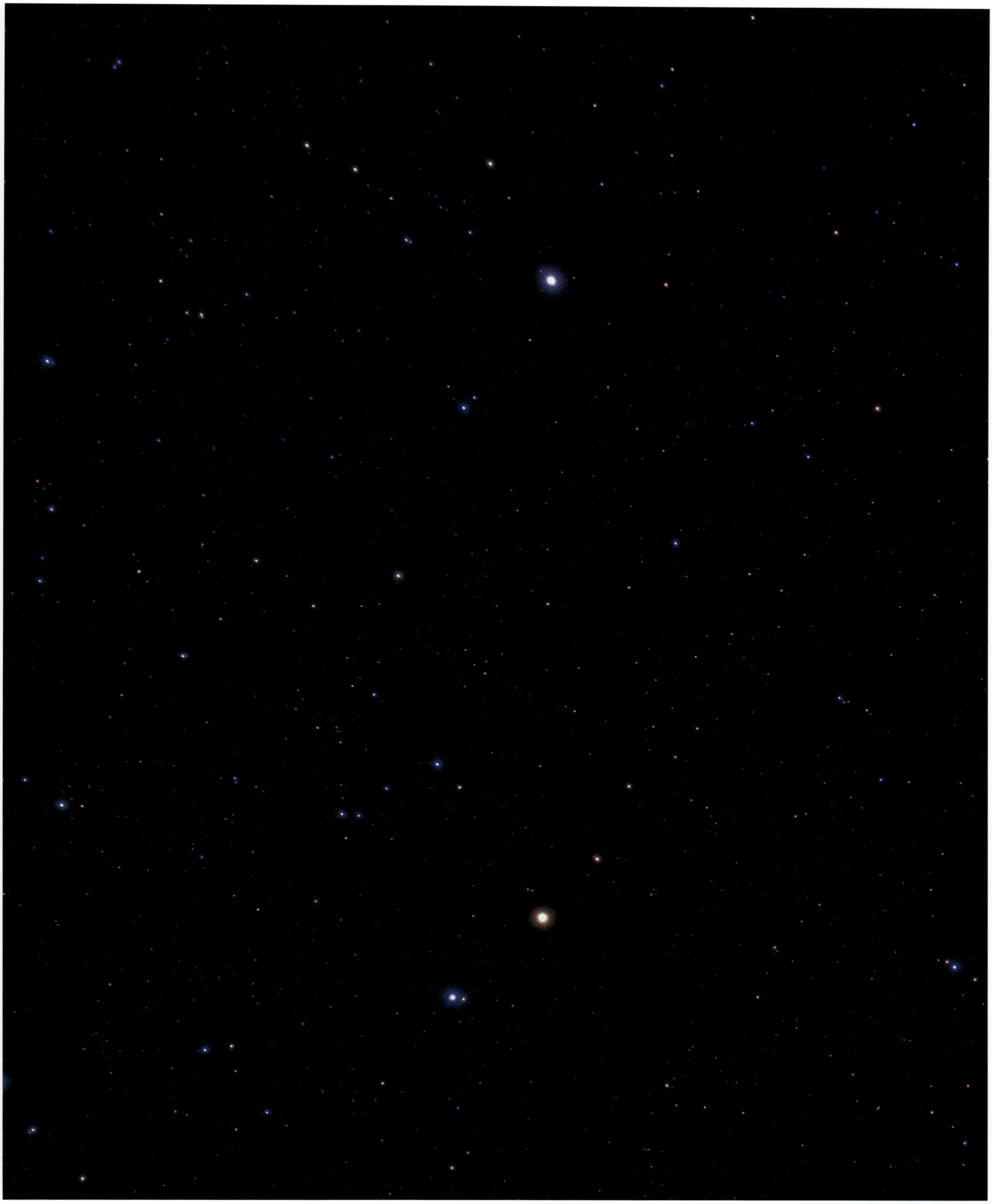

Virgo (Vir) – Jungfrau

Wenig Sterne, viele Galaxien

Das Sternbild Jungfrau mit wissenschaftlichem Namen Virgo gehört zum Tierkreis und ist in unseren Breiten im Frühjahr am Abendhimmel sichtbar, zwischen Löwe und Waage liegend. Die Sonne durchläuft das größte aller Tierkreisbilder auf ihrer scheinbaren Jahresbahn vom 16. September bis 30. Oktober und überschreitet um den 23. September, dem Herbstbeginn, den Himmelsäquator von Nord nach Süd. Insgesamt ist die Jungfrau ein eher sternarmes Areal abseits der Milchstraße, dafür sind aber zahlreiche Galaxien in diesem Sternbild zu finden. Sie können jedoch alle nur mit großen Teleskopen beobachtet werden. Besonders der nördliche Teil nahe der Grenze zum Sternbild Haar der Berenike ist ein Galaxien-Eldorado: Hier befindet sich der riesige Virgo-Galaxienhaufen, der etwa 2000 Sternsysteme enthält.

Spika

α Vir
scheinbare Helligkeit: 1ᵐ
Entfernung: 260 Lichtjahre
Spektralklasse: B1

Spika, der hellste Stern der Jungfrau, bildet mit den Sternen Arktur im Sternbild Bärenhüter und Regulus im Löwen das Frühlingsdreieck. Sie ist ein spektroskopischer Doppelstern, dessen Komponenten zu den heißesten der hellen Sterne am Nachthimmel gehören. Der hellere Stern hat die 15 000-fache Sonnenleuchtkraft und eine Temperatur von über 22 000 Kelvin, der zweite Stern ist mit 18 500 Kelvin etwas kühler und strahlt 1700-mal so stark wie die Sonne. Aufgrund der hohen Temperatur wird ein Großteil der Strahlung als UV-Licht abgestrahlt – eigentlich strahlen die Sterne also noch viel stärker, als es die sichtbare Helligkeit vermuten lässt.

Sombreronebel

M 104
scheinbare Helligkeit: 8ᵐ5
Entfernung: 28 Mio. Lichtjahre

Der berühmte Sombreronebel wurde 1781 von Pierre Méchain entdeckt. Der Name hätte kaum passender gewählt werden können, dazu genügt ein Blick auf das Foto. Die Galaxiescheibe, auf die wir ziemlich genau von der Seite schauen, wird von einem markanten Staubband durchzogen, das die Hutkrempe darstellt. M 104 ist bereits mit einem Teleskop zu beobachten, da sie zu den hellsten Galaxien am Himmel zählt. Die Masse der Galaxie wird auf etwa 800 Milliarden Sonnenmassen geschätzt, damit ist sie etwa dreimal so groß wie das Milch-

straßensystem. Ihr Durchmesser beträgt etwa 50 000 Lichtjahre, ihre Entfernung zur Erde 28 Millionen Lichtjahre. Im 19. Jahrhundert spekulierten einige Astronomen noch, ob hinter M 104 nicht einfach nur eine Gasscheibe um einen jungen Stern steckt, doch 1912 entdeckte der amerikanische Astronom Vesto Slipher anhand der Rotverschiebung, dass sich der Sombreronebel mit einer Geschwindigkeit von 1000 km pro Sekunde von uns entfernt. Damit war klar, dass es sich bei M 104 tatsächlich um eine andere Galaxie handelt.

Virgo-Galaxienhaufen

Der Virgo-Galaxienhaufen, der sich am Himmel über ein Gebiet von 8 Grad in den Sternbildern Jungfrau und Haar der Berenike erstreckt, ist mit 65 Millionen Lichtjahren Abstand der nächste seiner Art zur Erde. Vermutlich enthält er über 2000 Galaxien. Das erste Mitglied entdeckte Charles Messier am 19. Februar 1771: M 49, die hellste Galaxie des Haufens. Bereits wenig später trug er weitere Galaxien in seinen Katalog ein, die meisten davon hatte Pierre Méchain gefunden. Insgesamt 16 Messier-Objekte gehören zum Virgo-Galaxienhaufen: M 49, M 58, M 59, M 60, M 61, M 84, M 85, M 86, M 87, M 88, M 89, M 90, M 91, M 98, M 99 und M 100. Selbst ein kleines Fernrohr offenbart im Zentralbereich des Haufens mehrere Galaxien auf einmal – die Jungfrau lädt Amateurastronomen also zum »Galaxy-Hopping« ein. M 49, M 60 und M 87 sind elliptische Riesengalaxien, die einen hellen Kern und einen ausgedehnten, diffusen Halo besitzen. M 87, die größte der drei, ist zudem eine sehr aktive Galaxie, die als Radioquelle mit Virgo A bezeichnet wird. Es wird vermutet, dass sich im Zentrum dieser Galaxie ein supermassives Schwarzes Loch mit einer Masse von 3 Milliarden Sonnenmassen befindet. Ein solches Schwarzes Loch hätte einen Radius von 18 Milliarden Kilometern!

Wissenswert Rotverschiebung

Jeder kennt den akustischen Dopplereffekt aus dem Alltag: Nähert sich beispielsweise ein Krankenwagen mit eingeschaltetem Martinshorn, steigt der Ton an, entfernt sich der Wagen, sinkt die Tonhöhe wieder. Aus der Verschiebung der wahrgenommenen Tonfrequenz lässt sich die Geschwindigkeit des Wagens berechnen. Einen analogen Effekt gibt es auch bei elektromagnetischen Wellen, also beispielsweise dem Licht: Bewegt sich die Quelle vom Beobachter fort, verschieben sich die Spektrallinien zu längeren Wellenlängen hin, also zum roten Ende des Spektrums. Astronomen reden deshalb von der Rotverschiebung. Mithilfe dieses Effekts lässt sich die Geschwindigkeit einer Galaxie bestimmen und damit ihre Entfernung, denn je schneller sich eine Galaxie bewegt, desto weiter ist sie entfernt – eine Folge der Ausdehnung des Universums.

M 87 besitzt auch die meisten Kugelsternhaufen unter den bekannten Galaxien, man schätzt die Zahl auf 15 000. Unsere Galaxis enthält gerade einmal 200 Kugelsternhaufen. Ein gigantisches Schwarzes Loch sitzt auch im Zentrum von M 60. 2008 gelang es Forschern, mithilfe des Weltraumteleskops Chandra die Gastemperatur im Zentrum zu messen. Anhand der so gemessenen »Fieberkurve« schätzten sie die Masse des Schwarzen Lochs auf 3,4 Milliarden Sonnenmassen. Zum Vergleich: Das Schwarze Loch im Zentrum der Milchstraße wird auf knapp 3 Millionen Sonnenmassen geschätzt.

Hubble-Aufnahme des berühmten Sombreronebels

Mythologie

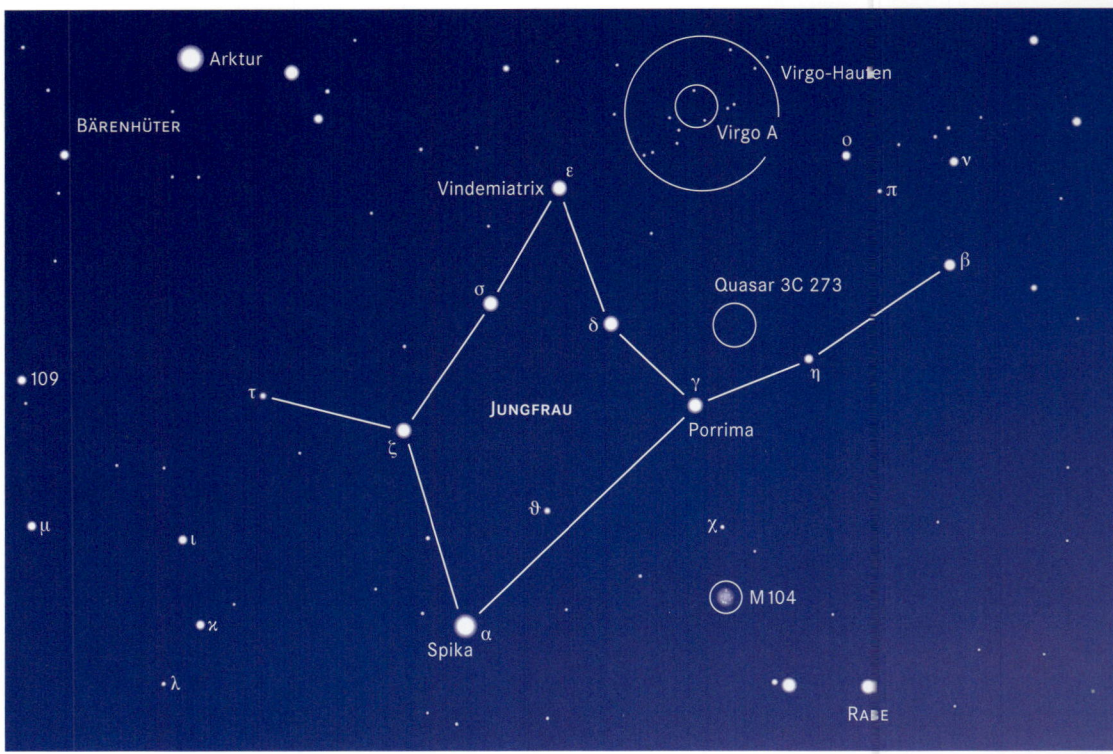

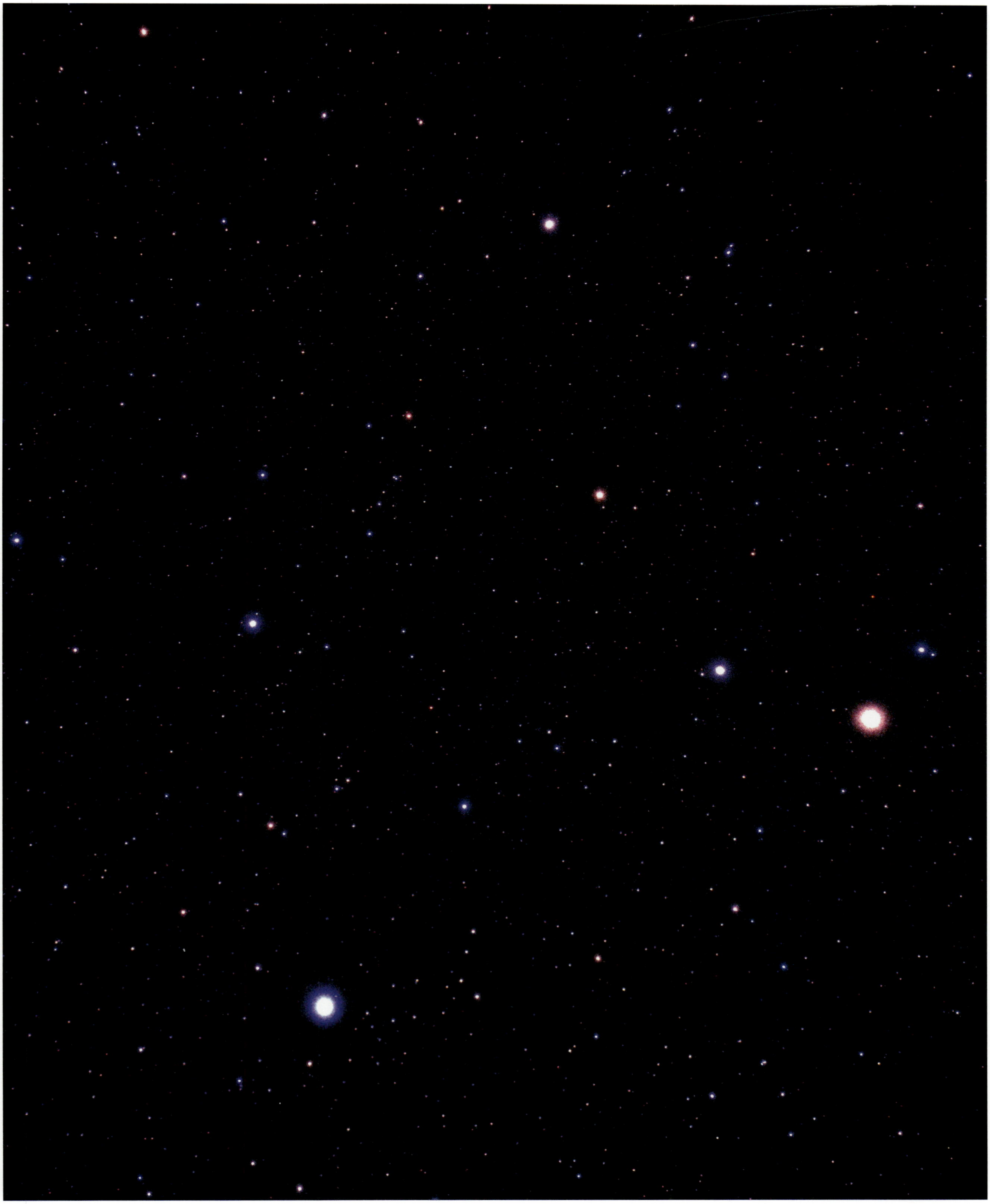

Spektakuläre Himmelsobjekte
Höhepunkte weiterer Sternbilder

NGC 7252

M 100

Canes Venatici (CVn) – Jagdhunde

Die Jagdhunde sind ein unscheinbares Sternbild des Nordhimmels, das im Frühjahr und Sommer bei uns am Abendhimmel sichtbar ist. Es enthält jedoch einige prächtige Messier-Objekte, darunter die bekannte Whirlpool-Galaxie M 51, vermutlich 30 Millionen Lichtjahre von uns entfernt. In dieser Galaxie findet eine enorm ausgeprägte Sternentstehung statt, die wahrscheinlich durch die Wechselwirkung mit der Nachbargalaxie verursacht wird. NGC 5195 ist eine kleine, gelbliche Galaxie und berührt ihre Nachbargalaxie an der äußersten Spitze einer seiner Arme.

Coma Berenices (Com) – Haar der Berenike

Dieses kleine Sternbild, das im Frühjahr am Abendhimmel sichtbar ist, enthält u.a. den extragalaktischen Nebel M 100, der zum Virgo-Galaxienhaufen gehört, allerdings abseits von dessem dicht besiedelten Zentrum liegt. Da wir von der Erde aus eine gute Sicht auf die etwa 60 Millionen Lichtjahre entfernte Galaxie haben, eignet sich M 100 als ideales Untersuchungsobjekt rund um die Spiralgalaxien des Virgo-Haufens.

unten: Die Whirlpool-Galaxie M 51

Aquarius (Aqr) – Wassermann

Das ausgedehnte, aber wenig auffällige Sternbild Wassermann ist in unseren Breiten im Herbst am Abendhimmel sichtbar. Das Tierkreissternbild enthält einige interessante Nebel, u.a. die etwa 300 Millionen Lichtjahre entfernte Galaxie NGC 7252, die auch als »Atome

für den Frieden«-Galaxie bezeichnet wird, da sie Ähnlichkeiten mit einem Atom, um welches die Elektronen kreisen, aufweist. Der Ausdruck selbst geht auf eine Rede des amerikanischen Präsidenten Dwight O. Eisenhower im Dezember 1953 zurück, der mit den »Atoms for Peace« die friedliche Nutzung der Kernenergie umschrieb.

Die Antennengalaxien NGC 4038 und 4039.

Corvus (Crv) – Rabe

Das im Frühjahr am Abendhimmel sichtbare Sternbild ist aufgrund des durch die hellsten Sterne gebildeten Vierecks leicht aufzufinden. Es enthält ein berühmtes Paar wechselwirkender und nach einer Kollision stark verformter Spiralgalaxien, die etwa 65 Millionen Lichtjahre entfernten Antennengalaxien NGC 4038 und NGC 4039.

Dorado (Dor) – Schwertfisch

Das Sternbild Schwertfisch kann nur am südlichen Himmel beobachtet werden. Anlässlich des 14. Geburtstages des Hubble-Weltraumteleskops wurde eine Aufnahme der bläulichen Ringgalaxie AM 0644-741 veröffentlicht.

Die Ringgalaxie AM 0644-741

Die Galaxie NGC 1232

Die Formation ist das Resultat einer Kollision von zwei Galaxien, denn durch den Zusammenstoß kommt es zu einer dramatischen Veränderung der Bahn der Sterne.

Der Ring hat einen Durchmesser von 150 000 Lichtjahren und enthält viele heiße junge Sterne.

Eridanus (Eri)

Das Sternbild Eridanus ist ein ausgedehntes Sternbild mit überwiegend schwachen Sternen, das sich vom Himmelsäquator bis weit herunter an den Südhimmel erstreckt. Seine nördlichen Regionen sind am winterlichen Abendhimmel sichtbar. Die Galaxie NGC 1232 besitzt eine kleine Nachbargalaxie – im Bild unten links –, was nicht ohne Spuren bleibt: Die Spiralarme von NGC 1232 sind dadurch sichtbar verformt.

Die Balkenspirale NGC 1097

Fornax (For) – (Chemischer) Ofen

Dieses unscheinbare Sternbild des Südhimmels enthält nahezu in seiner Mitte die etwa 60 Millionen Lichtjahre entfernte und 9^m helle Balkenspirale NGC 1097, in deren Zentrum sich ein auffälliger, ca. 5 500 Lichtjahre großer Ring mit starker Sternbildung befindet. Außerdem gibt es deutliche Hinweise auf ein Schwarzes Loch mit etwa 10 Millionen Sonnenmassen im Kern der Galaxie. Unmittelbar neben NGC 1097 befindet sich die elliptische Galaxie NGC 1097A mit auffällig kastenförmiger Struktur, die NGC 1097 in einem Abstand von 42 000 Lichtjahren umrundet.

Ein weiteres interessantes Objekt im Fornax ist die etwa 60 Millionen Lichtjahre entfernte Galaxie NGC 1365, eine der bekanntesten Balkenspiralgalaxien. Auch in ihrem Zentrum befindet sich ein Schwarzes Loch.

Spektakuläre Himmelsobjekte

Höhepunkte weiterer Sternbilder

Der Adlernebel

oben: Spiralgalaxie NGC 7424
links: Galaxie NGC 92

eingeführt. Die Galaxie NGC 92 bildet mit ihren drei kleineren »Schwestern« eine Galaxienfamilie, die als Roberts Quartett bezeichnet wird. In NGC 92 wurden über 200 H-II-Gebiete gefunden mit Größen zwischen 500 und 1500 Lichtjahren.

Roberts Quartett gehört zu den schönsten Beispielen kompakter Galaxiengruppen. Aufgrund ihrer Übersichtlichkeit lassen sich mit ihnen die Wechselwirkungen von Galaxien und die Sternentstehung studieren.

Serpens (Ser) – Schlange

Im Sommersternbild Schlange – dem einzigen Sternbild, das aus zwei nicht zusammenhängenden Teilen besteht – befindet sich der berühmte Emissionsnebel IC 4703, besser bekannt als Adlernebel. Er umgibt den Sternhaufen M 16, rund 7000 Lichtjahre vor uns entfernt im nächsten Spiralarm des Milchstraßensystems. Der Nebel ist ein Modell für die Entstehung von Sonnensystemen, denn wahrscheinlich lief die Entwicklung in unserem Teil des Universums ähnlich ab. Aus dem interstellaren Gasnebel steigen riesige Säulen empor, in denen sich neue, von protoplanetaren Scheiben umgebene Sterne bilden, in denen die Planetenembryonen heranwachsen.

Entdeckt wurde der Adlernebel von dem schweizerischen Astronomen Jean-Philippe Chéseaux, einige Jahre später nahm ihn Messier in seinen Katalog auf.

Grus (Gru) – Kranich

Der Kranich ist ein markantes Sternbild des südlichen Himmels, von dem in mittleren nördlichen Breiten höchstens sein nördlicher Teil im Herbst knapp über den Südhorizont kommt. Während seiner Expedition ans Kap der guten Hoffnung entdeckte der britische Astronom John Herschel u.a. die etwa 40 Millionen Lichtjahre entfernte Galaxie NGC 7424. Wir sehen sie fast direkt von der Seite. Die Galaxie hat einen Durchmesser von ca. 100 000 Lichtjahren – ähnlich wie unser eigenes Milchstraßensystem.

NGC 7424 gehört zu den Spiralgalaxien des Zwischentyps SAB(rs)cd, d.h. ihre Erscheinungsform liegt zwischen einer normalen Spiralgalaxie (SA) und einer Galaxie mit ausgeprägtem Balken (SB).

Phoenix (Phe) – Phönix

Dieses Sternbild ist nur am Südhimmel sichtbar. Es wurde im 16. Jahrhundert von niederländischen Seefahrern

Tucana (Tuc) – Tukan

Im Südosten dieses ansonsten wenig markanten Sternbilds steht die auffällige, etwa 200 000 Lichtjahre entfernte Kleine Magellansche Wolke, ein unregelmäßiges Sternsystem. Sie besteht zu großen Teilen aus aktiven Sternstehungsgebieten und war vermutlich den Bewohnern der Südhalbkugel schon in prähistorischer Zeit bekannt. Der erste Europäer, der sie und ihre große Schwester, die Große Magellansche Wolke, beschrieb, war allerdings der portugiesische Seefahrer Ferdinand Magellan bei seiner Weltumsegelung 1519.

Neben vielen jungen, heißen und hell leuchtenden Sternen gibt es in der Kleinen Magellanschen Wolke zahlreiche Sternhaufen und Nebel. Von der Südhalbkugel der Erde aus kann man die Kleine Wolke wie auch die Große Magellansche Wolke direkt daneben mit bloßem Auge beobachten.

Die Kleine Magellansche Wolke

Orientierung am Himmel

Zum Gebrauch der Himmelskarten

Schon in frühgeschichtlichen Kulturen, etwa in China, bei den Babyloniern und Assyrern, dürften die ersten Zusammenfassungen des nächtlichen Sternhimmels zu Sternbildern erfolgt sein. Folgerichtig zählen Himmelskarten zu den ältesten, aber immer noch gebräuchlichen Instrumenten der Amateurastronomie. Heute wird der genaue Ort eines Himmelsobjekts zwar durch Koordinaten festgelegt. Trotzdem hat sich die Einteilung in Sternbilder erhalten, und auffallende Objekte wie der Orionnebel oder der Andromedanebel haben Namen, in denen sich das zugehörige Sternbild wiederfindet.

Die tägliche Erdumdrehung

Blickt man nur kurz zum Himmel – quasi als Momentaufnahme –, erscheinen die Sterne unveränderlich, doch bereits in grauer Vorzeit wird den Menschen nicht entgangen sein, dass die Sterne über den Himmel ziehen. In der Antike diente diese Beobachtung der Begründung des geozentrischen Weltbilds, erst mit Kopernikus, Kepler und Galilei setzte sich die korrekte Beschreibung durch: Weil sich die Erde um ihre eigene Achse von West nach Ost dreht, scheint sich der Sternenhimmel in entgegengesetzter Richtung zu drehen, also von Ost nach West. Die Sterne durchlaufen dabei parallele Kreise, was sich sehr schön auf Aufnahmen mit längerer Belichtungszeit sehen lässt. Als Aufgang eines Sterns bezeichnet man den Zeitpunkt seines Erscheinens am östlichen Horizont, als Untergang sein Verschwinden am westlichen Horizont. Jeder Stern passiert während der 24-stündigen scheinbaren Drehung des Himmelsgewölbes zweimal den Meridian (Nord-Süd-Linie): einmal beim Übergang von der östlichen auf die westliche und 12 Stunden später beim Übergang von der westlichen auf die östliche Himmelshalbkugel. Den ersten Durchgang nennt man obere Kulmination, den zweiten Meridiandurchgang untere Kulmination. Der Kreisbogen eines Sterns vom Aufgangs- bis zum Untergangspunkt heißt Tagbogen; seine Länge ist vom geografischen Standpunkt abgängig. An Nord- und Südpol verlaufen die Tagbogen parallel zum Horizont, d.h., die Sterne der einen Himmelssphäre sind dort immer sichtbar, die anderen nie. Am Äquator stehen alle Tagbogen hingegen senkrecht auf dem Horizont. Das bedeutet: Alle Sterne stehen genauso lang über wie unter dem Horizont. An allen übrigen Standorten zwischen Polen und Äquator schneiden die Tagbogen schräg den Horizont. Ein Teil der Sternbilder, nämlich die in der Nähe des Himmelspols, sinken auch hier nicht unter den Horizont. Man nennt sie Zirkumpolarsternbilder. Zwar ändern sie in den verschiedenen Jahreszeiten auch ihre Stellung (siehe unten), doch bleiben trotzdem das ganze Jahr über zu sehen. Von Deutschland aus betrachtet sind das der Kleine Wagen, der Große Wagen, Kassiopeia, Perseus, Kepheus und der Drache. In der Fachsprache: An einem Ort mit der geografischen Breite φ sind alle diejenigen Sterne zirkumpolar, für deren Deklination $\delta \geq \varphi$ gilt.

Die Erde umläuft die Sonne

Die Erde dreht sich nicht nur täglich um die eigene Achse, sondern umläuft auch einmal pro Jahr die Sonne. Dadurch ist das Jahr definiert: Hat die Erde relativ zu den Sternen wieder denselben Punkt auf ihrer Umlaufbahn erreicht, sind 365 ¼ Tage vergangen. Wegen der Bewegung der Erde um die Sonne gehen die an einem bestimmten Ort sichtbaren Sterne nicht das ganze Jahr über zur gleichen Zeit auf und unter. Vielmehr verschiebt sich der Aufgang der Sterne pro Tag bzw. Nacht um etwa vier Minuten nach vorne. Diese Verschiebungen summieren sich im Laufe eines Jahres, sodass nach und nach neue Sternbilder am Nachthimmel auftreten können,

während andere verschwinden. Ein Beispiel: Um die Zeit der Tagundnachtgleiche im Herbst steht die Sonne von der Erde aus gesehen im Sternbild Jungfrau. Da wir aber nur die Sterne auf der sonnenabgewandten Seite (also nachts) sehen, ist das Sternbild Jungfrau zwischen Mitte September und Anfang November nicht zu beobachten, sondern nur die Sternbilder auf der anderen Seite des

Himmels, mit dem Sternbild Fische in der Mitte. Ein halbes Jahr später ist die Situation genau umgekehrt: Nun liegt die »Fische-Hälfte« des Himmels im Sonnenlicht und die Hälfte mit der Jungfrau im Dunkeln. Das bedeutet: Nun lassen sich nachts die Jungfrau und ihre benachbarten Sternbilder beobachten.

Die Himmelskarten

Himmelskarten zeigen aus den oben genannten Gründen deshalb immer nur eine Momentaufnahme bezüglich eines Standorts, einer Jahreszeit und einer Uhrzeit. Die folgenden neun Karten (*Tabulae caelestes* von Schurig/Götz, 8. Auflage) zeigen die mit bloßem Auge sichtbaren Sterne der gesamten Himmelssphäre, von unserem mitteleuropäischen Standort können wir allerdings nur die Nordhemisphäre und die äquatornahen Sterne der südlichen Hemisphäre sehen. Die Südpolkalotte kann nur von einem Standpunkt südlich des Äquators vollständig erfasst werden. Die Karten sind so angeordnet, dass sie den Abendsternhimmel zu den einzelnen Jahreszeiten zeigen. Hält man sie mit Blick nach Süden vor sich, so entspricht dem beobachteten Himmelsabschnitt das jeweilige Kartenbild. Osten liegt auf den Karten links, Westen rechts.
■ Die Karten II, III und IV zeigen den Frühlingssternhimmel (April/Mai) gegen 22 Uhr,
■ die Karte V den Sommersternhimmel (Juli/August) gegen 22 Uhr,
■ die Karten VI, VII und VIII den Herbststernhimmel (Oktober/November) gegen 22 Uhr,
■ die Karten I und IX den Wintersternhimmel (Januar/Februar) gegen 22 Uhr.

Die scheinbare tägliche Bewegung der Himmelssphäre lässt den Meridian von West nach Ost durch das Kartenbild wandern. Deshalb schlage man auch, vor allem bei zeitlichen Abweichungen von der gegebenen Einteilung, die Anschlusskarten auf, die jeweils am Rand durch eine rote römische Zahl angegeben sind.

Die Planeten sind in den Sternkarten nicht eingezeichnet, weil sie ständig ihren Ort bezüglich der Sterne verändern. Um ihr Auffinden zu erleichtern, ist die scheinbare Sonnenbahn, die Ekliptik, in die Karten eingezeichnet, denn die Planeten stehen immer in der Nähe der Ekliptik. Ferner ist der galaktische Äquator eingezeichnet, der nahezu mit der Mittellinie des Milchstraßenbandes zusammenfällt.

Die hellen Sterne sind in den Karten mit kleinen griechischen Buchstaben benannt (Bayer-Bezeichnung). Für Sterne geringerer scheinbarer Helligkeit werden die Flamsteedschen Nummern angeführt, bei einigen Sternen in den beiden Nordpolkarten auch die Hevelschen Zahlen (nach Johannes Hevelius [1611–87], durch H gekennzeichnet). Bei Nebeln und Sternhaufen bezeichnen die Zahlen mit einem vorgestellten M die Nummern im Messier-Katalog, die anderen Zahlen verweisen auf den NGC-Katalog.

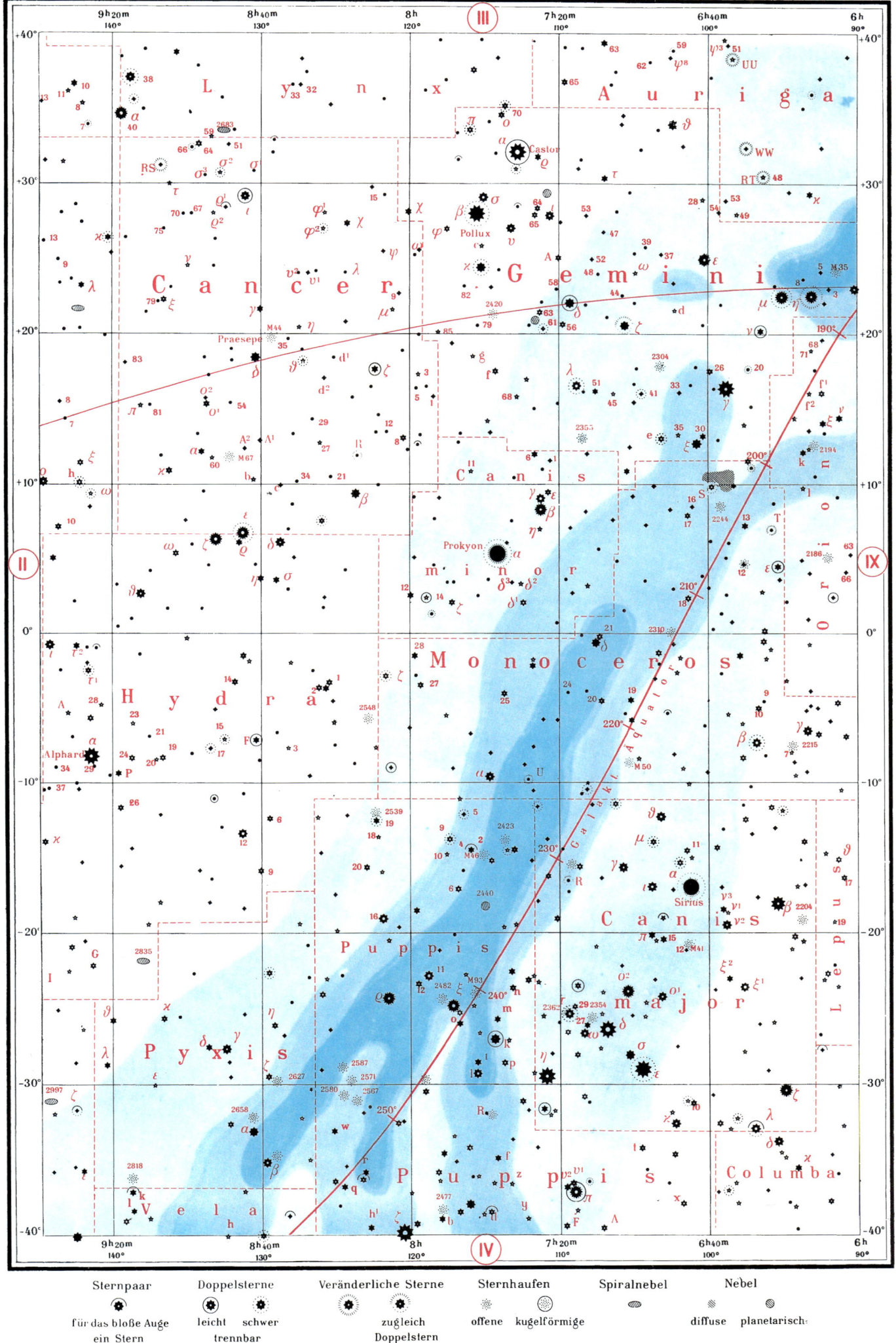

Sternpaar	Doppelsterne		Veränderliche Sterne	Sternhaufen		Spiralnebel	Nebel	
für das bloße Auge ein Stern	leicht	schwer trennbar	zugleich Doppelstern	offene	kugelförmige		diffuse	planetarisch

Frühlingssternhimmel im April/Mai

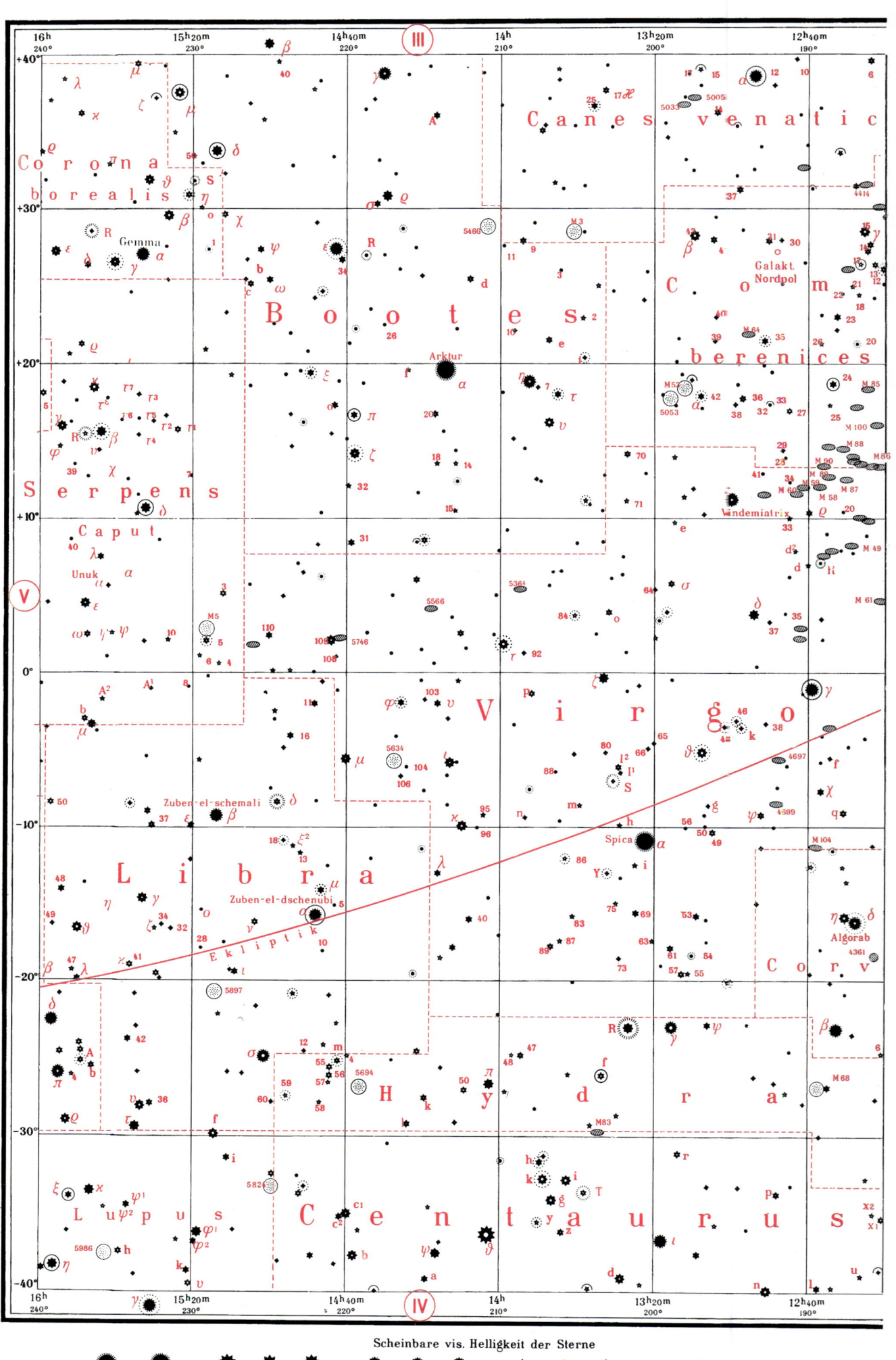

Scheinbare vis. Helligkeit der Sterne

1. mag   2. mag   3. mag   4. mag   5. mag   6. mag

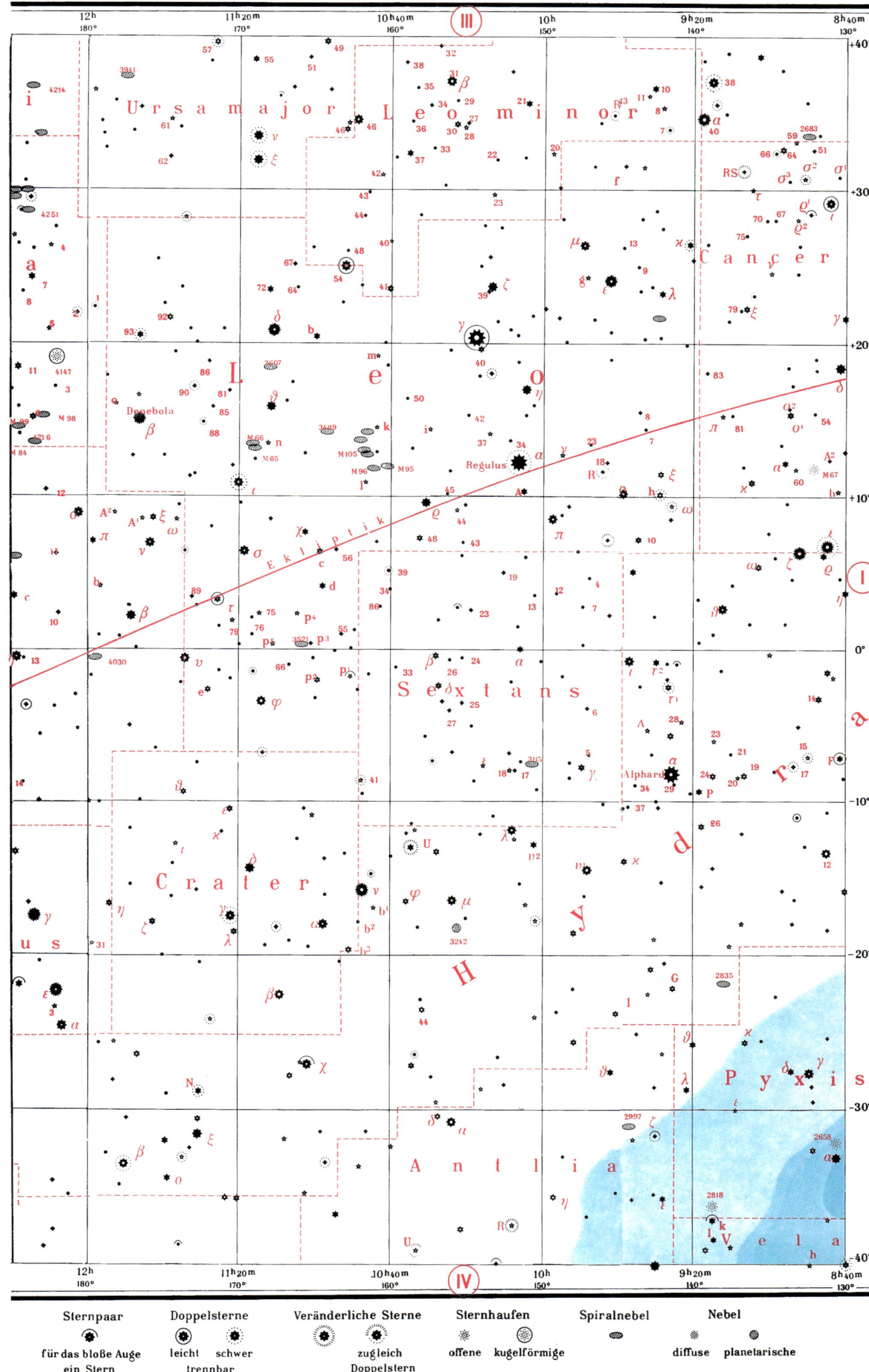

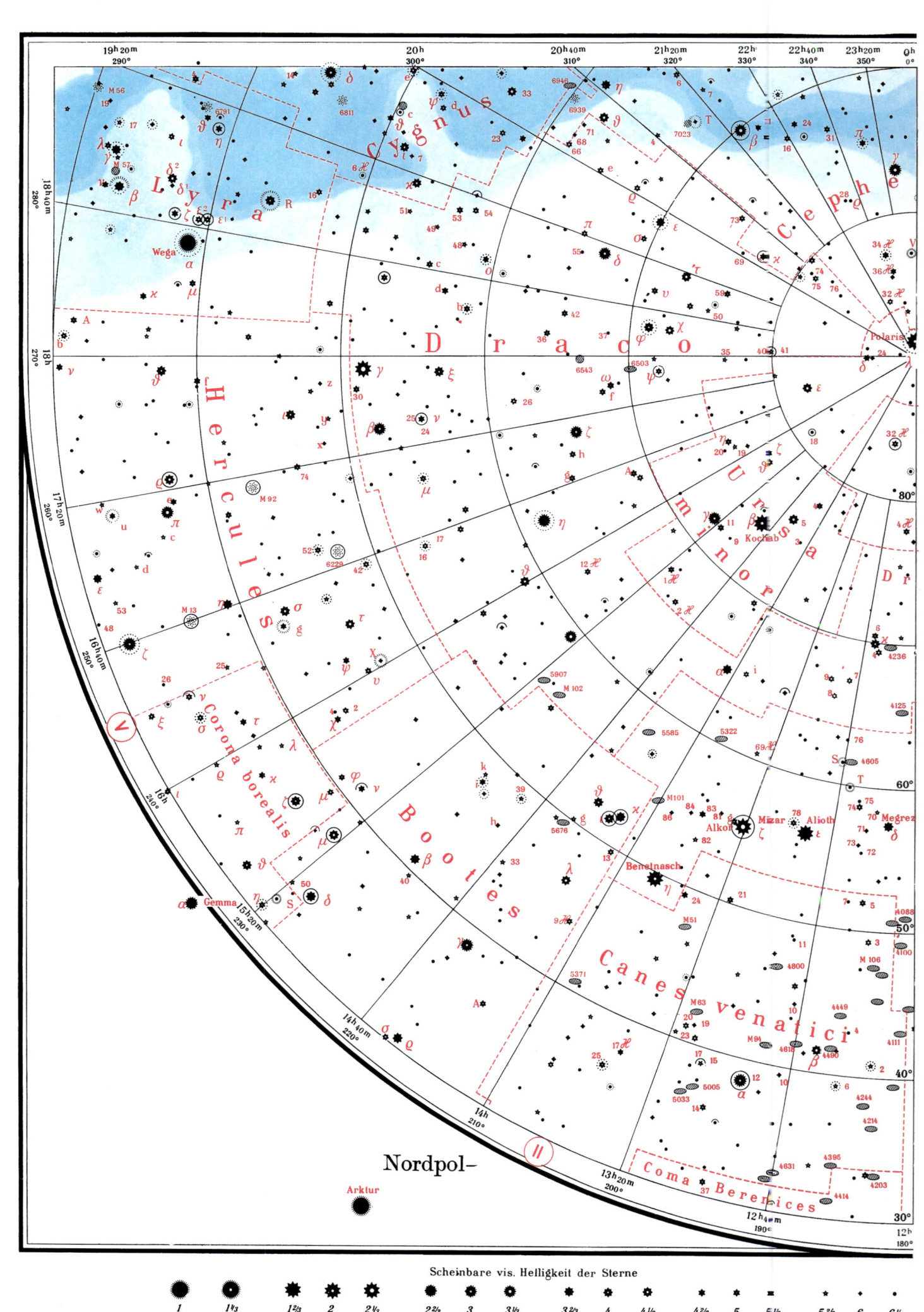

Scheinbare vis. Helligkeit der Sterne

1	1⅓	1⅔	2	2⅓	2⅔	3	3⅓	3⅔	4	4⅓	4⅔	5	5½	5⅔	6	6⅓
1. mag		2. mag			3. mag			4. mag			5. mag			6. mag		

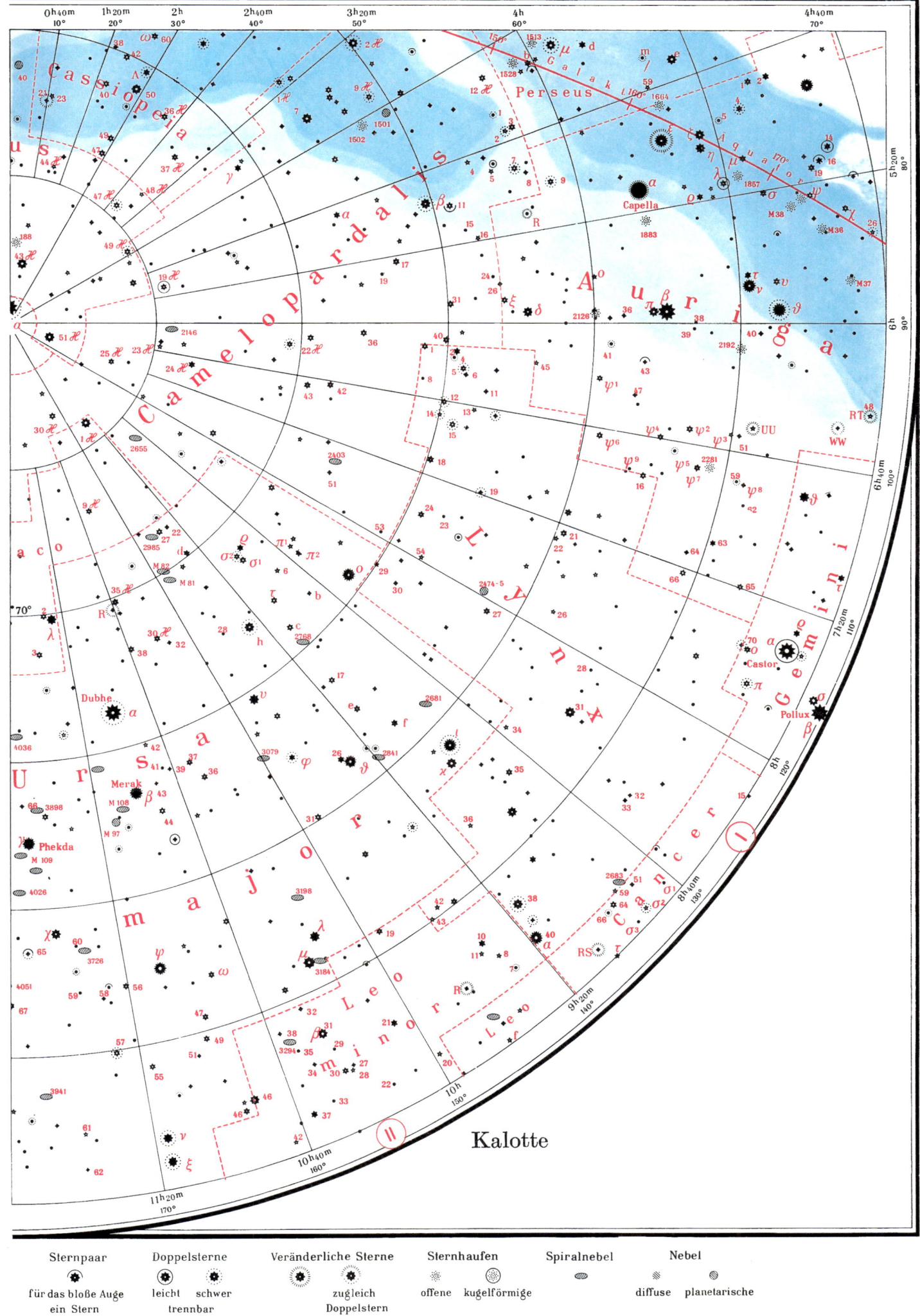

Kalotte

Sternpaar	Doppelsterne		Veränderliche Sterne		Sternhaufen		Spiralnebel	Nebel	
für das bloße Auge ein Stern	leicht	schwer trennbar		zugleich Doppelstern	offene	kugelförmige		diffuse	planetarische

Südhimmel

Frühlingssternhimmel im April/Mai

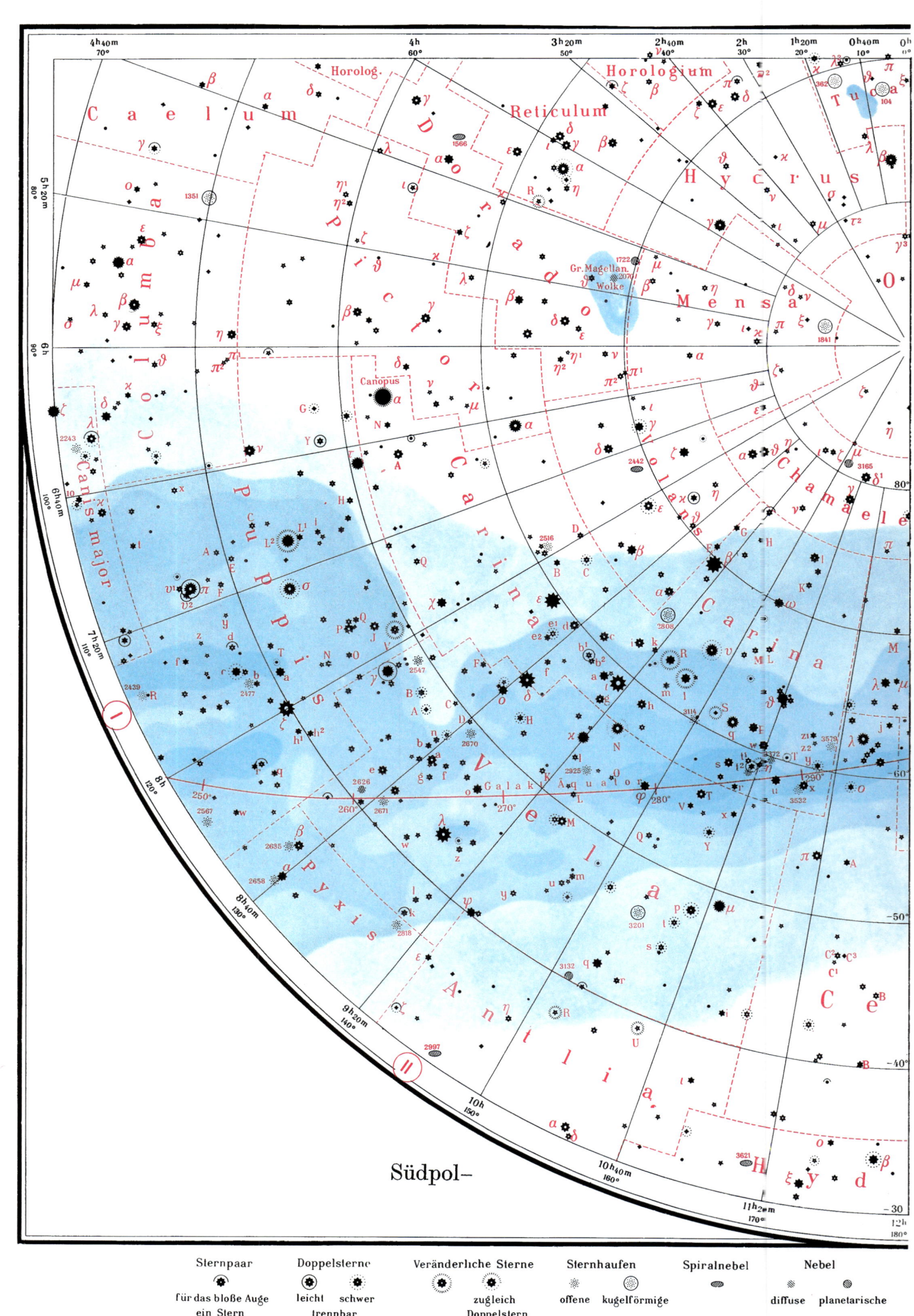

Südpol–

Sternpaar	Doppelsterne		Veränderliche Sterne	Sternhaufen		Spiralnebel	Nebel	
für das bloße Auge ein Stern	leicht	schwer trennbar	zugleich Doppelstern	offene	kugelförmige		diffuse	planetarische

Karte IV

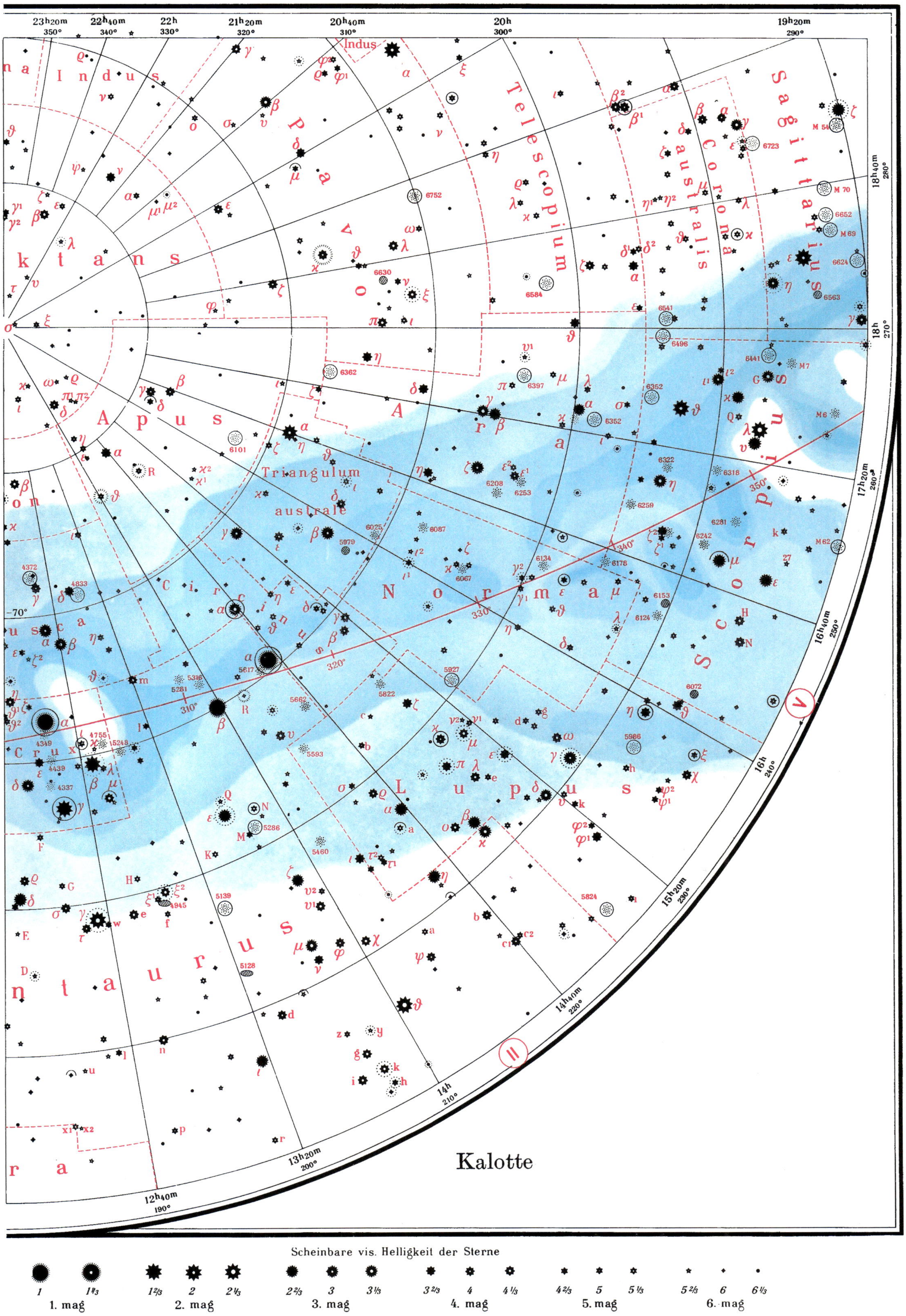

Kalotte

Scheinbare vis. Helligkeit der Sterne

1	1⅓	1⅔	2	2⅓	2⅔	3	3⅓	3⅔	4	4⅓	4⅔	5	5⅓	5⅔	6	6⅓
1. mag		2. mag			3. mag			4. mag			5. mag			6. mag		

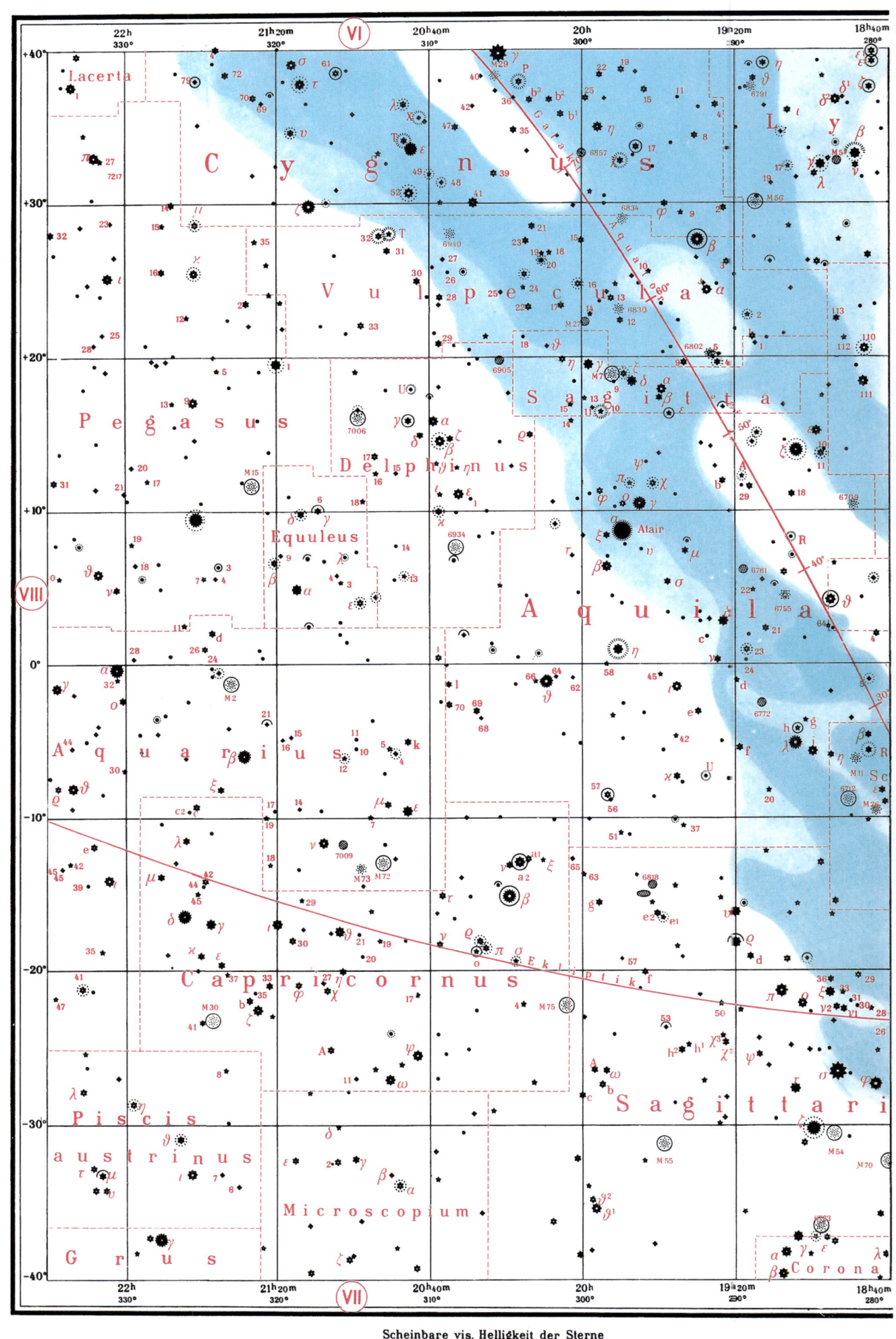

Scheinbare vis. Helligkeit der Sterne

1	1⅓	1⅔	2	2⅓	2⅔	3	3⅓	3⅔	4	4⅓	4⅔	5	5⅓	5⅔	6	6⅓
1. mag			2. mag			3. mag			4. mag			5. mag			6. mag	

Karte V

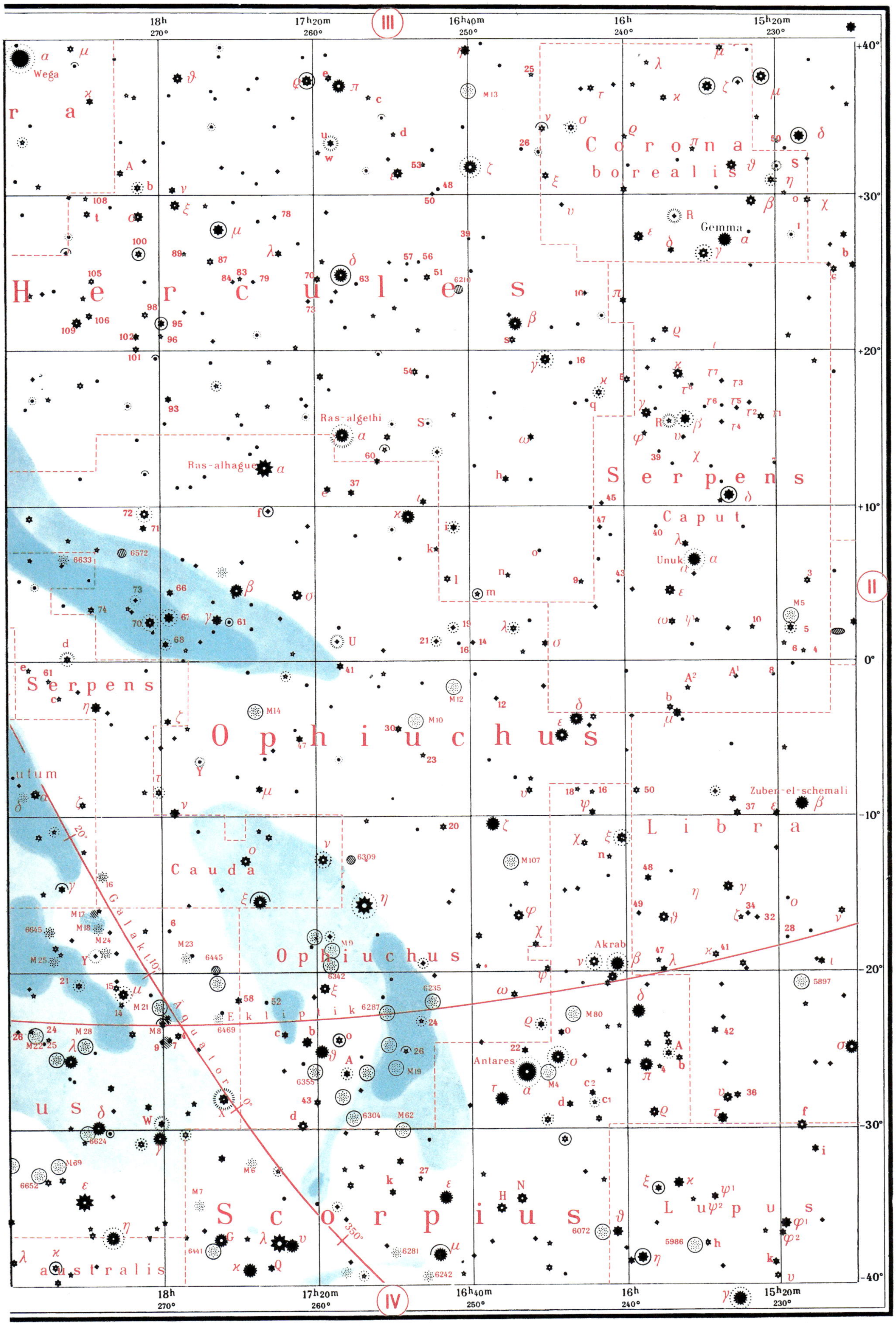

Corona borealis · Hercules · Serpens Caput · Serpens · Ophiuchus · Cauda · Libra · Scorpius · Lupus

Wega · Gemma · Ras-algethi · Ras-alhague · Unuk · Zuben-el-schemali · Akrab · Antares

Sternpaar	Doppelsterne	Veränderliche Sterne	Sternhaufen	Spiralnebel	Nebel
für das bloße Auge ein Stern	leicht schwer trennbar	zugleich Doppelstern	offene kugelförmige		diffuse planetarische

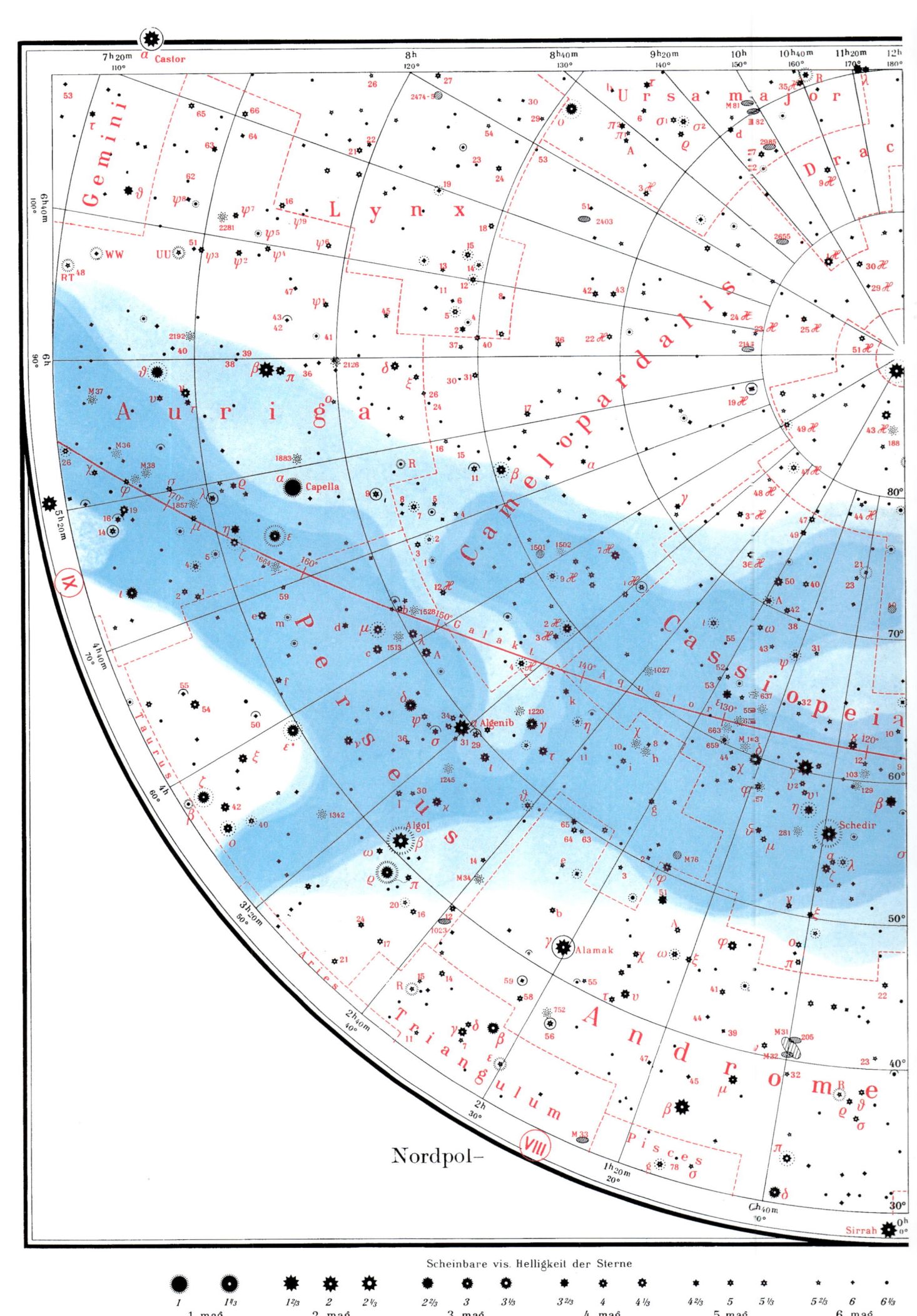

Scheinbare vis. Helligkeit der Sterne

1	1⅓	1⅔	2	2⅓	2⅔	3	3⅓	3⅔	4	4⅓	4⅔	5	5⅓	5⅔	6	6⅓

1. mag	2. mag	3. mag	4. mag	5. mag	6. mag

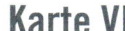

Karte VI

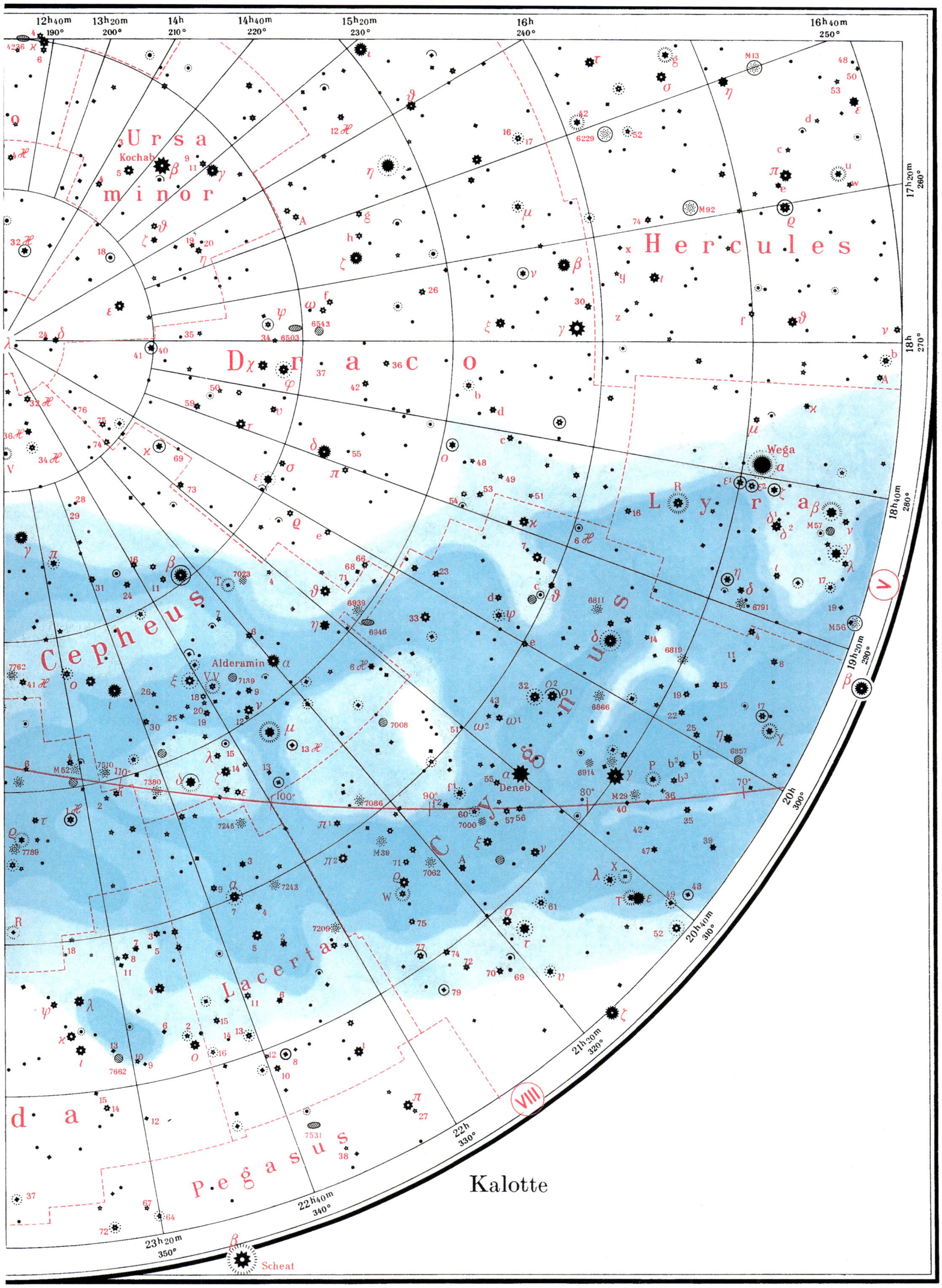
Ursa minor
Kochab
Draco
Hercules
Wega
Lyra
Cepheus
Alderamin
Cygnus
Deneb
Lacerta
Pegasus
Scheat
Kalotte
V
VIII

Sternpaar: für das bloße Auge ein Stern — Doppelsterne: leicht, schwer trennbar — Veränderliche Sterne: zugleich Doppelstern — Sternhaufen: offene, kugelförmige — Spiralnebel — Nebel: diffuse, planetarische

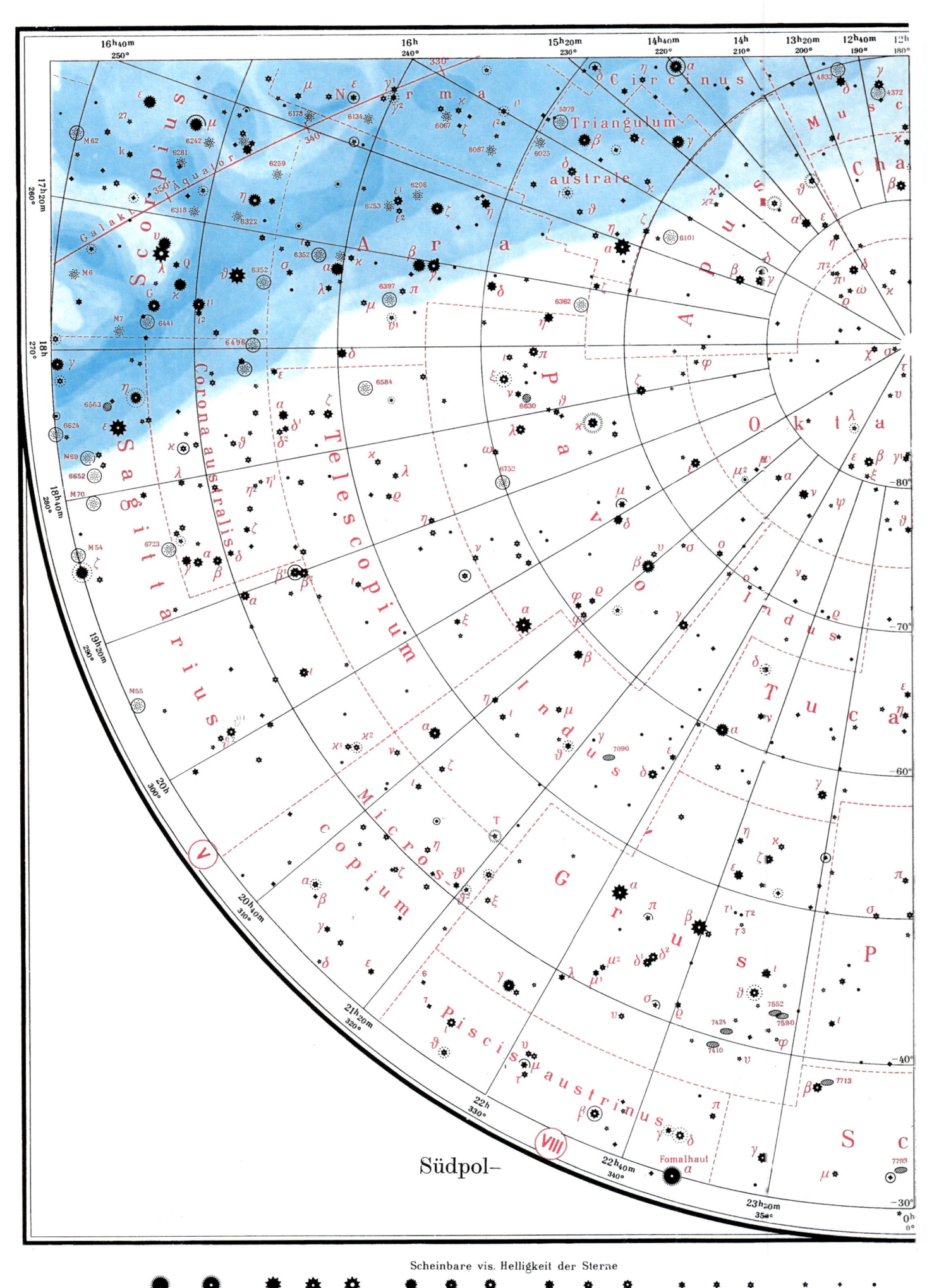

Südpol-

Scheinbare vis. Helligkeit der Sterne

| 1 | 1¹⁄₃ | 1²⁄₃ | 2 | 2¹⁄₃ | 2²⁄₃ | 3 | 3¹⁄₃ | 3²⁄₃ | 4 | 4¹⁄₃ | 4²⁄₃ | 5 | 5¹⁄₃ | 5²⁄₃ | 6 | 6¹⁄₃ |

1. mag   2. mag   3. mag   4. mag   5. mag   6. mag

Kalotte

Sternpaar	Doppelsterne	Veränderliche Sterne	Sternhaufen	Spiralnebel	Nebel
für das bloße Auge ein Stern	leicht schwer trennbar	zugleich Doppelstern	offene kugelförmige		diffuse planetarische

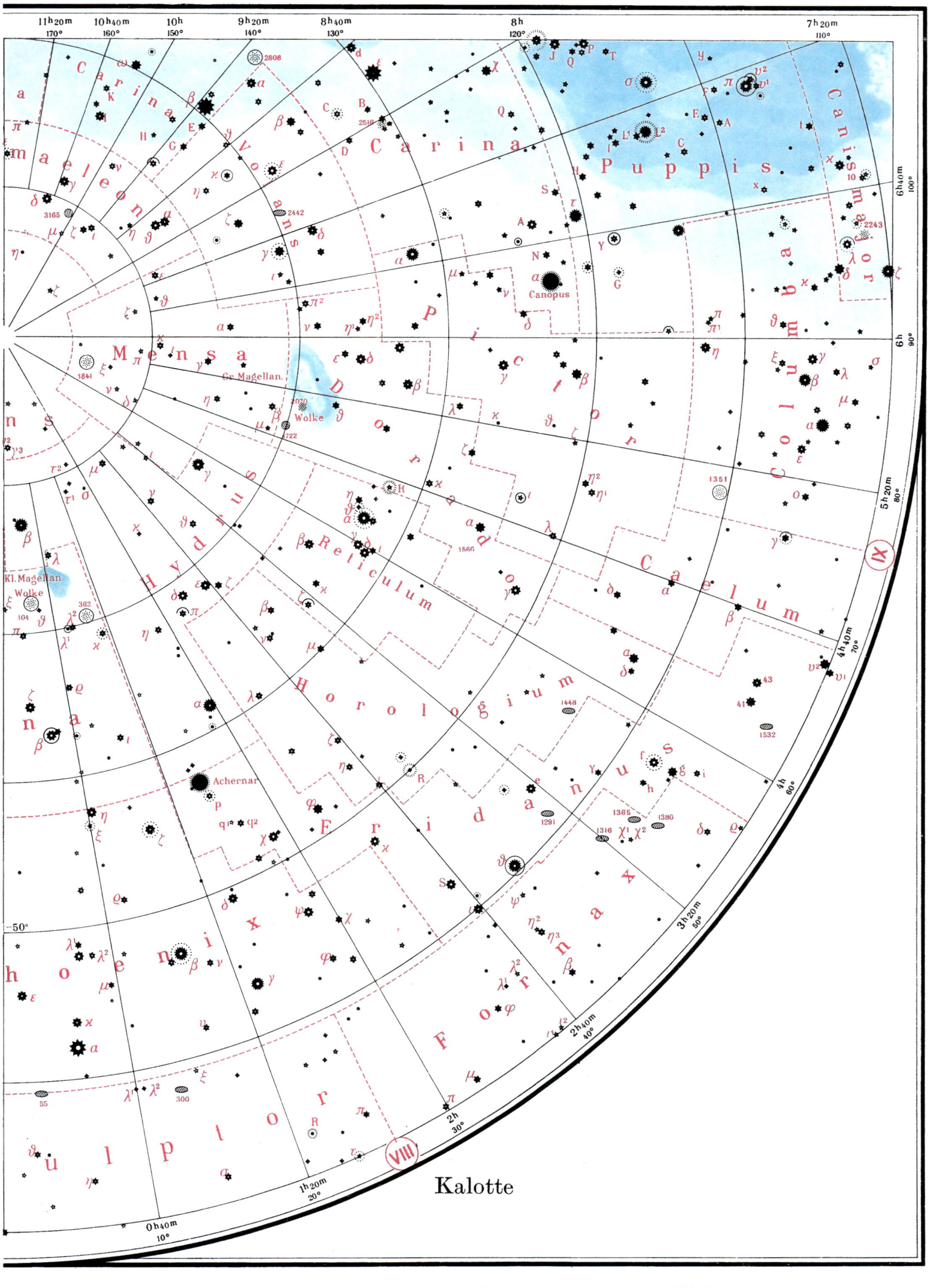

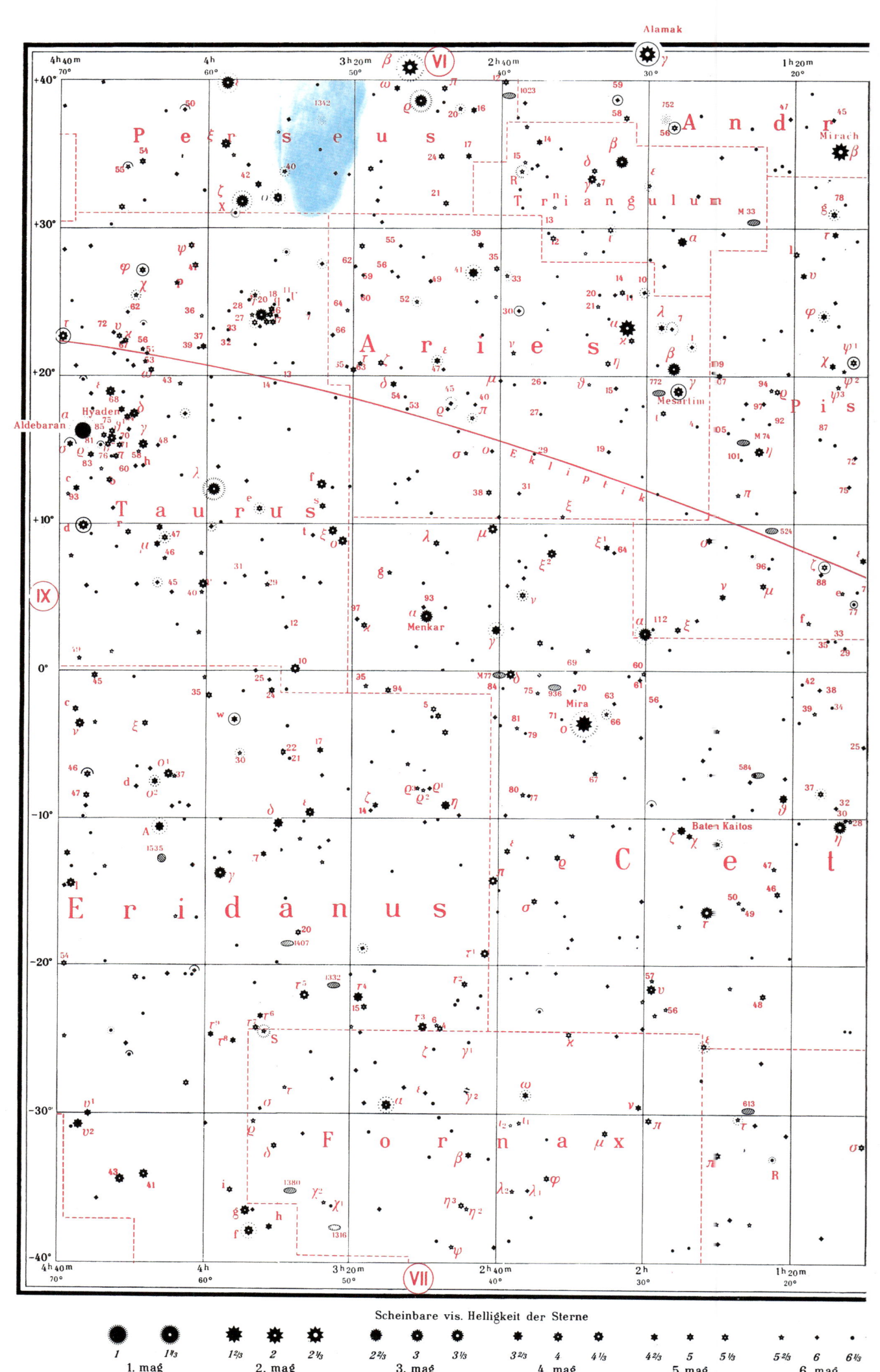

Scheinbare vis. Helligkeit der Sterne

| 1 | 1²/₃ | | 1²/₃ | 2 | 2¹/₃ | | 2²/₃ | 3 | 3¹/₃ | | 3²/₃ | 4 | 4¹/₃ | | 4²/₃ | 5 | 5¹/₃ | | 5²/₃ | 6 | 6¹/₃ |
| 1. mag | | | | 2. mag | | | | 3. mag | | | | 4. mag | | | | 5. mag | | | | 6. mag | |

Karte VIII

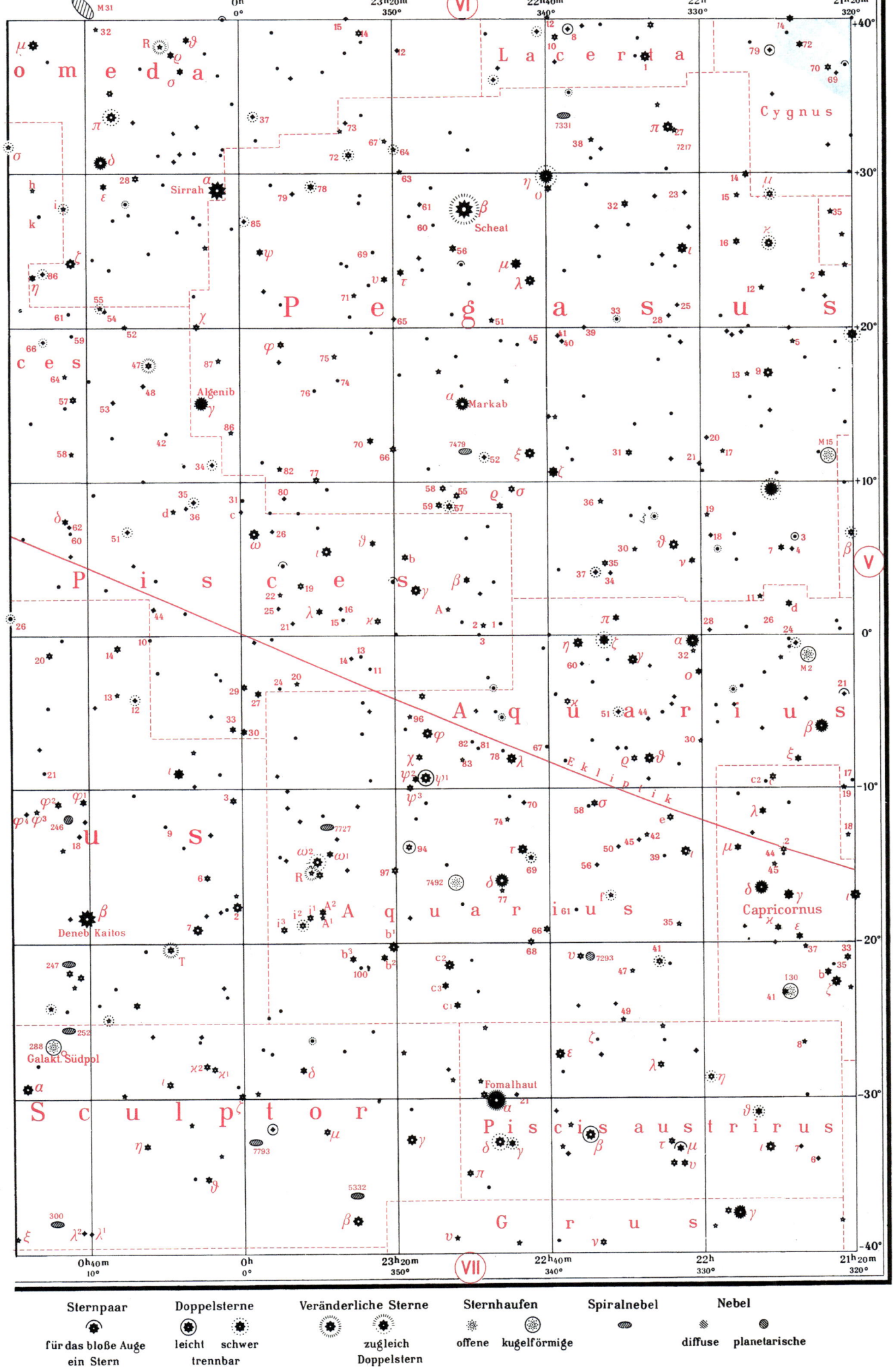

Sternpaar | Doppelsterne | Veränderliche Sterne | Sternhaufen | Spiralnebel | Nebel

für das bloße Auge
ein Stern | leicht   schwer
trennbar | zugleich
Doppelstern | offene   kugelförmige | | diffuse   planetarische

Nordhimmel

Wintersternhimmel im Januar/Februar

Karte IX

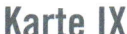

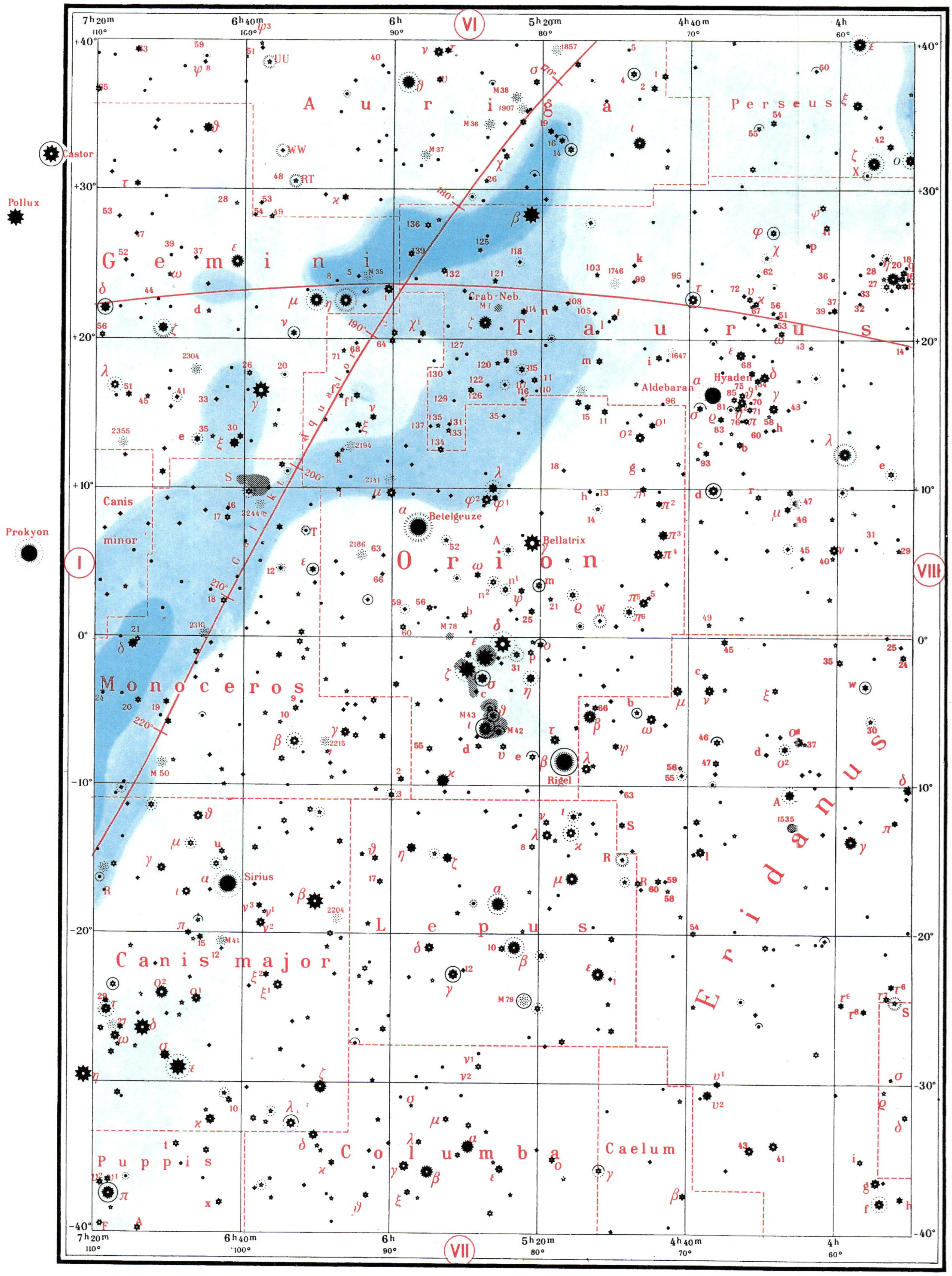

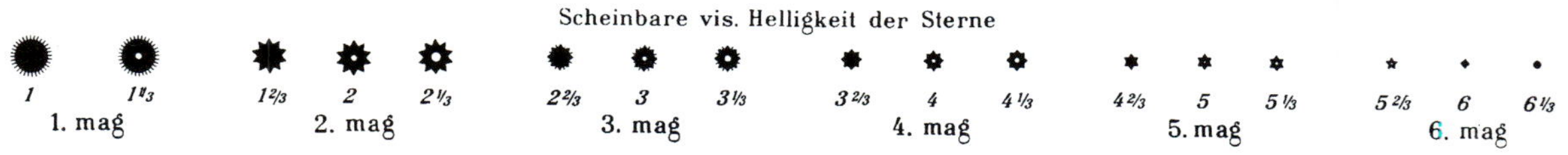

Das Register verweist auf Begriffe auf den
Seiten 22 – 103.